河南财经政法大学 | 城乡建设发展系列丛书

倾斜煤层巷道变形破坏机理及控制技术

DEFORMATION AND FAILURE MECHANISM AND CONTROL TECHNOLOGY OF INCLINED COAL SEAM ROADWAY

熊咸玉 ◎ 著

经济管理出版社

图书在版编目（CIP）数据

倾斜煤层巷道变形破坏机理及控制技术 / 熊咸玉著.
北京：经济管理出版社，2025.4. -- ISBN 978-7-5243-0283-4

Ⅰ．TD823.21

中国国家版本馆 CIP 数据核字第 2025RN8795 号

组稿编辑：付姝怡
责任编辑：杨　雪
助理编辑：付姝怡
责任印制：许　艳
责任校对：陈　颖

出版发行：经济管理出版社
　　　　　（北京市海淀区北蜂窝 8 号中雅大厦 A 座 11 层　100038）
网　　址：www.E-mp.com.cn
电　　话：(010) 51915602
印　　刷：唐山玺诚印务有限公司
经　　销：新华书店
开　　本：720mm×1000mm/16
印　　张：14.25
字　　数：234 千字
版　　次：2025 年 5 月第 1 版　2025 年 5 月第 1 次印刷
书　　号：ISBN 978-7-5243-0283-4
定　　价：78.00 元

・版权所有　翻印必究・
凡购本社图书，如有印装错误，由本社发行部负责调换。
联系地址：北京市海淀区北蜂窝 8 号中雅大厦 11 层
电话：(010) 68022974　邮编：100038

本书获得河南省科技攻关项目（242102220091）、河南省教育科学规划一般课题（2025YB0109）、河南财经政法大学国家级一般项目培育项目（23HNCDXJ49）资助

前　言

煤炭资源在我国能源战略中具有举足轻重的地位，而倾斜煤炭储量约占煤炭资源总量的35%，其开发利用对我国能源供给至关重要。然而，倾斜煤层巷道的围岩应力环境异常复杂，呈现明显的非对称变形破坏特征，导致巷道支护难度极大，严重制约了倾斜煤层煤炭资源的安全高效开采。此外，巷道断面形状及煤层倾角效应对围岩应力—变形的力学分析带来困难，主应力大小和方向的传递规律也尚不清晰。目前，对倾斜煤层巷道围岩应力分布及变形破坏机理缺乏系统研究，对巷道围岩的控制技术研究亦需进一步完善。

为解决这一问题，本书以石炭井二矿区倾斜煤层巷道为工程背景，采用理论分析、数值模拟、相似物理模型试验及现场工程试验等多种研究方法，对倾斜煤层巷道围岩应力及变形破坏分布规律、主应力传递路径的演化特征、考虑主应力方向偏转的自稳平衡圈失稳机制进行深入探究，并提出了倾斜煤层直角梯形巷道围岩变形的控制技术。

主要工作及研究成果如下：

（1）通过利用复变函数及弹性力学理论，构建了倾斜煤层巷道围岩力学模型，并对映射函数求解方法进行改进，引入倾角系数，推导出适用于任意倾角及断面形状的巷道围岩应力及位移的解析解，揭示了倾斜煤层巷道围岩的非对称应力分布规律及渐进破坏机理，即从左帮（高帮）顶角位置开始，破坏逐渐扩展至两帮浅部围岩，顶板有效长度增加，然后两帮破坏向深部延伸，形成破坏的恶性循环。此外，本书基于巷道围岩位移解析解和计算几何，建立了倾斜煤层巷道非对称变形度计算模型，实现了具有时序性和区域性的巷道非对称变形程度的定量化和可视化表征。

（2）采用数值模拟方法，对不同倾角、不同断面形状的倾斜煤层巷道在不同荷载作用下的围岩应力、变形及塑性区进行深入分析。结果显示，倾斜煤层巷道围岩呈现渐进性非对称破坏规律，其中巷道围岩应力峰值及应力集中区表现出右帮（低帮）大于左帮（高帮）的非对称分布特征，且倾角越大，非对称特征越明显。随着荷载的增加，巷道围岩应力集中程度及变形增大，应力集中区由浅部向深部转移。特别是直角梯形巷道围岩表现出最为严重的非对称应力集中程度和变形破坏。

（3）开展了不同倾角、不同断面形状倾斜煤层巷道相似物理模型试验，并改进了数字图像相关（DIC）测量技术，实现了巷道围岩应力场及主应变偏转轨迹的实时监测。试验结果揭示了非对称应力分布及应力方向偏转组合条件下倾斜煤层巷道围岩变形破坏规律，发现直角梯形巷道顶板岩层形成非对称拱形主应变传递包络特征，且自稳平衡圈呈现向左帮（高帮）偏转的半椭圆形。倾角越大，巷道围岩非对称变形破坏越明显。直角梯形巷道变形破坏最为严重，其左帮（高帮）顶角位置首先出现沿煤层倾斜方向的裂隙，该裂隙的扩展作为巷道围岩渐进性变形破坏的诱发点，是巷道围岩稳定性控制的关键。

（4）基于弹性力学理论及数值模拟分析，本书推导出倾斜煤层直角梯形巷道围岩主应力矢量场及应力传递路径呈现非对称演化特征。通过相似物理模型试验验证，揭示了主应力偏转对巷道围岩变形破坏的驱动效应。由此定义了巷道围岩稳定度 Fs，并提出了巷道左帮（高帮）尖角处裂隙发育控制方法，划分了围岩主应力方向敏感区，可在巷道左帮（高帮）尖角处布设锚杆来改变主应力偏转轨迹，提高巷道围岩稳定度。

（5）建立了考虑主应力方向偏转的倾斜煤层直角梯形巷道自稳平衡圈力学模型，分析了其边界应力状态，阐明了自稳平衡圈稳定性调控机制。结合巷道围岩非对称应力分布、主应力偏转效应及渐进变形破坏特征，提出了非对称支护原则，即锚杆（索）、金属网非对称联合支护，加强巷道薄弱部位的支护，根据主应力偏转角度进行差异化支护，优化锚杆（索）安装角度。在此基础上，设计了"锚杆（索）向右帮（低帮）倾斜布置，帮角弱化区加密加长支护"的非对称支护方案，并进行了数值模拟及现场工程试验验证，支护效果良好。

本书的研究成果可为倾斜煤层巷道围岩稳定性的提升和巷道支护技术的优化提供相关理论和实践指导。

由于笔者水平和编写时间有限，书中难免存在错误和不足之处，恳请广大读者阅读时能够批评指正，以帮助我们改进和完善。

熊咸玉

2023 年 9 月

目 录

第一章 绪论 1
第一节 选题背景及研究意义 1
第二节 国内外研究现状 2
一、倾斜煤层巷道围岩应力及变形理论计算研究 2
二、倾斜煤层巷道围岩非对称变形破坏机理研究 5
三、倾斜煤层巷道围岩变形控制理论研究 7
四、倾斜巷道围岩非对称支护技术研究 9
第三节 存在的主要问题 13
第四节 研究内容及方法 14
第五节 技术路线 15

第二章 倾斜煤层巷道围岩应力及变形力学分析 16
第一节 巷道围岩变形的现场监测 16
第二节 复变函数理论及映射函数求解 19
一、映射函数求解方法改进 19
二、应力及位移求解的保角变换 22
第三节 倾斜煤层巷道围岩力学模型建立与求解 25
一、力学模型的建立 25
二、映射函数求解算法性能分析 26
三、映射函数系数的求解 28
四、复位势函数求解 30

　　　　五、巷道围岩应力求解 ································· 33
　　　　六、巷道围岩位移求解 ································· 36
　　第四节　巷道围岩应力及变形分布特征 ··················· 37
　　　　一、巷道计算方位布置 ································· 37
　　　　二、不同倾角对巷道围岩应力分布及变形的影响 ······· 37
　　　　三、不同断面形状对巷道围岩应力分布及变形的影响 ··· 43
　　第五节　巷道围岩渐进破坏演化机理 ······················· 46
　　　　一、巷道围岩渐进破坏力学分析 ······················· 46
　　　　二、巷道围岩渐进破坏演化特征 ······················· 48
　　　　三、巷道围岩非对称变形度 ··························· 49
　　第六节　本章小结 ··· 54

第三章　倾斜煤层巷道围岩变形破坏数值模拟分析 ············· 56
　　第一节　数值计算模型的建立 ······························· 56
　　　　一、计算参数的选取 ··································· 56
　　　　二、计算模型的建立 ··································· 57
　　第二节　巷道围岩应力分布及变形破坏规律 ··············· 58
　　　　一、不同倾角对巷道应力分布及变形的影响 ··········· 58
　　　　二、不同断面形状对巷道应力分布及变形的影响 ······· 66
　　第三节　巷道围岩塑性区演化特征 ·························· 74
　　　　一、不同倾角对巷道围岩塑性区的影响 ················ 74
　　　　二、不同断面形状对巷道围岩塑性区的影响 ············ 76
　　　　三、巷道围岩塑性区渐进性扩展规律 ··················· 78
　　第四节　本章小结 ··· 79

第四章　倾斜煤层巷道围岩变形破坏相似模型试验 ············· 80
　　第一节　相似物理模型试验方案 ····························· 80
　　　　一、相似原理 ·· 80
　　　　二、试验方案设计 ····································· 81
　　　　三、试验设备 ·· 84

四、材料力学性能的测定 ………………………………… 86
　第二节　模型的制作和测试方法 …………………………………… 87
　　一、应力监测点布置 ……………………………………… 87
　　二、模型的制作 …………………………………………… 88
　　三、测试方法 ……………………………………………… 89
　第三节　巷道围岩应力演化特征 …………………………………… 89
　　一、不同倾角巷道围岩应力分布规律 …………………… 89
　　二、不同断面形状巷道围岩应力分布规律 ……………… 94
　　三、倾角及断面形状对巷道围岩应变分布的影响 ……… 99
　第四节　巷道围岩变形演化特征 …………………………………… 101
　　一、不同倾角巷道围岩变形规律 ………………………… 101
　　二、不同断面形状巷道围岩变形规律 …………………… 111
　第五节　巷道围岩裂隙场分布特征 ………………………………… 121
　第六节　巷道围岩渐进性变形破坏 ………………………………… 124
　第七节　本章小结 …………………………………………………… 125

第五章　倾斜煤层巷道围岩主应力偏转效应与失稳分析 …………… 127
　第一节　巷道围岩主应力偏转效应分析 …………………………… 128
　　一、主应力偏转力学分析 ………………………………… 128
　　二、主应力演化规律 ……………………………………… 130
　　三、主应力矢量场分布特征 ……………………………… 131
　第二节　巷道围岩应力传递路径时空演化特征 …………………… 133
　　一、巷道围岩广义应力传递路径 ………………………… 133
　　二、巷道围岩主应力偏转轨迹 …………………………… 136
　　三、主应力大小渐进演化特征 …………………………… 138
　　四、主应力方向偏转演化特征 …………………………… 140
　第三节　巷道围岩主应力偏转影响因素分析 ……………………… 142
　　一、巷道断面形状对主应力偏转的影响 ………………… 142
　　二、巷道围岩空间位置对主应力偏转的影响 …………… 142
　　三、地应力对主应力偏转的影响 ………………………… 144

　　　　四、煤层倾角对主应力偏转的影响 ·················· 145
　　第四节　主应力偏转对巷道围岩失稳的驱动效应 ·········· 147
　　　　一、巷道围岩主应变偏转分布规律 ·················· 147
　　　　二、考虑主应力偏转影响的巷道围岩稳定度 ·········· 150
　　　　三、倾斜煤层巷道围岩裂隙发育控制方法 ············ 151
　　第五节　本章小结 ·· 154

第六章　倾斜煤层直角梯形巷道围岩变形控制技术研究 156
　　第一节　自稳平衡圈力学模型 ······························ 156
　　　　一、自稳平衡圈渐进成形的力学分析 ················ 156
　　　　二、自稳平衡圈形态数值模拟分析 ·················· 162
　　　　三、自稳平衡圈形态演变试验监测 ·················· 164
　　第二节　考虑主应力方向偏转的自稳平衡圈稳定性分析 ···· 166
　　　　一、自稳平衡圈边界应力解析 ······················ 166
　　　　二、自稳平衡圈渐进演变特征 ······················ 170
　　　　三、自稳平衡圈方向性形成机制 ···················· 172
　　第三节　倾斜煤层巷道围岩稳定性控制方法 ················ 177
　　　　一、考虑主应力方向偏转的自稳平衡圈支护原理 ······ 177
　　　　二、基于主应力偏转效应的锚杆支护参数优化 ········ 179
　　　　三、巷道围岩变形的非对称支护原则 ················ 181
　　第四节　巷道非对称支护方案 ······························ 182
　　　　一、支护参数的计算 ······························ 182
　　　　二、支护方案 ···································· 184
　　第五节　数值模拟支护效果 ································ 185
　　　　一、支护模型建立 ································ 185
　　　　二、支护效果分析 ································ 186
　　第六节　支护效果工程验证 ································ 188
　　第七节　本章小结 ·· 193

第七章　结论与展望 ·· 195

第一节　结论 ………………………………………… 195
第二节　创新点 ……………………………………… 198
第三节　展望 ………………………………………… 199

参考文献 …………………………………………………… 200

第一章 绪 论

第一节 选题背景及研究意义

中国是世界上煤炭生产和消费大国之一，随着煤炭开采技术及经济水平的不断提高，我国煤炭产量持续增长。进入 21 世纪后，随着煤炭的大量开采，东部地区、中部地区开采条件简单的煤炭储量日益枯竭，导致煤炭资源的开采向西部地区和深部区域转移。目前，西部地区是我国煤炭资源主要赋存地，占煤炭资源总量的 86.5% 以上，主要分布在陕、甘、内蒙古、藏、新、青、宁、川、黔、滇等省（区）[1-3]。

在我国煤炭总储量中，急倾斜煤层的储量约占 4%，大倾角煤层储量约占 20%，而倾斜煤层储量约占 35%，特别在西南部地区部分矿区，占比甚至高达 60% 以上，且可采储量达到 10%[4-8]。从上述文献可以看出倾斜煤层占比最大，说明倾斜煤层的开采对我国煤炭资源的利用具有举足轻重的作用。

直角梯形（斜顶）巷道在倾斜煤层中应用广泛，但是由于受巷道断面的不规则性和煤层倾角效应影响，导致其应力及位移分布规律复杂，理论计算困难，目前国内外学者关于倾斜煤层直角梯形巷道的相关研究较少[9-11]。大量工程实践表明，倾斜煤层直角梯形巷道围岩呈现严重的非对称变形破坏特征[12-14],然而由于尚未真正掌握其非对称变形破坏规律和渐进性失稳机理,往往巷道支护效果不佳,维护异常困难[15-17]。

相关研究和实践表明[18,19],由于煤层倾角、巷道断面形状、地质条件等多种因素的影响,巷道所处应力场会变得更为复杂,其复杂性不仅体现在应力场大小的增减,应力场方向也会发生改变。但是一直以来,对巷道围岩非对称变形破坏机理及控制方法的研究多侧重于应力大小的改变,很少涉及应力方向的偏转对巷道围岩稳定性的影响。

经典巷道围岩控制理论可以概括为应力状态恢复改善、围岩增强、破裂固结与损伤修复、应力转移与承载圈扩大[20,21],其中应力状态恢复改善包含应力大小和角度的恢复改善,应力转移囊括应力量值和方向偏转的转移。因此,需要综合考虑围岩应力场矢量特征,对巷道围岩控制理论进一步系统的研究,对现有的支护方法进行重新解构,对复杂地质及应力环境下的巷道支护设计提出新的设想。

综上所述,针对倾角及断面形状影响下倾斜煤层巷道应力分布及变形破坏机理仍缺乏系统研究,考虑主应力大小及方向组合作用对巷道围岩稳定性影响的研究鲜有报道,在围岩控制技术方面仍需要完善。因此,本书拟针对非对称应力分布和应力方向偏转组合条件下倾斜煤层巷道围岩变形破坏机理、考虑主应力方向偏转的自稳平衡圈承载机制及稳定性调控机理这两个关键科学问题,通过理论分析、数值模拟、相似物理模型试验及现场监测等互馈的方法,对倾斜煤层巷道围岩变形破坏机理进行系统研究,揭示此类巷道围岩非对称应力分布及变形破坏机理、主应力偏转对围岩的驱动效应及主应力偏转下自稳平衡圈渐变失稳特征,对倾斜煤层直角梯形巷道围岩控制方法进行改进,并提出相应的控制技术。研究成果可为倾斜煤层巷道围岩稳定性控制提供理论指导,对倾斜煤炭资源安全高效的开采具有重要意义。

第二节 国内外研究现状

一、倾斜煤层巷道围岩应力及变形理论计算研究

倾斜煤层巷道开挖由于受煤层倾角、煤层厚度、围岩强度及巷道功能

等因素的影响,且煤层强度较小,顶板的强度大于帮部,则大多数巷道沿煤层顶板布置,形成非规则异形断面,特别是煤层倾角小于45°时,直角梯形(斜顶)巷道应用率基本达到100%[22-25]。因此,开展直角梯形巷道围岩力学理论分析方法的研究,获取其巷道围岩应力及位移分布规律,对倾斜煤层安全高效开采具有十分重要的理论意义。

目前,对倾斜煤层巷道围岩变形的力学分析大多将其简化为梁[26]、板[27]或拱[28-30]结构进行局部应力及变形的求解,无法建立巷道围岩变形的内在联系。也有学者采用解析法对圆形和椭圆形巷道围岩应力求解进行了大量研究,但对于非圆形巷道断面(例如,矩形、直角梯形和直墙拱形)应力及位移解析解研究较少,且倾向于将其断面形状简化为外接圆形进行求解,这种等效方法虽极大地方便了模型的构建,但牺牲了计算精度,尤其是巷道当量半径 R_0 的取值存在差异时,导致计算结果误差较大[31-35]。此外,巷道围岩具有高应力集中区域(尖角处)的应力有时难以准确预测。若简单地将直角梯形巷道等效为圆形进行求解,将会带来巨大的误差。

由于非圆形巷道边界条件不易给出、计算理论不完善以及解析法求解过程复杂等因素的影响,对于非圆形巷道围岩应力及位移的求解的相关文献报道并不多见[36-40]。复变函数理论为此提供了新的解决方案,可将复杂孔口边界映射到单位圆边界上进行弹性力学中平面应变问题的求解,其中单位圆边界与复杂孔口边界一一对应,易于将单位圆边界计算结果返回到原始孔口边界,获得复杂孔口边界的解。该方法广泛应用于硐室、隧道、巷道等孔口问题的应力和变形的理论计算,可获得复杂孔口边界的解析解[41-43]。

目前,国内外学者采用复变函数理论对煤矿巷道围岩应力及变形的求解进行了一些研究,Muskhelishvili[44]提出复变函数解析方法求解巷道开挖问题,可将任意断面巷道围岩应力及变形的力学分析在弹性力学上归结为复杂带孔口无限平面问题进行求解,其基本求解过程为:映射函数求解、复位势函数基本形式的确定及求解、推导巷道围岩的应力及变形的解析解,该方法为巷道围岩应力及位移的求解提供了理论依据。基于Muskhelishvili的求解方法,Verruijt[45]推导出浅埋圆形巷道应力、位移和地表沉降的解析解。也有学者[46-48]对半圆形巷道应力及位移计算公式进行了求解。

Zhou 等[49]通过改变侧压力系数求解矩形巷道围岩应力，得到适用于不同侧压系数矩形巷道的应力解析解。在此基础上，Kargar 等[39]应用复变函数柯西解法对非圆形巷道应力进行分析，推导出应力的解析解，但是柯西积分解法比较复杂并且不易于计算，增加了求解的难度。此外，赵凯等[50]、李明和茅献彪[51]、施高萍等[52]利用保角变换及复变函数理论推导了矩形巷道的映射函数及应力计算公式，计算得到了巷道围岩应力的分布规律。

在对煤矿巷道围岩应力及位移进行复变函数求解时，首先需要利用保角变换将巷道断面边界映射到单位圆边界上，则映射函数系数的求解至关重要。对于实际工程中煤矿巷道，国内外学者采用多种方法去求近似的映射函数。范广勤和汤澄波[53]为计算非圆孔口映射函数的系数，给出了绝对收敛级数相乘的方法。吕爱钟和王全为[54]曾使用最优化技术计算了任意形状孔口映射函数系数。朱大勇等[55]提出了通过对超长项级数形式的映射函数进行解析逼近求解，但求解难度大、精度低。为了简化计算，陈梁[56]采用 Matlab 软件内嵌遗传算法对映射函数的系数进行了求解，得出了大倾角直墙拱形巷道围岩应力及位移的解析解。胡少轩[57]同样利用迭代方法进行映射函数系数求解，并认为将阶数 n 取前 4 项即可满足应力及变形的求解精度。郑志强[58]采用施瓦茨—克里斯托费尔积分对映射函数系数进行求解，提高了映射系数求解精度，但求解过程复杂。

综上所述，现有文献对圆形、椭圆形、矩形及直墙拱形等规则断面巷道围岩应力分布研究较为充分[59-61]，但是任意断面形状和煤层倾角共同影响下的巷道围岩应力及位移求解的研究成果较少，尤其针对直角梯形巷道的相关研究较为罕见，这就导致直角梯形巷道应力、应变和位移分布特征及其影响因素尚不清晰。虽然有文献通过复变函数对直角梯形巷道的应力及位移进行了求解，但是他们所建立计算模型未考虑煤层倾角的影响，同时由于求解过程的复杂性，仅仅使用迭代方法给出了它的 4 阶近似解，而复变函数解法要经过多次迭代才能得到较高的精度[40][62-65]。因此，需要对任意断面形状和煤层倾角共同影响下的巷道围岩应力及位移求解方法进行研究，并优化映射函数求解方法，提高求解精度，为倾斜煤层巷道变形破坏机理的研究提供理论基础。

二、倾斜煤层巷道围岩非对称变形破坏机理研究

巷道开挖后，在多种因素耦合作用下发生非对称变形破坏，其主要影响因素包括巷道围岩结构、岩性、岩层倾角、构造力大小和方向、回采动压等[65-69]。国内外学者对倾斜煤层围岩非对称变形破坏机理进行了研究，得出复杂应力影响下巷道顶底板、两帮及尖角处变形呈现非对称分布特征。何满潮等[70,71]归纳了深部巷道围岩非对称变形破坏机制，分别为高应力扩容变形型、结构变形型、物化膨胀力学型，认为其非对称变形是多种力学机制复合的结果。有学者以构造应力方向与巷道轴向角度为切入点对巷道围岩的变形进行了大量研究，强调了岩体力学性质具有方向性，不同应力方向下巷道围岩变形破坏机制和强度特征不同[72-76]。然而对于巷道围岩非对称变形破坏机理的研究，往往集中于巷道围岩应力场大小和分布特征方面，虽然得出了许多有益结论，对煤炭资源安全的有效开采发挥了重要作用，但难以很好地解释倾斜煤层巷道围岩出现一些新的变形破坏现象。

随着国内外学者对巷道围岩非对称变形破坏机理的深入研究，逐渐认识到应力大小和方向的变化是巷道产生非对称变形的主要因素[77,78]。马念杰等[79]认为采动应力方向的变化是确定顶板最大破坏深度的关键，并影响顶板变形破坏，其围岩潜在冒落区范围等于最大破坏深度。赵志强等[80]认为采动应力影响下最大主应力方向发生偏转，造成顶板严重破坏。刘洪涛等[81]提出主应力大小及角度变化是塑性区呈现非均匀形态特征的主要因素。李季等[82]研究了采空区侧方围岩主应力场方向的变化规律，揭示了深部沿空巷道非均匀大变形机制，认为主应力大小和方向影响塑性区扩展范围和扩展方向，随主应力增加，塑性区扩展范围增大，且扩展方位随主应力角度的改变而发生变化，两者共同作用下塑性区产生非对称扩展，导致深部沿空巷道围岩发生非对称变形破坏。贾后省等[83]研究发现主应力方向偏转角度与底板非对称变形直接相关，随着主应力偏转角度的增加，底板破坏深度的位置发生改变，难以控制底板的变形，造成底板出现严重的非对称底鼓。杨仁树等[84]认为非均匀荷载促使巷道围岩主应力的方向改变，是塑性区非对称性扩展的决定性因素，塑性区随主应力偏转方向进行非对称性扩展，导致巷道围岩变形破坏具有显著的方向性，垂直与最大

主应力方向围岩破坏程度更大。赵洪宝等[85]研究发现在孤岛煤柱影响下主应力发生偏转，进而导致巷道围岩塑性区呈对角式发育，巷道围岩呈现非对称破坏。吴祥业等[86]研究得出偏应力大小及主应力方向决定塑性区非对称扩展范围及方位，其共同作用的结果是导致巷道发生非对称变形的主要原因。赵维生等[87]揭示了与地应力存在不同空间位置关系的垂直巷道交岔点的扰动主应力矢量分布规律。以上研究主要集中在采动应力方向对塑性区扩展的研究，然而地应力方向不同或采动应力方向的改变是巷道围岩变形破坏的外因，而真正影响巷道围岩变形破坏的内因是应力传递到巷道结构过程中主应力方向的偏转和主应力集中程度的增减，无论采动应力是否存在，巷道周围均会出现不同程度的应力偏转现象，巷道不同位置下应力偏转规律是什么，如何影响巷道围岩稳定性，还没有得到进一步揭示。

张文忠[88]、赵毅鑫等[89]和卢志国等[90]等研究了断层附近采动应力方向偏转情况及诱发断层活化的机理。王家臣和王兆会[91]和韩宇峰等[92]揭示了顶煤中主应力偏转规律，主应力的偏转效应造成顶煤中的采动裂隙呈现向采空区倾斜的趋势。王家臣等[93,94]研究了采动应力偏转角度对围岩稳定性的影响，采动应力偏转角度越大，围岩稳定性越差。Wang等[95]研究了采动应力偏转轨迹及其推进方向效应。庞义辉等[96]研究了深部采场覆岩应力路径效应并进行了支架载荷的预测分析。赵雁海等[97]考虑主应力轴偏转影响下远场围岩拱效应演化特征。在隧道上覆土压力及支护压力计算[98,99]、不完全土拱效应分析[100]、地基应力修正计算也会考虑到主应力偏转作用[101]。也有小部分学者对隧洞、硐室、基坑等工程掘进过程主应力偏转规律进行了研究[102-106]，但由于开挖是瞬时完成的，并未关注巷道非对称变形破坏的应力大小和方向的渐进性演变过程。

综上所述，以往对巷道围岩非对称变形破坏的研究多侧重于应力大小的改变，而对于应力方向的改变研究较少[107-111]。国内外学者对土体的主应力偏转效应研究较多，但往往忽视主应力偏转效应对岩体力学特性的影响[112-114]。近年来，对巷道围岩非对称变形破坏机理的研究由侧重应力大小变化到兼顾应力方向偏转的趋势发展；但其中绝大多数是通过改变巷道围岩应力场的主应力偏转角度以模拟采动应力偏转作用，缺乏对巷道围岩应力场自身应力偏转轨迹进行研究。还有小部分文献对采场顶煤、顶板或远场围岩的采动应力偏转轨迹进行了研究，但鲜有涉及倾斜煤层巷道围岩非对称应力分布变形破坏过程中的主应力偏转规律，尤其对于巷道围岩非对称应力大小和应力方向在非对称偏转组合条件下的变形破坏机理研究极为罕见。

三、倾斜煤层巷道围岩变形控制理论研究

对巷道围岩自承载能力认识和利用是巷道支护发展进程中的重要里程碑。太沙基承载力理论指出巷道围岩具有自承载能力，普氏拱理论认为支护对象是冒落拱内的破碎岩体，新奥法理论强调围岩自承圈是主要承载体，支护的核心目标是最大限度发挥围岩自承载能力[115,116]。

国内外学者在围岩承载结构方面进行了大量研究，通过归纳总结将包含支护结构在内的围岩承载结构分为四类：巷道顶板内形成的梁结构、拱结构、壳结构及围岩内的圈结构[117-121]。其中梁、拱、壳结构一般是基于矩形巷道或采场的层状岩层提出的。根据围岩内的圈结构的形成依据可以分为两大类：自承载圈和支护加固圈。

1. 自承载圈

康红普[122]提出了"关键承载圈"理论，关键承载圈指巷道围岩在一定范围内承受较大切向应力的部分，巷道围岩支护对象即为关键承载圈，并确定了承载圈的厚度和大小，指出围岩应力分布均匀的巷道易于维护。何满潮等[123]提出了巷道围岩承载结构的概念，即巷道围岩应力调整过程中形成的原生承载拱，其中峰前承载拱起主要支撑作用，而峰后承载拱对应巷道围岩的塑性软化圈。景海河等[124]发现围岩自承力与支护力不足导致软岩巷道失稳，支护的时间对围岩自承载能力具有重要影响。李树清[125]等认为围岩承载结构的稳定至关重要，根据围岩强度的强弱，划分了围岩强软化区和弱软化区，围岩内部强弱并存，交替出现，并认为支护可以有效改善围岩强度。朱建明[126]等提出了主次承载区理论，以主承载区为主，次承载区为辅，并提出了主次协同、动态设计的新的支护思路。王卫军等[127]引入内、外承载结构概念，指出高强度、及时支护可以有效改善围岩应力环境，减小围岩强度，缩小塑性流动区范围，内外结构耦合作用下

易于控制巷道围岩稳定性。田永山[128]提出了巷道围岩自稳结构的概念和原理,并建立了巷道围岩的圈状模型,具体分为原岩应力稳定圈、压密承载圈、塑性流动圈和剪切破坏圈。谢广祥等[129]指出巷道开挖后围岩存在连续包络的高应力束组成的应力壳,巷道处于应力壳内的低应力区,巷道围岩应力壳由非稳定状态最终趋于稳定状态。黄运飞[130]提出了围岩自承圈概念。黄庆享和郑超[131]从巷道围岩的自稳平衡出发,提出了自稳平衡圈理论,认为巷道支护是一个系统工程,给出了"治顶先治帮,治帮先治底"的支护理念,"早,强,密,贴"锚杆施工四字原则。陈学华等[132]基于地层的自组织理论提出围岩自稳结构。郑建伟等[133]提出等效断面支护理论,在轴变论基础上,基于巷道围岩自稳结构为椭圆的假设,对巷道围岩自稳平衡过程进行了研究,认为当椭圆达到最佳轴比时巷道围岩最为稳定,并建议采用全断面封闭式支护促使巷道围岩形成等效断面。

2. 支护加固圈

董方庭[134]提出围岩松动圈理论,认为巷道围岩进行锚杆支护后形成了承载结构,提高了巷道围岩松动圈内岩石的承载能力。王斌等[135]认为切向应力最能反映巷道围岩锚固效果,锚固切向应力具有两个峰值,代表锚固围岩出现弹性区和塑性区交替现象。杨本生等[136,137]以巷道全断面变形破坏为研究对象,划分了双壳支护理论,对构建的新型支护体系进行了3层次划分,分别为浅部应力支护壳、中间柔性层及深部加固壳,并根据不同的支护体系确定了连续双壳和非连续双壳。韩立军等[138]提出了锚注加固结构的概念,主要由锚固和注浆加固作用形成的组合拱结构、加固作用范围外处于较高应力状态的破裂岩体及破裂岩体外处于高应力状态的完整岩体组成。赵光明等[139]依据切向应力为指标对围岩承载结构进行划分,依次为弱—主—强区,其中弱区主防冒顶掉矸,主区加强支护承担主要围岩载荷,锚索调动强区参与承载。马全礼等[140]认为锚杆支护可以通过提高径向力使碎裂区强度提高,并延缓碎裂区发展。彭瑞等[141]根据切向应力"增—减—集中—趋稳"划分次生承载结构为主动—被动—关键—自稳承载圈。宋桂军等[142]将围岩划分为主控层—软弱层组合结构,并基于此定量化地分析了煤层群开采期间层间结构的破坏过程。焦建康和鞠文君[143]建立了动载和静载荷联合作用下巷道锚固承载结构稳定性力学和能量模型,并给出动载扰动下巷道锚固承载结构冲击破坏演化过程。李英明等[144]按照深部软岩巷道四线段全应力—应变曲线划分围岩次生承载结构为流动层—塑性软化层—塑性硬化层—弹性层耦合承载层，塑性软化层、塑性硬化层组成塑性承载区。宁建国等[145]将大断面硐室围岩锚固承载结构划分为压缩变形区和不协调变形区，不同分区下动静载破坏形式不同，导致巷道失稳主要是因为锚杆、锚固剂和围岩的变形不一致。

围岩内的圈结构相关理论的发展是在充分认识到"顶—帮—底"相互作用的基础上发展而来的，在工程实践得到了广泛应用，解决了大量巷道围岩变形支护难题[146-148]。但在圈结构相关理论发展过程中，侧重于应力大小和围岩性质的作用，忽视了应力方向的影响，且多数研究只考虑最终极限状态，缺乏对巷道围岩圈结构形成过程、形态演化、形成条件的研究。对于围岩主应力矢量偏转对圈结构的影响规律和围岩渐进成圈演化路径的分析明显不足。考虑主应力方向偏转的巷道围岩圈结构的渐进成形发展过程亟须深入研究，在此基础上，巷道稳定性的评价方法及支护方案的合理设计仍需进一步完善。

四、倾斜巷道围岩非对称支护技术研究

倾斜煤层巷道围岩应力环境复杂，非对称变形破坏特征显著，导致巷道支护难度大，严重制约了倾斜煤层煤炭资源安全高效开采[149-152]。常规全断面等强对称式支护形式难以有效控制巷道非对称变形破坏[153-155]，因此深入研究倾斜巷道围岩变形破坏机理、采取针对性的支护方式十分重要。为了全面概括非对称支护技术，笔者总结各种地质条件下，针对巷道围岩非对称变形破坏提出的非对称支护技术，并不局限于倾斜煤层巷道。根据支护理念的不同，可以分为三大类：非对称耦合支护、分区补强加密支护及非对称联合支护。

1. 非对称耦合支护

何满潮等[156]、张勇等[157]团队针对深部岩巷钝角破坏效应产生的非对称变形破坏，提出非对称耦合支护技术，对钝角破坏关键部位进行锚索、底角锚杆加强支护。提出为了改善巷道围岩的非对称变形破坏，必须有效发挥锚杆（索）的作用，同时充分发挥围岩的自身承载能力。

王俊峰等[158]针对采动影响下沿空留巷偏应力非对称分布,提出了沿空留巷分区非对称耦合控制技术,将留巷围岩划分为不同区域进行支护,即窄柔模墙体采用拉筋、铁板及单体支柱、巷道采用双排单体支柱、实体煤帮及顶板采用高强高预紧力的锚杆索进行非对称支护。武精科等[159]针对采动应力下一侧为充填体、一侧为实体煤帮的留巷围岩非对称变形,将留巷围岩划分为4级9区进行分级分区耦合支护,提高了留巷围岩的稳定性。苏学贵等[160]研究分析了特厚倾斜复合顶板巷道变形规律,认为在煤层倾角、围岩非对称结构及非对称应力分布的影响下巷道围岩发生非对称破坏,据此提出锚网索耦合支护,并加强支护易破坏的关键位置,改善了围岩非对称应力状态,围岩变形破坏得到控制。张进鹏等[161]对采动、煤层倾角、巷道两侧围岩不对称的结构、非对称载荷及支护方式不合理的影响下巷道变形规律进行研究,并提出非对称耦合支护技术,采用锚网带、高强预应力锚索及高强预应力底角锚杆进行支护,其中顶板锚索垂直顶板布置,巷道高帮加强支护。郑铮等[162]研究了异形断面巷道围岩应力分布,得出巷道结构的非对称是巷道围岩非对称变形的主要因素,据此提出巷道顶板非对称耦合支护技术,采用预应力锚杆、高强度单体锚索及桁架锚索进行支护。

2. 分区补强加密支护

于洋等[163]针对岩层产状、岩层性质及水理作用影响下软岩巷道非对称变形破坏,提出巷道围岩非对称控制技术,并对薄弱结构加强支护。吴祥业等[164]研究了重复采动下巷道围岩变形破坏规律,得出采空区边缘呈现应力集中,且偏应力峰值及偏转角度增加,导致采空区侧方整体应力环境发生改变,且巷道两侧受力不均匀,造成塑性区形态呈明显非对称分布特征的结论,并基于此提出巷道围岩分区域及分次补强支护技术,改善了非对称应力环境,减小了巷道围岩破坏,提高围岩稳定性。杨括宇等[165]研究了断层破碎带巷道围岩变形破坏机理,得出巷道位于断层破碎带边缘位置的围岩易发生非对称变形破坏。据此提出巷道掘进应选择岩性较好地段,尽量避开断层等不良地质体,巷道应垂直断层布置,且在断层范围进行加强支护。杨仁树等[166]研究了采动影响下弱胶结层状底板非对称性变形破坏特征,提出底板分区差异化支护技术,即修复破碎区、加固塑性区及提高弹性区承载能量。

洛锋等[167]针对受倾角效应影响下巷道围岩呈现明显的非对称破坏，提出采用锚网、钢带及锚索进行支护，对异形巷道顶板帮及坡顶煤关键位置加强支护。李臣等[168]研究了采动区域应力场的空间动态调整影响下巷道塑性区的非对称动态演化特征，得出围岩塑性区尺寸大幅度增加，据此提出合理留设煤柱尺寸，进行加强支护的稳定性控制技术。刘帅等[169]研究了受邻近巷道或工作面回采影响下巷道群中单一巷道非对称变形特点，并提出全断面采用中空组合锚杆（索）分区注浆，加强底板支护，加密支护应力集中的关键位置，同时补强支护U形钢棚结构。王立平等[170]针对断层附近顶板、腰部和底板非对称变形，提出了锚杆及锚索非对称支护技术，对变形严重的位置重点进行加强、加密支护。陈正拜等[171]为了解决窄煤柱巷道非均匀大变形，提出巷道围岩差异化支护技术，即巷道各区域采用不同支护方式，进行加密支护，对破碎围岩区域进行注浆改性。张广超等[172]研究了窄煤柱沿空巷道围岩大范围破碎及非对称变形破坏，其主要影响因素为高强度开采及基本顶破断，据此提出了非对称支护技术，重点加强煤柱帮和顶板支护。范磊等[173]针对倾斜软岩巷道围岩非对称应力分布及变形，提出非对称支护控制围岩的稳定性，加强支护围岩变形较大区域。

3. 非对称联合支护

谭云亮等[174]、李术才等[175]利用相似物理模型试验手段，根据相似原理，选取不同相似比的材料分别模拟砂岩和煤层，建立了深部厚顶巷道相似模型，并采取非对称联合支护技术，分析了巷道围岩应力分布规律及变形，该试验装置能够较好地应用于煤矿巷道开挖及支护全过程的模拟。蒋金泉等[176]提出巷道围岩在地应力作用下发生非对称的变形破坏，主要影响因素是巷道围岩弱结构的存在，其变形破坏区具有多样性和奇异性的特点，当岩层的力学特性相差较大时，岩层的分界面上会产生奇异性变化。为了有效控制巷道围岩的稳定性，应进行非对称支护，弱结构的部位加强支护。Peng等[177]对不同岩性的不对称结构失稳的影响进行了研究，并使用原位岩石的声发射信号和3D原位地应力监测装置，进行了工程背景调查，以确定不同岩性千米埋深巷道的不对称失稳特征。在分析围岩二次应力分布和强度退化的基础上，提出了机械耦合承载结构和围岩多梯级非对称支护方法，进一步分析了不对称结构破坏机制和多梯级非对称支护的影响。Wu 等[178]以安徽省某煤矿勘探巷道为例，根据巷道与岩层层理面的空间关系，巷道上方的岩石沿层理面向下移动，而巷道下方的岩石沿层理面向上移动，最大的变形发生在巷道面的左上侧和右下侧，得出巷道围岩出现大倾斜不对称变形（右倾）；并提出了一种改进的巷道支护方案，采用长锚索抑制剧烈变形，短锚索和封闭 U 形钢组改善地应力的状态，与原方案相比，所提出的方案可以有效地抑制巷道底鼓，控制巷道围岩较大的不对称变形。

李冲等[179]研究了大跨度穿断层软岩巷道的变形破坏机制，提出顶板"非对称分区强化控制、减跨控顶支护、破碎围岩分区深浅注浆、强化联合支护"的过断层支护对策，优化支护方案。谢生荣等[180]针对偏应力影响下深部充填开采留巷围岩塑性区非对称分布特征，提出了联合支护的分区非对称围岩控制技术。Ma 等[181]采用数值模拟与现场监测对软底板和坚硬顶板沿空留巷的支护方案进行分析，提出了增加支护强度、实现沿采空区割顶的支护方案。Ma 和 Wang[182]采用理论分析、数值模拟及现场监测对破碎巷道再生顶板在剩余矿产开采中的失稳机理及控制对策进行研究，推导出巷道再生顶板支承拱的曲线方程拱高表达式，得到了改性拱高与侧向应力的关系，拱高在顶板悬挂时间和不同支护方案中会发生变化，且支撑结构应超过承重拱的高度，避免顶板渗漏。通过各种支护方案的比选，得出锚杆、锚索和钢梁组合支护是再生顶板最佳的支护方案。Yang 等[183]采用现场调查和数值分析建模的方法对缓倾斜煤层（倾角16°）回采巷道的软顶破坏机理和支护方法进行研究，提出非对称支护方法。Fan 等[184]针对深部煤层沿空留巷所处的复杂地应力环境，提出一种创新的锚固注浆控制顶板切割方法，用于控制深部煤矿的采空区沿空留巷的稳定性。定量设计了新方法中的锚索长度和帮侧锚杆排数，成功应用于现场的巷道支护。Meng 等[185]建立采场协同支护的三维力学模型，对高地应力和采动应力作用下倾斜巷道围岩的结构特征和运动规律进行了分析，提出了采场支护的适应性指标，论述了其工作机理。开发了具有良好压缩性和支护强度的抗屈服砂柱侧壁支护技术，进行了室内试验和现场试验验证，得出了填充材料的最佳配比，砂柱的设计承载力和抗压强度均满足现场要求。

为了改善巷道围岩非对称应力集中程度，提高薄弱位置的强度，降低围岩的变形，国内外学者提出了非对称支护围岩控制技术，取得了大量的研究成果[186-188]。而针对倾斜煤层巷道非对称变形破坏，采取了非对称耦合支护、分区补强加密支护及非对称联合支护等围岩控制措施，目前尚未形成统一的支护标准，有待进一步研究。

第三节 存在的主要问题

综上所述，国内外学者对倾斜煤层巷道变形破坏特征及控制技术的研究，一般将倾斜煤层巷道围岩简化为梁、板、拱结构进行力学分析，取得了一些研究成果。但由于巷道顶—帮—底是相互作用的动态整体结构，难以求解出倾斜煤层巷道围岩应力及变形的解析解，从而无法建立巷道顶底板及两帮变形的内在联系。针对倾角及断面形状影响下倾斜煤层巷道应力分布及变形破坏机理仍缺乏系统研究，考虑主应力大小及方向组合作用对巷道围岩稳定性影响的研究鲜有报道，在围岩控制技术方面仍需要完善。主要存在以下问题：

（1）大多数理论计算研究将非圆形巷道等效为圆形进行求解，忽略了煤层倾角及断面形状的影响，从而导致使用常规方法获得的结果误差较大，倾斜煤层非圆形巷道围岩应力与变形的解析解仍需进一步深入研究。

（2）相似物理模型试验中现有的测量手段难以满足全场应力及应变偏转方向的监测需求。常用的接触式传感器多为点式测量，难以密集布置。大多数学者使用非接触式 DIC 测量方法仅局限在位移及应变监测，并没有深入研究 DIC 后处理方法，实现全场应力及应变偏转方向的实时监测。

（3）以往的研究多侧重于应力大小的增减，而对应力方向的改变研究较少。应力偏转方向对于倾斜煤层巷道围岩变形破坏的影响规律不清晰，难以从根源上揭示巷道围岩非对称变形破坏机理，从而导致围岩变形破坏的真正诱因不清，需进一步对此进行深入研究。

（4）巷道围岩承载圈结构相关理论侧重于应力大小和围岩性质的作用，忽视了应力方向的影响，且多数研究只考虑最终极限状态，缺乏对巷道围岩圈结构形成过程、形态演化及形成条件的研究。考虑主应力方向偏转的巷道围岩圈结构的渐进成形发展过程亟须深入研究，在此基础上，巷道围岩稳定性的评价方法及支护方案的合理设计仍需进一步完善。

第四节　研究内容及方法

本书以石炭井二矿区倾斜煤层巷道为工程背景，采用理论分析、数值模拟、相似物理模型试验及现场工程试验等研究方法，对不同倾角、不同断面形状倾斜煤层巷道围岩应力分布及变形破坏规律、主应力偏转演化特征及其对巷道围岩稳定性的影响、考虑主应力方向偏转的自稳平衡圈渐变失稳机制及巷道围岩变形控制技术进行了系统研究。主要研究内容如下：

（1）根据倾斜煤层巷道的特点，引入倾角系数，构建不同断面形状倾斜煤层巷道围岩力学模型，利用复变函数理论，对映射函数求解过程进行优化，推导倾斜煤层巷道围岩应力、变形的解析解，揭示倾斜煤层巷道围岩非对称应力分布及渐进性变形破坏机理。基于计算几何建立倾斜煤层巷道非对称变形度计算模型，对巷道非对称变形度进行定量化和可视化表征。

（2）采用数值模拟方法，对不同煤层倾角、不同断面形状巷道围岩在不同荷载下的应力、变形及塑性区分布规律进行研究，分析巷道围岩非对称应力分布及变形破坏规律，阐述倾斜煤层巷道围岩渐进性非对称变形破坏机理。

（3）以石炭井二矿区为工程背景，利用相似物理模型试验技术对不同倾角、不同断面形状倾斜煤层巷道围岩应变场及位移场进行系统研究，进一步分析巷道围岩非对称应力集中及渐进性变形破坏特征，并采用改进DIC技术对顶板自稳平衡圈及主应变偏转轨迹进行监测。

（4）采用理论分析、数值模拟和相似模型试验等综合方法，对非对称应力分布和应力方向偏转组合条件下倾斜煤层巷道围岩变形破坏机理进行研究，分析主应力矢量场非对称分布特征、主应力分量—方向的传力路径、主应力矢量场敏感性因素及主应力偏转对巷道围岩稳定性的影响规律，揭示主应力偏转对围岩破坏的驱动效应，并探索主应力偏转效应在巷道围岩控制中的应用方法。

（5）建立考虑主应力方向偏转的自稳平衡圈力学模型，分析自稳平衡圈的边界应力状态，解析推导自稳平衡圈失稳力学判据，改进倾斜煤层巷道稳定性控制方法，优化巷道非对称支护方案，并进行数值模拟及现场工程试验验证。

第五节 技术路线

本书以石炭井二矿区倾斜煤层巷道为工程背景，采用理论分析、数值模拟、相似物理模型试验及现场工业性试验等研究方法，对倾斜煤层巷道变形破坏的机理及控制技术展开深入系统研究，技术路线如图1-1所示。

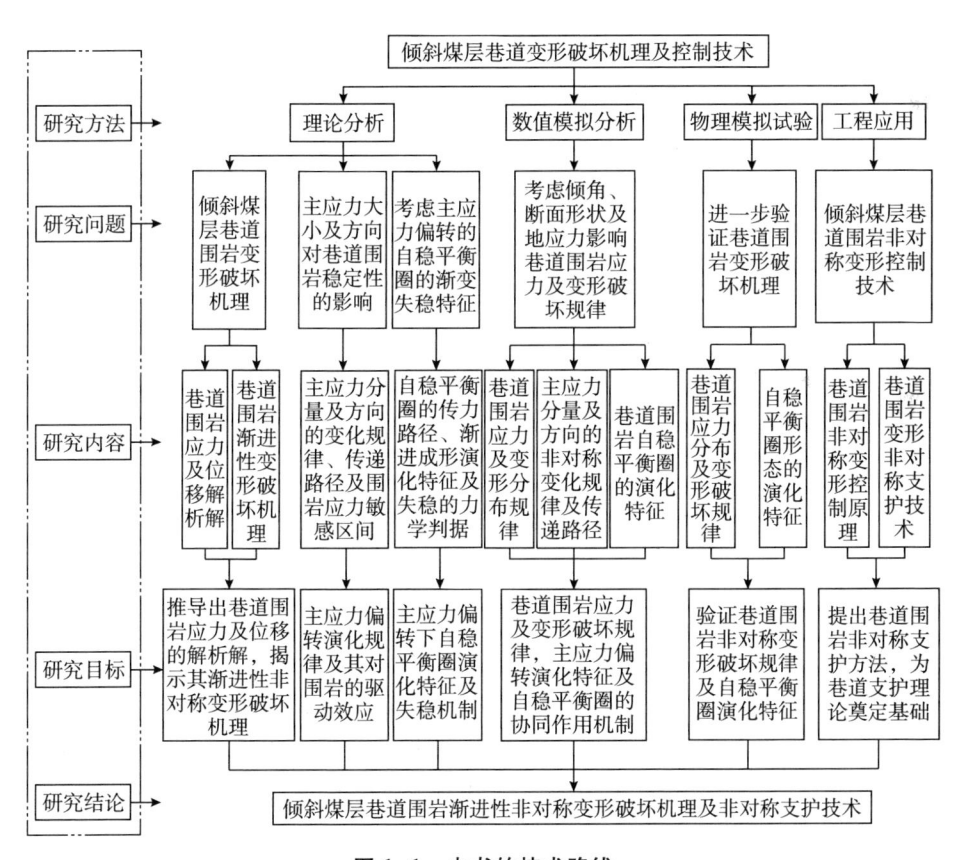

图 1-1 本书的技术路线

第二章
倾斜煤层巷道围岩应力及变形力学分析

巷道围岩应力及变形特征是巷道支护设计的重要依据，目前，对圆形、椭圆形及矩形等规则断面巷道围岩应力求解的研究较为充分，但对任意断面形状及煤层倾角的巷道围岩应力及位移求解的研究较少，尤其针对直角梯形巷道的相关研究较为少见。因此，为更精确地得到倾斜煤层巷道围岩应力和位移的解析解，本章基于复变函数及弹性力学理论，建立倾斜煤层巷道围岩力学模型，并改进映射函数的求解方法，引入倾角系数，推导出任意断面形状及煤层倾角巷道围岩应力、位移的解析解，从理论上揭示倾斜煤层巷道围岩变形破坏机理。

第一节　巷道围岩变形的现场监测

石炭井二矿区煤层较厚，煤质优良，具有很大的开采价值。煤层埋深 405.6~480.1 米，倾角在 18°~27°，平均为 23°，属于倾斜煤层，可采厚度为 5.8~6.6 米，煤层内含九层夹矸，为半暗型。直接顶为泥岩，厚度为 2.0~4.0 米。直接底为粉砂岩，厚度为 3.0~4.0 米，煤岩层综合柱状图如图 2-1 所示。该煤层巷道含泥质成分很少，节理发育明显，岩体强度较低、松散、破碎。该区煤层沿顶板掘进，形成直角梯形巷道，极易塌方、冒顶，支护十分困难。

第二章 倾斜煤层巷道围岩应力及变形力学分析

柱状图	层号	层厚(米)	岩性	摩擦角(°)	粘聚力(兆帕)	抗压强度(兆帕)	岩性描述
	1	2.0~4.0 / 3.0	粉砂岩	32.10	5.70	115.00	灰黑色，含植物化石和云母碎片
	2	2.5~3.5 / 3.0	细粒砂岩	30.16	9.62	83.95	灰黑色，颗粒分选性差，坚硬，含少量云母碎屑
	3	9.0~11.0 / 10.0	中粒砂岩	37.00	11.80	103.00	灰白色，成分以石英为主，泥质胶结，含少量云母碎屑，坚硬
	4	2.0~4.0 / 3.0	粉砂岩	32.10	5.70	115.00	灰黑色，含植物化石及泥质结核，水平层理
	5	2.0~4.0 / 3.0	泥岩	31.50	1.85	70.00	灰黑色，薄层状，性脆，裂隙发育，微细水平层理
	6	5.8~6.6 / 6.0	4层煤	28.00	1.50	9.31	复杂结构的厚煤层，内含八层夹矸
	7	3.0~4.0 / 3.5	粉砂岩	31.10	5.70	103.00	灰黑色，含云母碎片及完整植物化石，水平层理
	8	3.5~4.5 / 4.0	细粒砂岩	30.16	9.62	83.95	灰或灰黑色，中厚层状，水平层理发育，含云母碎屑
	9	1.0~2.0 / 1.5	泥岩	31.50	1.85	70.00	灰黑色，性脆，水平层理发育，含植物化石
	10	5.0~5.8 / 5.5	5层煤	28.00	1.50	9.31	复杂结构的厚煤层，内含四层稳定夹矸

图 2-1 煤岩层综合柱状图

倾斜煤层巷道开挖后，采用常规锚网支护，仍发生严重的变形破坏，且呈现非对称分布特征，直角梯形巷道的左帮（高帮）高为4.9米，右帮（低帮）高为3.0米，斜顶跨度为4.89米，巷道宽度为4.5米。由于煤层倾角、巷道断面形状、围岩强度、地应力等因素的影响，倾斜煤层巷道两帮发生严重的片帮，且巷道右帮（低帮）的变形大于左帮（高帮），顶板发生严重的侧移沉降，金属网严重撕裂，锚杆板下沉松动，锚杆（索）出现较大的弯曲变形，底板出现轻微底鼓（见图2-2）。使用第6章第6节的观测方法对巷道变形进行监测，如图2-2（d）和图2-2（e）所示，倾斜煤层巷道两帮最大的收敛量为192毫米，顶板最大的变形量为176毫米，顶板最大的离层量为153毫米。如图2-2（f）所示，巷道变形轮廓呈现显著的非对称变形特征，说明倾斜煤层巷道围岩采用常规锚网支护效果较差，巷道围岩非对称变形破坏难以控制，严重制约了倾斜煤炭资源安全高效的开采，因此，需要对倾斜煤层巷道围岩变形破坏机理及控制技术进行深入系统的研究。

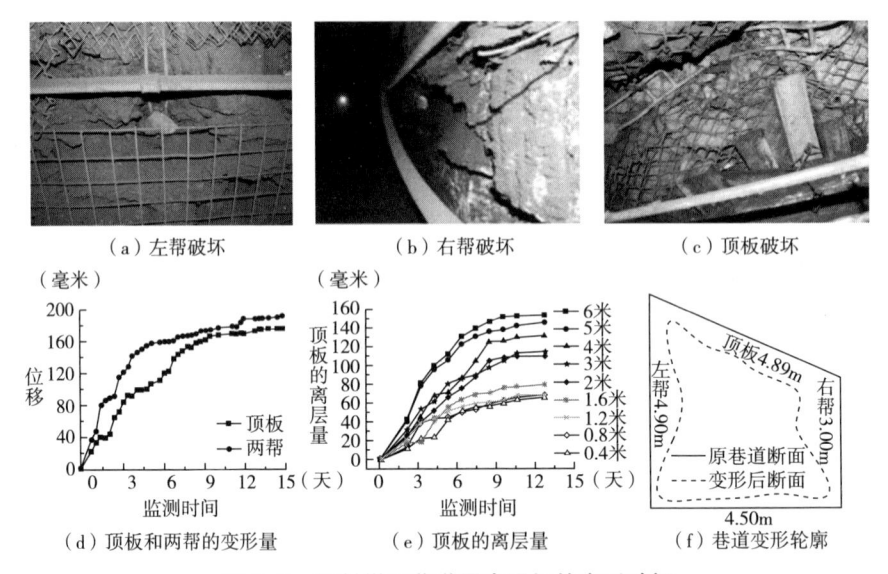

（a）左帮破坏　　（b）右帮破坏　　（c）顶板破坏

（d）顶板和两帮的变形量　（e）顶板的离层量　（f）巷道变形轮廓

图2-2　倾斜煤层巷道围岩现场的变形破坏

基于前述问题的分析和发现，本书旨在深入研究倾斜煤层巷道围岩变形破坏的机理及相应的控制技术。首先，对倾斜煤层巷道的地质条件、地应力、煤层倾角等因素进行详尽的调查和分析，以全面理解其对巷道稳定性的影响。其次，深入探讨常规锚网支护在倾斜煤层巷道中的适用性，分析其存在的局限性和不足之处。进一步，研究新型支护措施和技术，包括改进的锚杆设计、高强度支护材料的使用及地质工程手段的应用，以解决非对称变形破坏问题。

本书还将包括大量的实验和数值模拟工作，以验证新型支护措施的有效性，并优化其设计参数。使用先进的监测技术来跟踪巷道的变形情况，以便及时调整支护措施并确保矿山工作人员的安全。此外，考虑环境保护和可持续开采的因素，以确保资源的可持续利用和生态平衡。

通过深入探讨和实际应用，为倾斜煤层巷道的围岩支护提供创新的解决方案，并为矿山工程领域的安全性和效率性贡献重要的经验和知识。这不仅对倾斜煤炭资源的开采具有重要意义，还对煤矿工程的可持续发展和环境保护具有重要意义。要持续努力解决这一复杂问题，满足日益增长的矿产需求，并确保矿工们能够在安全的工作环境中开展工作。

第二节 复变函数理论及映射函数求解

一、映射函数求解方法改进

设 V 是 Z 平面上由一条闭曲线所围成的有界单连通区域，其补集 V^c 在扩展平面上是单连通的。存在一个特殊的保角映射 f，它将 V^c 映射到单位圆的外部区域，其点固定在无穷远处，并存在一个正实导数。f 的 n 次 faber 多项式由劳伦（Laurent）多项式有限项展开。当 V 是有界多边形的内部时，使得 f 从单位圆内部区域映射到 V^c，如图 2-3 所示。可以通过递推关系，根据保角映射 f 计算出 faber 多项式，编制 Mtalab 计算程序进行迭代确定映射函数的系数。

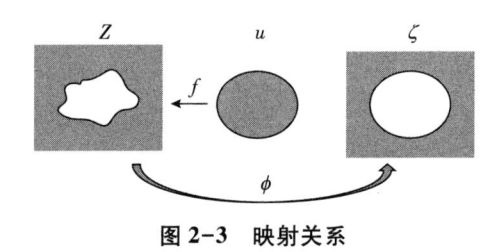

图 2-3 映射关系

1. 施瓦茨—克里斯托费尔（Schwarz-Christoffel）映射函数

假设 P 是有界多边形 Γ 的外部区域。P 是平面上的连通集。因此保证存在从单位圆内部区域到 P 的共形映射 $f(z)$[189]。以逆时针方向围绕单位圆时，必须穿过多边形 Γ 顺时针偏转，使 P 保持在左侧。从单位圆到有界多边形 P 的映射需要满足以下规则，将单位圆映射到有界多边形区域 P（内角为 $\pi\alpha_k$）的映射函数为 $f_I(z)$，将 Z 的边界映射到一条直线的函数 g。于是有：

$$\frac{f_I'(z)}{g'(z)} = C_1\prod_{k=1}^{n}[g(z)-g(z_k)]^{\alpha_k-1} \tag{2-1}$$

式（2-1）中，C_1 是常数，函数 $f_I(z)=h(g(z))$，h 是标准的半平面映射。选择莫比乌斯（Möbius）变换 $1/(1+z)$，将圆映射到一个以线 $\text{Re}_{z=1/2}$ 为界的半平面上，因此有：

$$f_I'(z) = C_1 g'(z)\prod_{k=1}^{n}(g(z)-g(z_k))^{\alpha_k-1} = C_1\prod_{k=1}^{n}(z-z_k)^{\alpha_k-1} \tag{2-2}$$

则映射函数为：

$$f_I(z) = A + C_1\int^{z}\prod_{k=1}^{n}\left(1-\frac{\zeta}{z_k}\right)^{\alpha_k-1}d\zeta \tag{2-3}$$

式（2-3）中，A 是常数。

在复平面 Z 中，P 是单连通的，因此保证存在 ζ 平面上从单位圆内部到 P 的共形映射 $f_I(z)$。当以逆时针方向穿过单位圆时，必须穿过多边形 Γ 顺时针偏转，使 P 保持在左侧。因此参数中所需的跳转现在是 $(\alpha_k-1)\pi$ 而不是 $(1-\alpha_k)\pi$。可以将 $f_I'(z)$ 表示为：

$$f_I'(z) = C_1 z^{-1}(z+1)^{-2}\prod_{k=1}^{n}(z-z_k)^{1-\alpha_k} \tag{2-4}$$

然而，这将导致 $f_I(z)$ 在原点具有对数奇点。由于 $\arg[(z+1)^2/z]=0$，则 $f_I'(z)$ 可表示为：

$$f_I'(z) = C_1 z^{-2}\prod_{k=1}^{n}(z-z_k)^{1-\alpha_k} \tag{2-5}$$

这种形式意味着 $f_I(z)$ 的前导项是 $-C_1 z^{-1}$，$z\rightarrow 0$，因此 $f_I(0)=\infty$ 和 $f_I(z)$ 在原点附近是单值的。于是有单位圆外部区域的 Schwarz-Christoffel 映射函数 f：

$$f(z) = A + C_1\int^{z}\zeta^2\prod_{k=1}^{n}\left(1-\frac{\zeta}{z_k}\right)^{\alpha_k-1}d\zeta \tag{2-6}$$

参数 α_k 与有界多边形 Γ 的内角有关,因此:

$$z^{-1} = -\frac{1}{C_1}f(z) + O(1), \quad f(z) \to \infty \tag{2-7}$$

式（2-7）中，$|C_1|$ 是区域 P 的超限参数。

由于 $f(0) = \infty$，f 中只剩下一个自由度。因此 $n-3$ 个条件可以唯一地确定多边形，其余两个条件由 f 的单值性导出：

$$0 = \text{Res}_{z=0} f'(z) = \frac{\mathrm{d}}{\mathrm{d}z}\left(C_1 \prod_{k=1}^{n}\left(1-\frac{z}{z_k}\right)^{1-\alpha_k}\right)\bigg|_{z=0} = C_1 \sum_{k=1}^{n}\frac{\alpha_k - 1}{z_k} \tag{2-8}$$

2. faber 多项式的系数

设 Z 的补集 Z^C 在扩展平面上是单连通的。根据黎曼(Riemann)映射定理[190]，存在一个从 Z^C 到单位圆外部的共形映射 $\Phi(z)$，这样 $\Phi(\infty) = \infty$。则 $\Phi(z)$ 有洛朗(Laurent)展开式：

$$\Phi(z) = C_1^{-1}(z + a_0 + a_1 z^{-1} + a_2 z^{-2} + \cdots + a_n z^{n-1}) \tag{2-9}$$

式（2-9）中，$|C_1| > 0$，Z 是水平曲线半径 $r > 1$ 的圆。

假设 $\zeta = \Phi(z)$，$u = 1/\zeta$，f 是 Schwarz-Christoffel 映射函数：

$$f(u) = A + C_1 \int^z \zeta^{-2} \prod_{k=1}^{n}\left(1-\frac{\zeta}{z_k}\right)^{1-\alpha_k} \mathrm{d}\zeta \tag{2-10}$$

在 $[\Phi(z)]^n$ 的 Laurent 展开式中有 n 阶的多项式部分。其中多项式部分 $\phi_n(z)$ 即为区域 z 的 n 次 faber 多项式。通过 Schwarz-Christoffel 映射函数，可以找到 faber 多项式的系数，z 的逆映射为：

$$z = \Phi^{-1}(\zeta) = C_1 \zeta + C_0 + C_2 \zeta^{-1} + C_3 \zeta^{-2} + \cdots + C_n \zeta^{n-1} \tag{2-11}$$

对 z 的逆映射求导得：

$$\frac{\mathrm{d}z}{\mathrm{d}\zeta} = C_1 - C_2 \zeta^{-2} - 2C_3 \zeta^{-3} - \cdots - nC_n \zeta^{-n} \tag{2-12}$$

由于 $\Phi^{-1}(\zeta) = f(1/\zeta)$，因此有：

$$\frac{\mathrm{d}z}{\mathrm{d}\zeta} = -\zeta^{-2} f'(\zeta^{-1}) = C_1 \prod_{k=1}^{n}(1-(\zeta u_k)^{-1})^{1-\alpha_k} = C_1 \prod_{k=1}^{n}\left(1 + \frac{\alpha_k + 1}{u_k}\zeta^{-1} + \gamma_{k,2}\zeta^{-2}\right) \tag{2-13}$$

式（2-13）中，$\gamma_{k,2}$ 和更高的项可以从二项式定理中求得。残留条件公式（2-8）确保 $\mathrm{d}z/\mathrm{d}\zeta$ 中的 ζ^{-1} 项消失。常数项 C_0 可以通过计算原点附近的 f 并减去序列中的已知部分来精确地计算。最后，得到 faber 多项式的递推公式：

$$\begin{cases} \phi_0 = 1 \\ \phi_1 = (C_1 z - C_0) \\ \phi_{n+1} = C_1 z \phi_n - (C_0 \phi_n + \cdots + C_{n+1} \phi_0) - n C_{n+1} \end{cases} \quad (2-14)$$

根据 Schwarz-Christoffel 映射函数的计算流程，编制 Matlab 计算程序，通过 F=faber（z, n）计算外映射 P 中 faber 多项式的系数，直至 n 阶，使映射断面最大限度接近原型巷道断面，求解得到 faber 多项式的系数，即为映射函数的系数。

二、应力及位移求解的保角变换

1. 保角变换与坐标转换

如图 2-4 所示，根据保角变换的理论[56,57]，通过 $z = \omega(\zeta)$ 将 Z 平面内所占区域映射到 ζ 平面区域内，而 Z 平面和 ζ 平面内任意一点的直角坐标表示分别为 $z = x + iy$、$\zeta = \zeta + i\eta$，则经过极坐标变换表示 $\zeta = \rho(\cos\theta + i\sin\theta) = \rho e^{i\theta}$，其中 $\rho = \text{const}$ 和 $\theta = \text{const}$ 为 ζ 点的极坐标，在 ζ 平面上圆周线 ρ 和径向线 θ 分别对应于 Z 平面上两条曲线，即 ρ 和 θ 两条相交的曲线。根据保角变换理论，这两条曲线正交。

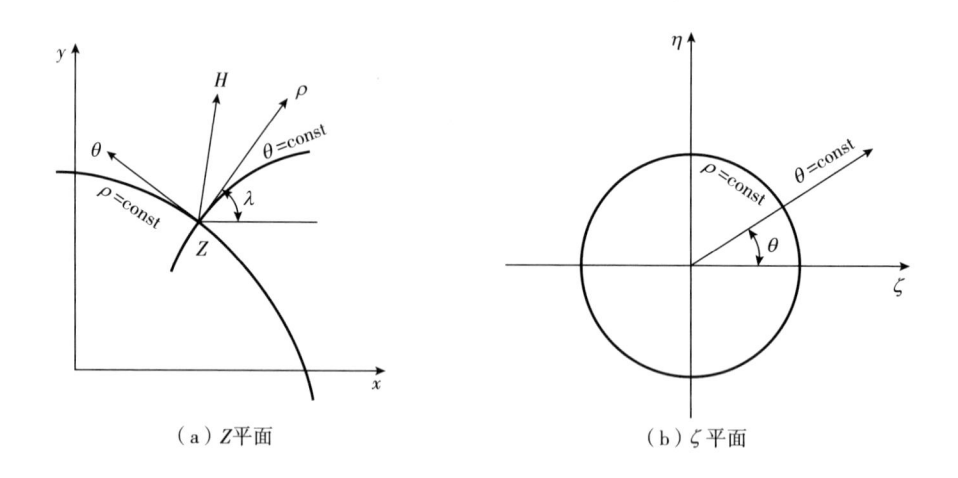

（a）Z 平面

（b）ζ 平面

图 2-4　曲线坐标转换

设 Z 平面上一矢量 H，其起点在 $z=\omega(\zeta)=\omega(e^{i\theta})$。矢量 H 在 x 轴、y 轴上的投影分别为 H_x 和 H_y，在 ρ 轴、θ 轴上的投影分别为 H_ρ 和 H_θ，设 ρ 轴与 x 轴的夹角为 λ，则 $H_x = H_\rho\cos\lambda - H_\theta\sin\lambda$，$H_y = H_\rho\sin\lambda + H_\theta\cos\lambda$，于是可得：

$$H_\rho + iH_\theta = (H_x + iH_y)e^{-i\lambda} \tag{2-15}$$

由 $\mathrm{d}z = |\mathrm{d}z|e^{i\lambda}$，$\mathrm{d}\zeta = |\mathrm{d}\zeta|e^{i\theta}$，得 $e^{-i\lambda} = \dfrac{\bar{\zeta}}{\rho}\dfrac{\overline{\omega'(\zeta)}}{|\omega'(\zeta)|}$，于是式（2-15）变为：

$$H_\rho + iH_\theta = \frac{\bar{\zeta}}{\rho}\frac{\overline{\omega'(\zeta)}}{|\omega'(\zeta)|}(H_x + iH_y) \tag{2-16}$$

2. 应力和位移保角变换计算公式

首先进行 K-M 函数的变换，由 $z=\omega(\zeta)$ 进行转换，设 $\varphi(z)$ 和 $\psi(z)$ 为复变函数 z 的解析函数，得到式（2-17）、式（2-18）：

$$\begin{cases}\varphi(\zeta)=\varphi(z)=\varphi[\omega(\zeta)]\\ \psi(\zeta)=\psi(z)=\psi[\omega(\zeta)]\end{cases} \tag{2-17}$$

$$\begin{cases}\varPhi(\zeta)=\varphi'(z)=\dfrac{\varphi'(\zeta)}{\omega'(\zeta)}\\[2pt] \varPsi(\zeta)=\psi'(z)=\dfrac{\psi'(\zeta)}{\omega'(\zeta)}\\[2pt] \varPhi'(\zeta)=\varphi''(z)\cdot\omega'(\zeta)\end{cases} \tag{2-18}$$

在 Z 平面上，设 σ_ρ、σ_θ 和 $\tau_{\rho\theta}$ 分别为极坐标系点 (ρ,θ) 处径向应力、切向应力和剪应力，σ_x、σ_y 和 τ_{xy} 分别为直角坐标系点 (x,y) 处 x 方向、y 方向和剪应力，u_ρ 和 u_θ 为位移矢量在 ρ 和 θ 上的投影，E 为弹性模量，v 为泊松比，边界 $\varGamma$ 上 x 轴和 y 轴方向的面力之和为 $\bar{x}$ 和 $\bar{y}$。由几何方程和物理方程得知：

$$\begin{cases}E\dfrac{\partial u}{\partial x}=\sigma_x-v\sigma_y\\[4pt] E\dfrac{\partial u}{\partial y}=\sigma_y-v\sigma_x\\[4pt] \dfrac{E}{1+v}\left(\dfrac{\partial u}{\partial y}+\dfrac{\partial u}{\partial x}\right)=\tau_{xy}\end{cases} \tag{2-19}$$

通过直角坐标对极坐标系下应力分量和位移分量进行转化，其表达式为式（2-20）：

$$\begin{cases} \sigma_\rho = \dfrac{\sigma_x+\sigma_y}{2}+\dfrac{\sigma_x-\sigma_y}{2}\cos2\varphi+\tau_{xy}\sin2\varphi \\ \sigma_\theta = \dfrac{\sigma_x+\sigma_y}{2}-\dfrac{\sigma_x-\sigma_y}{2}\cos2\varphi-\tau_{xy}\sin2\varphi \\ \tau_{\rho\theta} = \dfrac{\sigma_y-\sigma_x}{2}\sin2\varphi+\tau_{xy}\cos2\varphi \end{cases} \quad (2-20)$$

根据复变函数及弹性力学理论，应力复变函数表达式为：

$$\begin{cases} \sigma_\rho+\sigma_\theta = 4\mathrm{Re}\Phi(\zeta) \\ \sigma_\rho-\sigma_\theta+2i\tau_{\rho\theta} = \dfrac{2\zeta^2}{\rho^2\omega'(\zeta)}[\,\overline{\omega'(\zeta)}\times\Phi'(\zeta)+\omega'(\zeta)\overline{\Psi(\zeta)}\,] \end{cases} \quad (2-21)$$

应力边界条件为：

$$i\int(\overline{x+iy})\mathrm{d}s = \left[\varphi(\zeta)+\dfrac{\omega(\zeta)}{\overline{\omega'(\zeta)}}\overline{\varphi'(\zeta)}+\overline{\psi(\zeta)}\right]_s \quad (2-22)$$

位移边界条件为：

$$\dfrac{E}{1+u}(u+iv) = (3-4v)\varphi(\zeta)-\dfrac{\omega(\zeta)}{\overline{\omega'(\zeta)}}\overline{\varphi'(\zeta)}-\overline{\psi(\zeta)} \quad (2-23)$$

而 $u_\rho+iu_\theta = \dfrac{\overline{\zeta}}{\rho}\dfrac{\overline{\omega'(\zeta)}}{|\omega'(\zeta)|}(u+iv)$，代入式（2-23）得位移分量的复变函数表达式为：

$$\dfrac{E}{1+v}(u_\rho+iu_\theta) = \dfrac{\overline{\zeta}}{\rho}\dfrac{\overline{\omega'(\zeta)}}{|\omega'(\zeta)|}\left[(3-4v)\varphi(\zeta)-\dfrac{\omega(\zeta)}{\overline{\omega'(\zeta)}}\overline{\varphi'(\zeta)}-\overline{\psi(\zeta)}\right] \quad (2-24)$$

3. 复位势函数的基本形式

针对倾斜煤层巷道围岩应力与位移的单值条件，选择了相应的坐标系，其中 η 为主应力方向，a_n 和 b_n 为比例常数，$\varphi_0(\zeta)$ 和 $\psi_0(\zeta)$ 是中心单位圆中复变函数 $\zeta=\rho e^{i\theta}$ 的解析函数，以巷道围岩的外边界条件为求解边界，其中 $\rho=1$，令 $\sigma=e^{i\theta}$，ρ 为任意一点到圆心的距离，θ 为任意一点与圆心的连线在 x 正方向的夹角，得出复位势函数 $\varphi(\zeta)$ 和 $\psi(\zeta)$ 在 ζ 平面上的表达式为：

$$\begin{cases} \varphi(\zeta) = \dfrac{1}{8\pi(1-v)}(\overline{X}+i\overline{Y})\ln\zeta + \alpha\omega(\zeta) + \varphi_0(\zeta) \\ \psi(\zeta) = -\dfrac{3-4v}{8\pi(1-v)}(\overline{X}-i\overline{Y})\ln\zeta + (\alpha'+i\beta')\omega(\zeta) + \psi_0(\zeta) \\ \alpha = \dfrac{1}{4}(\sigma_1+\sigma_2),\quad \alpha'+i\beta' = -\dfrac{1}{2}(\sigma_1-\sigma_2)e^{-2i\eta} \\ \varphi_0(\zeta) = \sum_{n=1}^{\infty} a_n\zeta^{-n},\quad \psi_0(\zeta) = \sum_{n=1}^{\infty} b_n\zeta^{-n} \end{cases}$$

(2-25)

根据应力边界条件式（2-22），运用柯西（Canchy）积分进行求解，得出复变函数 $\varphi_0(\zeta)$ 和 $\psi_0(\zeta)$ 的基本公式：

$$\begin{cases} \varphi_0(\zeta) + \dfrac{1}{2\pi i}\int_\sigma \dfrac{\omega(\sigma)}{\overline{\omega'(\sigma)}}\dfrac{\overline{\varphi'(\sigma)}}{\sigma-\zeta}d\sigma = -\dfrac{1}{2\pi i}\int_\sigma \dfrac{h_0 d\sigma}{\sigma-\zeta} \\ \psi_0(\zeta) + \dfrac{1}{2\pi i}\int_\sigma \dfrac{\overline{\omega(\sigma)}}{\omega'(\sigma)}\dfrac{\varphi'_0(\sigma)}{\sigma-\zeta}d\sigma = -\dfrac{1}{2\pi i}\int_\sigma \dfrac{\overline{h_0}d\sigma}{\sigma-\zeta} \end{cases}$$

(2-26)

式（2-26）中 h_0 表达式为：

$$h_0 = i\int(\overline{x}+i\overline{y})ds - \dfrac{\overline{X}+i\overline{Y}}{2\pi}\ln\sigma - \dfrac{1}{8\pi(1-v)}(\overline{X}-i\overline{Y})\dfrac{\omega(\sigma)}{\overline{\omega'(\sigma)}}\sigma - 2\alpha\omega(\sigma) -$$

$$(\alpha'-i\beta')\overline{\omega'(\sigma)}$$

(2-27)

第三节　倾斜煤层巷道围岩力学模型建立与求解

一、力学模型的建立

以石炭井二矿区的倾斜煤层巷道为工程背景，将其断面简化为无限大平面内的直角梯形、矩形、直墙拱形孔口问题，如图 2-5 所示。在上覆岩层施加均布载荷 P（单位为兆帕），煤层倾角为 α（单位为°），直角梯形巷道的短边高 a_1 为 3.0 米，宽度 b_1 为 4.5 米，矩形巷道高 a_2 为 3.0 米，宽度 b_2 为 4.5 米，直墙拱形巷道直墙的高 a_3 为 1.8 米，总高 a_4 为 4.05 米，

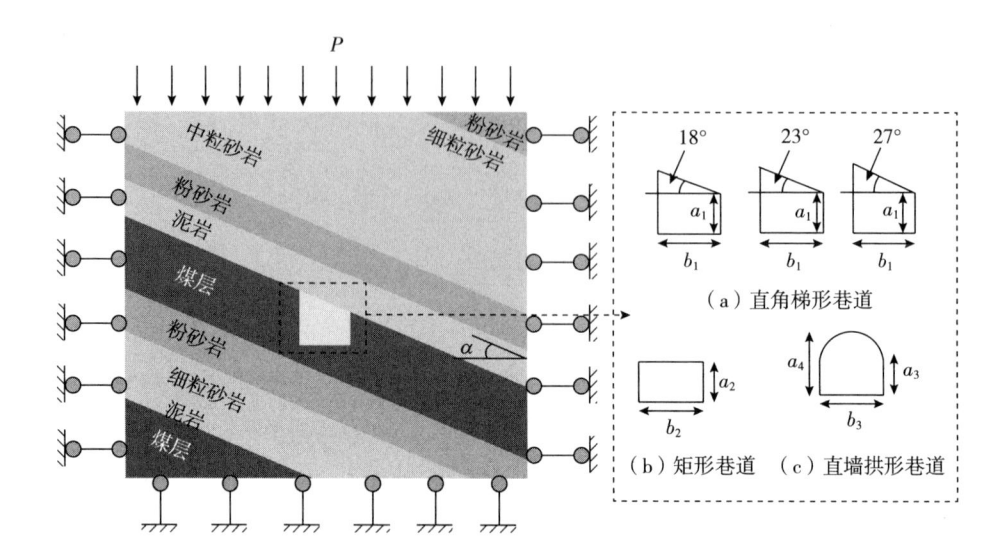

图 2-5 倾斜煤层巷道结构示意图

宽度 b_3 为 4.5 米。由于巷道位于倾斜煤层内,其巷道围岩应力和变形承受非对称荷载的影响,将其巷道旋转 α 角度,以此等效非对称荷载作用。

二、映射函数求解算法性能分析

原型巷道断面 Z 上选取的点和映射断面上的 P 点之间距离的最大值和平均值分别为映射函数的最大绝对误差 $E_{\max}$ 和平均绝对误差 E_{mean},如式(2-28)所示,可衡量映射函数的优劣程度。此外,当 n 趋于无穷大时,巷道尖角处映射函数的曲率半径 R_r 趋近于 0,则曲率半径 R_r 可用于衡量映射函数计算精度,曲率半径 R_r 越小,映射函数系数的计算精度越高,如式(2-29)所示。

$$\begin{cases} E_{\max} = \max(\sqrt{(x_m^Z - x_m^P)^2 + (y_m^Z - y_m^P)^2}) \\ E_{\mathrm{mean}} = \dfrac{1}{M}(\sum_{m=1}^{m=M}\sqrt{(x_m^Z - x_m^P)^2 + (y_m^Z - y_m^P)^2}) \end{cases} \quad (2\text{-}28)$$

$$R_r = \dfrac{\left(\left(\dfrac{\partial x}{\partial \theta}\right)^2 + \left(\dfrac{\partial y}{\partial \theta}\right)^2\right)^{\frac{3}{2}}}{\left|\dfrac{\partial x}{\partial \theta} \times \dfrac{\partial^2 y}{\partial \theta^2} + \dfrac{\partial^2 x}{\partial \theta^2} \times \dfrac{\partial y}{\partial \theta}\right|}\Bigg|_{\rho=1,\theta=\theta_i} \quad (2\text{-}29)$$

式（2-28）、式（2-29）中，E_{max} 为最大绝对误差，E_{mean} 为平均绝对误差，坐标 x_m^Z、y_m^Z 为原型巷道断面 Z 上的任意一点，坐标 x_m^P、y_m^P 为映射巷道断面上的任意一点，R_r 为巷道尖角的曲率半径，θ 为巷道尖角对应的单位圆上点的极角。

1. 采样点数对映射函数系数计算的影响规律

在计算过程中，取阶数 $n=9$ 时，当取样点数 M 的值不同时，根据式（2-28）可计算得到映射函数的误差，其最大绝对误差和平均绝对误差随采样点数增加的变化规律如图 2-6 所示，可以看出采样点数 M 对误差的影响较小，当 M 大于 400 时，误差基本没有变化，为减小算法计算量，可在巷道断面上取 400 个点进行映射函数系数的求解。

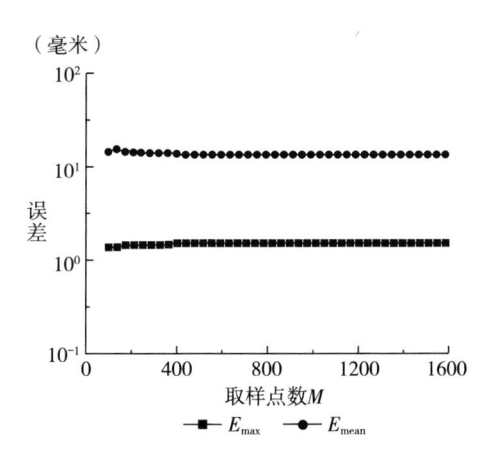

图 2-6 误差随 M 增加的变化曲线

2. 级数阶数对映射函数系数计算的影响规律

在计算过程中，当采样点数 $M=400$ 时，Laurent 展开式的阶数 n 的取值不同时，映射函数系数计算最大绝对误差和平均绝对误差随阶数 n 增加变化规律如图 2-7 所示。

由图 2-7 可知，随着阶数 n 的增加，最大绝对误差和平均绝对误差整体呈现下降趋势，当阶数 n 大于某一数值时，误差呈负指数式下降，其曲线近似直线。随着阶数 n 的增加，映射函数的最大绝对误差和平均绝对误差减小，当阶数 n 取 9 时，映射函数所表示的映射图形与巷道断面越接近，如图 2-8 所示。

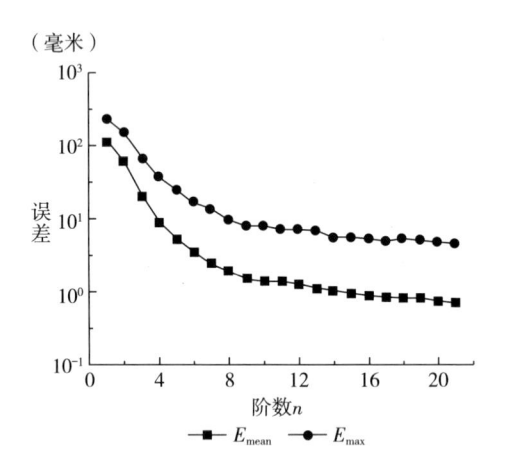

图 2-7　误差随 n 增加的变化曲线

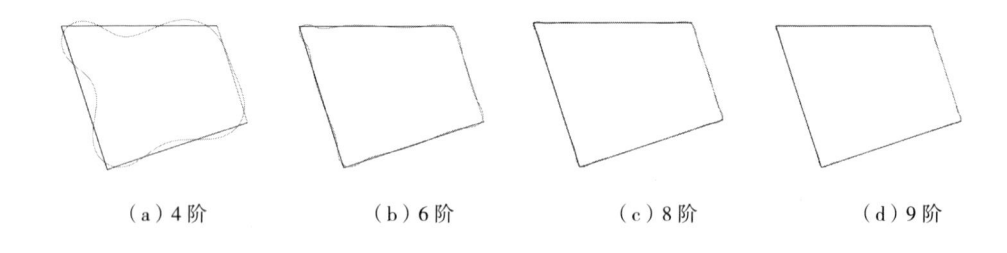

(a) 4 阶　　　(b) 6 阶　　　(c) 8 阶　　　(d) 9 阶

图 2-8　映射效果图

综上所述，采样点数 $M=400$，$n=9$ 时，根据式（2-29）计算巷道四个尖角的曲率半径分别为 33.8 毫米、30.6 毫米、23.7 毫米和 45.2 毫米，由此可知映射函数计算的误差及巷道四个尖角的曲率半径很小，则映射得到近似巷道断面与实际巷道断面基本一致，满足映射函数求解的精度要求。

三、映射函数系数的求解

倾斜煤层巷道作为无限大平面内的孔口，将平面 Z 不同断面形状复杂的巷道通过保角变换映射到 ζ 平面中单位圆形边界上,进行巷道围岩应力和变形的求解,单位圆半径 $\rho=1$,图 2-9 给出了倾斜煤层直角梯形巷道、矩形巷道和直墙拱形巷道断面模型到 ζ 平面单位圆的映射。

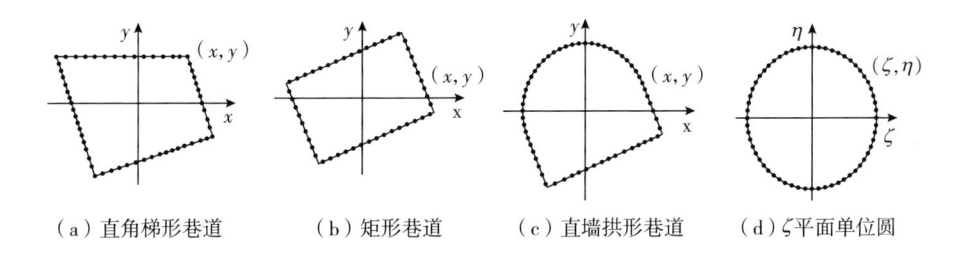

(a)直角梯形巷道　　(b)矩形巷道　　(c)直墙拱形巷道　　(d)ζ 平面单位圆

图 2-9　巷道模型至 ζ 平面单位圆的映射

根据 Laurent 定理及复变函数理论,结合倾斜煤层不同断面形状巷道的特点进一步确定映射函数基本形式:

$$z=\omega(\zeta)=C_0+C_1\zeta+C_2\zeta^{-1}+C_3\zeta^{-2}+\cdots+C_n\zeta^{-n+1} \qquad (2-30)$$

式(2-30)中,$C_j(j=0,1,2,3,\cdots,n)$ 为复常数,由巷道的大小和边界形状决定的,n 为级数的项数,令 $z=x+iy$,$\zeta=\rho(\cos\theta+i\sin\theta)=\rho e^{i\theta}$,$C_j=a_j+id_j$,$\rho=1$。

根据映射函数性能分析,采样点数 $M=400$,阶数 $n=9$,满足计算精度要求,映射得到近似巷道断面与实际巷道断面基本一致,则将 $M=400$ 和 $n=9$ 代入编制的 Matlab 计算程序,求解映射函数的系数,不同倾角、不同断面形状巷道映射函数的系数如表 2-1 和表 2-2 所示。

表 2-1　不同倾角倾斜煤层巷道映射函数的系数

	18°		23°		27°	
	a_j	d_j	a_j	d_j	a_j	d_j
C_0	0.00023	0	0.00031	0	0.00043	0
C_1	0.00032	0.00042	0.00045	0.00032	0.00062	0.00043
C_2	−0.00126	0.00135	−0.00178	0.00137	−0.00192	0.00151
C_3	−0.00731	−0.00114	−0.00633	−0.00304	−0.00669	−0.00327

续表

	18°		23°		27°	
	a_j	d_j	a_j	d_j	a_j	d_j
C_4	0.0132	-0.1651	0.0129	-0.1852	0.0142	-0.1956
C_5	-0.0891	-0.1026	-0.0951	-0.1161	-0.0981	-0.1264
C_6	-0.02116	0.03197	-0.03114	0.02177	-0.05111	0.03151
C_7	-0.04953	-0.05814	-0.04643	-0.05711	-0.04681	-0.05912
C_8	0.00512	-0.03452	0.00215	-0.02434	0.00319	-0.02662
C_9	0.01831	-0.00552	0.01932	-0.00758	0.02336	-0.00852

表 2-2　不同断面形状倾斜煤层巷道映射函数的系数

	直角梯形		直墙拱形		矩形	
	a_j	d_j	a_j	d_j	a_j	d_j
C_0	0.00031	0	0.000223	0	0.000217	0
C_1	0.00045	0.00032	0.000324	0.00023	0.000315	0.000224
C_2	-0.00178	0.00137	-0.00128	0.000986	-0.001246	0.000959
C_3	-0.00633	-0.00304	-0.00456	-0.00219	-0.0039879	-0.0019152
C_4	0.0129	-0.1852	0.009288	-0.13334	0.008127	-0.116676
C_5	-0.0951	-0.1161	-0.07608	-0.09288	-0.059913	-0.073143
C_6	-0.03114	0.02177	-0.02491	0.017416	-0.0196182	0.0137151
C_7	-0.04643	-0.05711	-0.03714	-0.04569	-0.032501	-0.039977
C_8	0.00215	-0.02434	0.00172	-0.01947	0.001505	-0.017038
C_9	0.01932	-0.00758	0.015456	-0.00606	0.013524	-0.005306

四、复位势函数求解

根据映射函数的系数及式（2-30）可确定倾斜煤层巷道映射函数的表达式：

$$z = \omega(\zeta) = (C_0 + C_1\zeta + C_2\zeta^{-1} + C_3\zeta^{-2} + C_4\zeta^{-3} + C_5\zeta^{-4} + C_6\zeta^{-5} + C_7\zeta^{-6} + C_8\zeta^{-7} + C_9\zeta^{-8}) \quad (2-31)$$

根据边界条件可知，$\bar{x}=\bar{y}=\bar{X}=\bar{Y}=0$，$\alpha=P/2$，$\alpha'+i\beta'=\alpha'-i\beta'=0$，$\rho=1$，$\zeta=\rho e^{i\theta}=\sigma$，$\bar{\zeta}=\rho^2/\zeta$，$\bar{\sigma}=1/\sigma$，则各项映射函数基本变量的关系为：

$$\omega(\sigma)=(C_0+C_1\sigma+C_2\sigma^{-1}+C_3\sigma^{-2}+C_4\sigma^{-3}+C_5\sigma^{-4}+C_6\sigma^{-5}+C_7\sigma^{-6}+C_8\sigma^{-7}+C_9\sigma^{-8}) \qquad (2-32)$$

根据式（2-27）可得：

$$\begin{aligned}h_0&=-2\alpha\omega(\sigma)-(\alpha'-i\beta')\overline{\omega'(\sigma)}\\&=-P(C_0+C_1\sigma+C_2\sigma^{-1}+C_3\sigma^{-2}+C_4\sigma^{-3}+C_5\sigma^{-4}+C_6\sigma^{-5}+C_7\sigma^{-6}+\\&\quad C_8\sigma^{-7}+C_9\sigma^{-8})\end{aligned} \qquad (2-33)$$

由 $\varphi_0(\zeta)=\sum\limits_{n=1}^{\infty}a_n\zeta^{-n}$，可知 $\varphi'_0(\zeta)=\sum\limits_{n=1}^{\infty}-na_n\zeta^{-n-1}$，则

$$\begin{aligned}\frac{1}{2\pi i}\int_\sigma\frac{h_0\mathrm{d}\sigma}{\sigma-\zeta}&=\frac{1}{2\pi i}\int_\sigma(-P(C_0+C_1\sigma+C_2\sigma^{-1}+C_3\sigma^{-2}+C_4\sigma^{-3}+C_5\sigma^{-4}+C_6\sigma^{-5}+\\&\quad C_7\sigma^{-6}+C_8\sigma^{-7}+C_9\sigma^{-8}))\frac{\mathrm{d}\sigma}{\sigma-\zeta}\\&=P(C_2\zeta^{-1}+C_3\zeta^{-2}+C_4\zeta^{-3}+C_5\zeta^{-4}+C_6\zeta^{-5}+C_7\zeta^{-6}+C_8\zeta^{-7}+C_9\zeta^{-8})\end{aligned} \qquad (2-34)$$

$$\frac{1}{2\pi i}\int_\sigma\frac{\omega(\sigma)}{\omega'(\sigma)}\frac{\overline{\varphi'_0(\sigma)}}{\sigma-\zeta}\mathrm{d}\sigma=\frac{1}{2\pi i}\int_\sigma\frac{(C_0+C_1\sigma+C_2\sigma^{-1}+C_3\sigma^{-2}+C_4\sigma^{-3}+C_5\sigma^{-4}+C_6\sigma^{-5}+C_7\sigma^{-6}+C_8\sigma^{-7}+C_9\sigma^{-8})}{(C_1-C_2\sigma^2-2C_3\sigma^3-3C_4\sigma^4-4C_5\sigma^5-5C_6\sigma^6-6C_7\sigma^7-7C_8\sigma^8-8C_9\sigma^9)}\times\frac{\sum\limits_{n=1}^{\infty}-n\overline{a_n}\sigma^{-n-1}}{\sigma-\zeta}\mathrm{d}\sigma \qquad (2-35)$$

由柯西积分得：

$$\frac{1}{2\pi i}\int_\sigma\frac{\sum\limits_{n=1}^{\infty}-n\overline{a_n}\sigma^{-n-1}}{\sigma-\zeta}\mathrm{d}\sigma=0 \qquad (2-36)$$

则将式（2-36）代入式（2-35）可得：

$$\frac{1}{2\pi i}\int_\sigma\frac{\omega(\sigma)}{\omega'(\sigma)}\frac{\overline{\varphi'_0(\sigma)}}{\sigma-\zeta}\mathrm{d}\sigma=0 \qquad (2-37)$$

将式（2-34）和式（2-37）代入式（2-26）可得：

$$\varphi_0(\zeta) = -\frac{1}{2\pi i}\int_\sigma \frac{h_0 d\sigma}{\sigma-\zeta} = -P(C_2\zeta^{-1}+C_3\zeta^{-2}+C_4\zeta^{-3}+C_5\zeta^{-4}+C_6\zeta^{-5}+C_7\zeta^{-6}+C_8\zeta^{-7}+C_9\zeta^{-8})$$

(2-38)

$$\psi_0(\zeta) = -\frac{1}{2\pi i}\int_\sigma \frac{\overline{h_0}d\sigma}{\sigma-\zeta} - \frac{1}{2\pi i}\int_\sigma \frac{\overline{\omega(\sigma)}}{\overline{\omega'(\sigma)}}\frac{\varphi'_0(\sigma)}{\sigma-\zeta}d\sigma = P(C_1\zeta^{-1}) +$$

$$P\frac{(C_0+C_1\zeta^{-1}+C_2\zeta+C_3\zeta^2+C_4\zeta^3+C_5\zeta^4+C_6\zeta^5+C_7\zeta^6+C_8\zeta^7+C_9\zeta^8)}{(C_1-C_2\zeta^{-2}-2C_3\zeta^{-3}-3C_4\zeta^{-4}-4C_5\zeta^{-5}-5C_6\zeta^{-6}-6C_7\zeta^{-7}-7C_8\zeta^{-8}-8C_9\zeta^{-9})} \times$$

$$(-C_2\zeta^{-2}-2C_3\zeta^{-3}-3C_4\zeta^{-4}-4C_5\zeta^{-5}-5C_6\zeta^{-6}-6C_7\zeta^{-7}-7C_8\zeta^{-8}-8C_9\zeta^{-9})$$

(2-39)

将式（2-38）、式（2-39）代入式（2-25）可求得 $\varphi(\zeta)$ 和 $\psi(\zeta)$：

$$\varphi(\zeta) = \alpha\omega(\zeta) + \varphi_0(\zeta) = \frac{P}{2}(C_0+C_1\zeta-C_2\zeta^{-1}-C_3\zeta^{-2}-C_4\zeta^{-3}-C_5\zeta^{-4}-C_6\zeta^{-5}-C_7\zeta^{-6}-C_8\zeta^{-7}-C_9\zeta^{-8})$$

(2-40)

$$\psi(\zeta) = PC_1\zeta^{-1} +$$

$$\frac{P(C_0+C_1\zeta^{-1}+C_2\zeta+C_3\zeta^2+C_4\zeta^3+C_5\zeta^4+C_6\zeta^5+C_7\zeta^6+C_8\zeta^7+C_9\zeta^8)}{(C_1-C_2\zeta^{-2}-2C_3\zeta^{-3}-3C_4\zeta^{-4}-4C_5\zeta^{-5}-5C_6\zeta^{-6}-6C_7\zeta^{-7}-7C_8\zeta^{-8}-8C_9\zeta^{-9})} \times$$

$$(-C_2\zeta^{-2}-2C_3\zeta^{-3}-3C_4\zeta^{-4}-4C_5\zeta^{-5}-5C_6\zeta^{-6}-6C_7\zeta^{-7}-7C_8\zeta^{-8}-8C_9\zeta^{-9})$$

(2-41)

将式（2-38）、式（2-39）、式（2-40）和式（2-41）代入式（2-18）可得：

$$\Phi(\zeta) = \frac{\varphi'(\zeta)}{\omega'(\zeta)} = \frac{P(C_1+C_2\zeta^{-2}+2C_3\zeta^{-3}+3C_4\zeta^{-4}+4C_5\zeta^{-5}+5C_6\zeta^{-6}+6C_7\zeta^{-7}+7C_8\zeta^{-8}+7C_9\zeta^{-9})}{2(C_1-C_2\zeta^{-2}-2C_3\zeta^{-3}-3C_4\zeta^{-4}-4C_5\zeta^{-5}-5C_6\zeta^{-6}-6C_7\zeta^{-7}-7C_8\zeta^{-8}-8C_9\zeta^{-9})}$$

(2-42)

$$\Psi(\zeta) = -PC_1\zeta^{-2} \frac{P\begin{pmatrix} -C_1\zeta^{-2}+C_2+2C_3\zeta \\ +3C_4\zeta^2+4C_5\zeta^3+5C_6\zeta^4 \\ +6C_7\zeta^5+7C_8\zeta^6+8C_9\zeta^7 \end{pmatrix}\begin{pmatrix} -C_2\zeta^{-2}-2C_3\zeta^{-3}-3C_4\zeta^{-4} \\ -4C_5\zeta^{-5}-5C_6\zeta^{-6}-6C_7\zeta^{-7} \\ -7C_8\zeta^{-8}-8C_9\zeta^{-9} \end{pmatrix}}{\begin{pmatrix} C_1-C_2\zeta^{-2}-2C_3\zeta^{-3}-3C_4\zeta^{-4}-42C_5\zeta^{-5} \\ -5C_6\zeta^{-6}-6C_7\zeta^{-7}-7C_8\zeta^{-8}-8C_9\zeta^{-9} \end{pmatrix}^2} +$$

$$P\frac{\begin{bmatrix} C_0+C_1\zeta^{-1}+C_2\zeta+C_3\zeta^2+C_4\zeta^3+C_5\zeta^4 \\ +C_6\zeta^5+C_7\zeta^6+C_8\zeta^7+C_9\zeta^8)\times(2C_2\zeta^{-3}+6C_3\zeta^{-4} \\ +12C_4\zeta^{-5}+20C_5\zeta^{-6}+30C_6\zeta^{-7}+42C_7\zeta^{-8} \\ +56C_8\zeta^{-9}+72C_9\zeta^{-10} \end{bmatrix}\times\begin{pmatrix} C_2\zeta^{-2}+2C_3\zeta^{-3} \\ +3C_4\zeta^{-4}+4C_5\zeta^{-5} \\ +5C_6\zeta^{-6}+6C_7\zeta^{-7} \\ +7C_8\zeta^{-8}+8C_9\zeta^{-9} \end{pmatrix}}{(C_1-C_2\zeta^{-2}-2C_3\zeta^{-3}-3C_4\zeta^{-4}-42C_5\zeta^{-5}-5C_6\zeta^{-6}-6C_7\zeta^{-7}-7C_8\zeta^{-8}-8C_9\zeta^{-9})^3} -$$

$$P\frac{\begin{pmatrix} C_0+C_1\zeta^{-1}+C_2\zeta+C_3\zeta^2 \\ +C_4\zeta^3+C_5\zeta^4+C_6\zeta^5 \\ +C_7\zeta^6+C_8\zeta^7+C_9\zeta^8 \end{pmatrix}\begin{pmatrix} 2C_2\zeta^{-3}+6C_3\zeta^{-4}+12C_4\zeta^{-5} \\ +20C_5\zeta^{-6}+30C_6\zeta^{-7}+42C_7\zeta^{-8} \\ +56C_8\zeta^{-9}+72C_9\zeta^{-10} \end{pmatrix}}{\begin{pmatrix} C_1-C_2\zeta^{-2}-2C_3\zeta^{-3}-3C_4\zeta^{-4}-4C_5\zeta^{-5} \\ -5C_6\zeta^{-6}-6C_7\zeta^{-7}-7C_8\zeta^{-8}-8C_9\zeta^{-9} \end{pmatrix}^2} - PC_1\zeta^{-2}$$

(2-43)

五、巷道围岩应力求解

将复位势函数 $\varphi(\zeta)$、$\psi(\zeta)$ 代入式（2-21）可得式（2-44）和式（2-45），联立两式取实部（Re[ ]）和虚部（Im[ ]）可得任意倾角、断面形状巷道围岩切向、径向和剪应力为 σ_θ、σ_ρ 和 $\tau_{\rho\theta}$：

$$\sigma_\rho+\sigma_\theta = 4\text{Re}\Phi(\zeta) = 2P\text{Re}$$
$$\frac{(C_1+C_2\zeta^{-2}+2C_3\zeta^{-3}+3C_4\zeta^{-4}+4C_5\zeta^{-5}+5C_6\zeta^{-6}+6C_7\zeta^{-7}+7C_8\zeta^{-8}+7C_9\zeta^{-9})}{(C_1-C_2\zeta^{-2}-2C_3\zeta^{-3}-3C_4\zeta^{-4}-4C_5\zeta^{-5}-5C_6\zeta^{-6}-6C_7\zeta^{-7}-7C_8\zeta^{-8}-8C_9\zeta^{-9})}$$

(2-44)

$$\sigma_\rho-\sigma_\theta+2i\tau_{\rho\theta} = \frac{2\zeta^2}{\rho^2\omega'(\zeta)}[\overline{\omega'(\zeta)}\times\Phi'(\zeta)+\omega'(\zeta)\Psi(\zeta)] =$$

33

$$\left[\frac{P\begin{pmatrix} -2C_2\zeta^{-3}-6C_3\zeta^{-4}-12C_4\zeta^{-5} \\ -20C_5\zeta^{-6}-30C_6\zeta^{-7}-42C_7\zeta^{-8} \\ -56C_8\zeta^{-9}-72C_9\zeta^{-10} \end{pmatrix} \times \begin{pmatrix} -2C_2\zeta-4C_3\zeta^{-1}-6C_4\zeta^{-2} \\ -8C_5\zeta^{-3}-10C_6\zeta^{-4}-12C_7\zeta^{-5} \\ -14C_8\zeta^{-6}-16C_9\zeta^{-7} \end{pmatrix}}{(C_1-C_2\zeta^{-2}-2C_3\zeta^{-3}-3C_4\zeta^{-4}-4C_5\zeta^{-5}-5C_6\zeta^{-6}-6C_7\zeta^{-7}-7C_8\zeta^{-8}-8C_9\zeta^{-9})^2} + \right.$$

$$\left. P\frac{C_1\begin{pmatrix} 2C_1\zeta-2C_2\zeta^{-1}-4C_3\zeta^{-2} \\ -6C_4\zeta^{-3}-8C_5\zeta^{-4} \\ -10C_6\zeta^{-5}-12C_7\zeta^{-6} \\ -14C_8\zeta^{-7}-16C_9\zeta^{-8} \end{pmatrix}+2\begin{pmatrix} C_0+C_1\zeta^{-1}+C_2\zeta \\ +C_3\zeta^2+C_4\zeta^3+C_5\zeta^4 \\ +C_6\zeta^5+C_7\zeta^6 \\ +C_8\zeta^7+C_9\zeta^8 \end{pmatrix} \times \begin{pmatrix} -C_2-2C_3\zeta^{-1} \\ -3C_4\zeta^{-2}-4C_5\zeta^{-3} \\ -5C_6\zeta^{-4}-6C_7\zeta^{-5} \\ -7C_8\zeta^{-6}-8C_9\zeta^{-7} \end{pmatrix}}{(C_1-C_2\zeta^2-2C_3\zeta^3-3C_4\zeta^4-4C_5\zeta^5-5C_6\zeta^6-6C_7\zeta^7-7C_8\zeta^8-8C_9\zeta^9)} \right]$$

(2-45)

$$\sigma_\theta = P\mathrm{Re}\left[\frac{\begin{pmatrix} C_1+C_2\zeta^{-2}+2C_3\zeta^{-3} \\ +3C_4\zeta^{-4}+4C_5\zeta^{-5} \\ +5C_6\zeta^{-6}+6C_7\zeta^{-7} \\ +7C_8\zeta^{-8}+7C_9\zeta^{-9} \end{pmatrix}\begin{pmatrix} -2C_2\zeta^{-3}-6C_3\zeta^{-4} \\ -12C_4\zeta^{-5}-20C_5\zeta^{-6} \\ -30C_6\zeta^{-7}-42C_7\zeta^{-8} \\ -56C_8\zeta^{-9}-72C_9\zeta^{-10} \end{pmatrix}\times\begin{pmatrix} -C_2\zeta-2C_3\zeta^{-1} \\ -3C_4\zeta^{-2}-4C_5\zeta^{-3} \\ -5C_6\zeta^{-4}-6C_7\zeta^{-5} \\ -7C_8\zeta^{-6}-8C_9\zeta^{-7} \end{pmatrix}}{\begin{pmatrix} C_1-C_2\zeta^{-2}-2C_3\zeta^{-3} \\ -3C_4\zeta^{-4}-4C_5\zeta^{-5} \\ -5C_6\zeta^{-6}-6C_7\zeta^{-7} \\ -7C_8\zeta^{-8}-8C_9\zeta^{-9} \end{pmatrix}\begin{pmatrix} C_1-C_2\zeta^{-2}-2C_3\zeta^{-3} \\ -3C_4\zeta^{-4}-4C_5\zeta^{-5} \\ -5C_6\zeta^{-6}-6C_7\zeta^{-7} \\ -7C_8\zeta^{-8}-8C_9\zeta^{-9} \end{pmatrix}^2} \right.$$

$$\left. -\frac{C_1\begin{pmatrix} C_1\zeta-C_2\zeta^{-1}-2C_3\zeta^{-2} \\ -3C_4\zeta^{-3}-4C_5\zeta^{-4} \\ -5C_6\zeta^{-5}-6C_7\zeta^{-6} \\ -7C_8\zeta^{-7}-8C_9\zeta^{-8} \end{pmatrix}+\begin{pmatrix} C_0+C_1\zeta^{-1} \\ +C_2\zeta+C_3\zeta^2 \\ +C_4\zeta^3+C_5\zeta^4 \\ +C_6\zeta^5+C_7\zeta^6 \\ +C_8\zeta^7+C_9\zeta^8 \end{pmatrix}\times\begin{pmatrix} -C_2-2C_3\zeta^{-1} \\ -3C_4\zeta^{-2}-4C_5\zeta^{-3} \\ -5C_6\zeta^{-4}-6C_7\zeta^{-5} \\ -7C_8\zeta^{-6}-8C_9\zeta^{-7} \end{pmatrix}}{(C_1-C_2\zeta^2-2C_3\zeta^3-3C_4\zeta^4-4C_5\zeta^5-5C_6\zeta^6-6C_7\zeta^7-7C_8\zeta^8-8C_9\zeta^9)} \right]$$

(2-46)

$$\sigma_\rho = P\operatorname{Re}\left[\frac{\begin{pmatrix}C_1+C_2\zeta^{-2}+2C_3\zeta^{-3}\\+3C_4\zeta^{-4}+4C_5\zeta^{-5}\\+5C_6\zeta^{-6}+6C_7\zeta^{-7}\\+7C_8\zeta^{-8}+7C_9\zeta^{-9}\end{pmatrix}\begin{pmatrix}-2C_2\zeta^{-3}-6C_3\zeta^{-4}\\-12C_4\zeta^{-5}-20C_5\zeta^{-6}\\-30C_6\zeta^{-7}-42C_7\zeta^{-8}\\-56C_8\zeta^{-9}-72C_9\zeta^{-10}\end{pmatrix}\times\begin{pmatrix}-C_2\zeta^{-1}-2C_3\zeta^{-1}\\-3C_4\zeta^{-2}-4C_5\zeta^{-3}\\-5C_6\zeta^{-4}-6C_7\zeta^{-5}\\-7C_8\zeta^{-6}-8C_9\zeta^{-7}\end{pmatrix}}{\begin{pmatrix}C_1-C_2\zeta^{-2}-2C_3\zeta^{-3}\\-3C_4\zeta^{-4}-4C_5\zeta^{-5}\\-5C_6\zeta^{-6}-6C_7\zeta^{-7}\\-7C_8\zeta^{-8}-8C_9\zeta^{-9}\end{pmatrix}+\begin{pmatrix}C_1-C_2\zeta^{-2}-2C_3\zeta^{-3}\\-3C_4\zeta^{-4}-4C_5\zeta^{-5}\\-5C_6\zeta^{-6}-6C_7\zeta^{-7}\\-7C_8\zeta^{-8}-8C_9\zeta^{-9}\end{pmatrix}^2}\right.$$

$$\left.+\frac{C_1\begin{pmatrix}C_1\zeta-C_2\zeta^{-1}-2C_3\zeta^{-2}\\-3C_4\zeta^{-3}-4C_5\zeta^{-4}\\-5C_6\zeta^{-5}-6C_7\zeta^{-6}\\-7C_8\zeta^{-7}-8C_9\zeta^{-8}\end{pmatrix}+\begin{pmatrix}C_0+C_1\zeta^{-1}\\+C_2\zeta+C_3\zeta^2\\+C_4\zeta^3+C_5\zeta^4\\+C_6\zeta^5+C_7\zeta^6\\+C_8\zeta^7+C_9\zeta^8\end{pmatrix}\times\begin{pmatrix}-C_2-2C_3\zeta^{-1}\\-3C_4\zeta^{-2}-4C_5\zeta^{-3}\\-5C_6\zeta^{-4}-6C_7\zeta^{-5}\\-7C_8\zeta^{-6}-8C_9\zeta^{-7}\end{pmatrix}}{(C_1-C_2\zeta^2-2C_3\zeta^3-3C_4\zeta^4-4C_5\zeta^5-5C_6\zeta^6-6C_7\zeta^7-7C_8\zeta^8-8C_9\zeta^9)}\right]$$

(2-47)

$$\tau_{\rho\theta} = P\operatorname{Im}\left[\frac{\begin{pmatrix}-2C_2\zeta^{-3}-6C_3\zeta^{-4}-12C_4\zeta^{-5}\\-20C_5\zeta^{-6}-30C_6\zeta^{-7}-42C_7\zeta^{-8}\\-56C_8\zeta^{-9}-72C_9\zeta^{-10}\end{pmatrix}\times\begin{pmatrix}-2C_2\zeta^{-1}-4C_3\zeta^{-1}-6C_4\zeta^{-2}\\-8C_5\zeta^{-3}-10C_6\zeta^{-4}-12C_7\zeta^{-5}\\-14C_8\zeta^{-6}-16C_9\zeta^{-7}\end{pmatrix}}{2\begin{pmatrix}C_1-C_2\zeta^{-2}-2C_3\zeta^{-3}-3C_4\zeta^{-4}-4C_5\zeta^{-5}\\-5C_6\zeta^{-6}-6C_7\zeta^{-7}-7C_8\zeta^{-8}-8C_9\zeta^{-9}\end{pmatrix}^2}\right.$$

$$\left.+\frac{C_1\begin{pmatrix}2C_1\zeta-2C_2\zeta^{-1}\\-4C_3\zeta^{-2}-6C_4\zeta^{-3}\\-8C_5\zeta^{-4}-10C_6\zeta^{-5}\\-12C_7\zeta^{-6}-14C_8\zeta^{-7}\\-16C_9\zeta^{-8}\end{pmatrix}+2\begin{pmatrix}C_0+C_1\zeta^{-1}\\+C_2\zeta+C_3\zeta^2\\+C_4\zeta^3+C_5\zeta^4\\+C_6\zeta^5+C_7\zeta^6\\+C_8\zeta^7+C_9\zeta^8\end{pmatrix}\times\begin{pmatrix}-C_2-2C_3\zeta^{-1}\\-3C_4\zeta^{-2}-4C_5\zeta^{-3}\\-5C_6\zeta^{-4}-6C_7\zeta^{-5}\\-7C_8\zeta^{-6}-8C_9\zeta^{-7}\end{pmatrix}}{2(C_1-C_2\zeta^2-2C_3\zeta^3-3C_4\zeta^4-4C_5\zeta^5-5C_6\zeta^6-6C_7\zeta^7-7C_8\zeta^8-8C_9\zeta^9)}\right]$$

(2-48)

为了考虑煤层倾角 α 的影响，映射过程中将巷道的断面逆时针转动角度 α，则极坐标变换取 $\zeta=\rho(\cos(\theta+\alpha)+i\sin(\theta+\alpha))$，其中 $\rho=1$。

六、巷道围岩位移求解

将已求得的复位势函数 $\varphi(\zeta)$ 和 $\psi(\zeta)$ 式代入式（2-24），取实部（Re[ ]）和虚部（Im[ ]）可得任意倾角、断面形状倾斜煤层巷道围岩径向位移 u_ρ 和切向位移 u_θ 为式（2-49）和式（2-50），为了考虑倾角 α 的影响，映射过程中将巷道的断面逆时针转动角度 α，则极坐标变换后为 $\zeta=\rho(\cos(\theta+\alpha)+i\sin(\theta+\alpha))$。

$$u_\rho = \mathrm{Re}\left\{\frac{\overline{\zeta}}{\rho}\frac{\overline{\omega'(\zeta)}}{|\omega'(\zeta)|}\left[\frac{3-v}{1+v}\varphi(\zeta)-\overline{\psi(\zeta)}-\frac{\omega(\zeta)}{\omega'(\zeta)}\overline{\varphi'(\zeta)}\right]\right\} = \frac{P(1+v)}{E} \times$$

$$\mathrm{Re}\left\{\frac{3-v}{2(1+v)}\frac{\begin{pmatrix}C_0+C_1\zeta-C_2\zeta^{-1}-C_3\zeta^{-2}\\-C_4\zeta^{-3}-C_5\zeta^{-4}-C_6\zeta^{-5}\\-C_7\zeta^{-6}-C_8\zeta^{-7}-C_9\zeta^{-8}\end{pmatrix}}{\begin{pmatrix}C_1\zeta-C_2\zeta^{-1}-2C_3\zeta^{-2}\\-3C_4\zeta^{-3}-42C_5\zeta^{-4}-5C_6\zeta^{-5}\\-6C_7\zeta^{-6}-7C_8\zeta^{-7}-8C_9\zeta^{-8}\end{pmatrix}} + \begin{bmatrix}\begin{pmatrix}C_0+C_1\zeta+C_2\zeta^{-1}+C_3\zeta^{-2}\\+C_4\zeta^{-3}+C_5\zeta^{-4}+C_6\zeta^{-5}\\+C_7\zeta^{-6}+C_8\zeta^{-7}+C_9\zeta^{-8}\end{pmatrix}\times\\ \begin{pmatrix}-C_2\zeta^1-2C_3\zeta^2-3C_4\zeta^3\\-4C_5\zeta^4-5C_6\zeta^5-6C_7\zeta^6\\-7C_8\zeta^7-8C_9\zeta^8\end{pmatrix}\end{bmatrix}\right\} -$$

$$\frac{P(1+v)}{E}\mathrm{Re}\left[C_1+\frac{\begin{pmatrix}C_0+C_1\zeta+C_2\zeta^{-1}+C_3\zeta^{-2}\\+C_4\zeta^{-3}+C_5\zeta^{-4}+C_6\zeta^{-5}\\+C_7\zeta^{-6}+C_8\zeta^{-7}+C_9\zeta^{-8}\end{pmatrix}}{2\begin{pmatrix}C_1\zeta-C_2\zeta^{-1}-2C_3\zeta^{-2}\\-3C_4\zeta^{-3}-42C_5\zeta^{-4}-5C_6\zeta^{-5}\\-6C_7\zeta^{-6}-7C_8\zeta^{-7}-8C_9\zeta^{-8}\end{pmatrix}}\times\begin{pmatrix}C_1+C_2\zeta^2+2C_3\zeta^3\\+3C_4\zeta^4+4C_5\zeta^5\\+5C_6\zeta^6+6C_7\zeta^7\\+7C_8\zeta^8+8C_9\zeta^9\end{pmatrix}\right]$$

（2-49）

$$u_\theta = \mathrm{Im}\left\{\frac{\overline{\zeta}}{\rho}\frac{\overline{\omega'(\zeta)}}{|\omega'(\zeta)|}\left[\frac{3-v}{1+v}\varphi(\zeta)-\overline{\psi(\zeta)}-\frac{\omega(\zeta)}{\omega'(\zeta)}\overline{\varphi'(\zeta)}\right]\right\} = \frac{P(1+v)}{E} \times$$

$$\begin{aligned}&\mathrm{Im}\left\{\frac{3-v}{2(1+v)}\frac{\begin{pmatrix}C_0+C_1\zeta-C_2\zeta^{-1}-C_3\zeta^{-2}\\-C_4\zeta^{-3}-C_5\zeta^{-4}-C_6\zeta^{-5}\\-C_7\zeta^{-6}-C_8\zeta^{-7}-C_9\zeta^{-8}\end{pmatrix}}{\begin{pmatrix}C_1\zeta-C_2\zeta^{-1}-2C_3\zeta^{-2}\\-3C_4\zeta^{-3}-42C_5\zeta^{-4}-5C_6\zeta^{-5}\\-6C_7\zeta^{-6}-7C_8\zeta^{-7}-8C_9\zeta^{-8}\end{pmatrix}}+\left[\begin{pmatrix}C_0+C_1\zeta+C_2\zeta^{-1}+C_3\zeta^{-2}\\+C_4\zeta^{-3}+C_5\zeta^{-4}+C_6\zeta^{-5}\\+C_7\zeta^{-6}+C_8\zeta^{-7}+C_9\zeta^{-8}\end{pmatrix}\times\begin{pmatrix}-C_2\zeta^1-2C_3\zeta^2-3C_4\zeta^3\\-4C_5\zeta^4-5C_6\zeta^5-6C_7\zeta^6\\-7C_8\zeta^7-8C_9\zeta^8\end{pmatrix}\right]\right\}-\\&\frac{P(1+v)}{E}\mathrm{Im}\left[C_1+\frac{\begin{pmatrix}C_0+C_1\zeta+C_2\zeta^{-1}+C_3\zeta^{-2}\\+C_4\zeta^{-3}+C_5\zeta^{-4}+C_6\zeta^{-5}\\+C_7\zeta^{-6}+C_8\zeta^{-7}+C_9\zeta^{-8}\end{pmatrix}}{2\begin{pmatrix}C_1\zeta-C_2\zeta^{-1}-2C_3\zeta^{-2}\\-3C_4\zeta^{-3}-42C_5\zeta^{-4}-5C_6\zeta^{-5}\\-6C_7\zeta^{-6}-7C_8\zeta^{-7}-8C_9\zeta^{-8}\end{pmatrix}}\times\begin{pmatrix}C_1+C_2\zeta^2+2C_3\zeta^3\\+3C_4\zeta^4+4C_5\zeta^5\\+5C_6\zeta^6+6C_7\zeta^7\\+7C_8\zeta^8+8C_9\zeta^9\end{pmatrix}\right]\end{aligned}$$

(2-50)

第四节 巷道围岩应力及变形分布特征

一、巷道计算方位布置

倾斜煤层倾角为 $18°\sim 27°$，平均为 $23°$，其埋深约为 400 米，取上覆岩层压力 P 为 10 兆帕，假定岩层为均质的，其弹性模量为 3.5 吉帕，泊松比为 0.24。将表 2-1、表 2-2 映射函数的系数分别代入式（2-46）和式（2-49）中，即可求得煤层倾角为 $18°$ 直角梯形巷道、$23°$ 直角梯形巷道、$27°$ 直角梯形巷道、$23°$ 矩形巷道和 $23°$ 直墙拱形巷道围岩的切应力及径向位移解析解，其中不同倾角、不同断面形状巷道围岩应力及位移计算方位的布置如图 2-10（a）～（e）所示。

二、不同倾角对巷道围岩应力分布及变形的影响

1. 不同倾角倾斜煤层巷道围岩应力分布特征

图 2-11 为倾角 $18°$、$23°$、$27°$ 巷道围岩应力分布图，可知巷道尖角、两

（a）18°直角梯形巷道　　（b）23°直角梯形巷道　　（c）27°直角梯形巷道

（d）23°矩形巷道　　（e）23°直墙拱形巷道

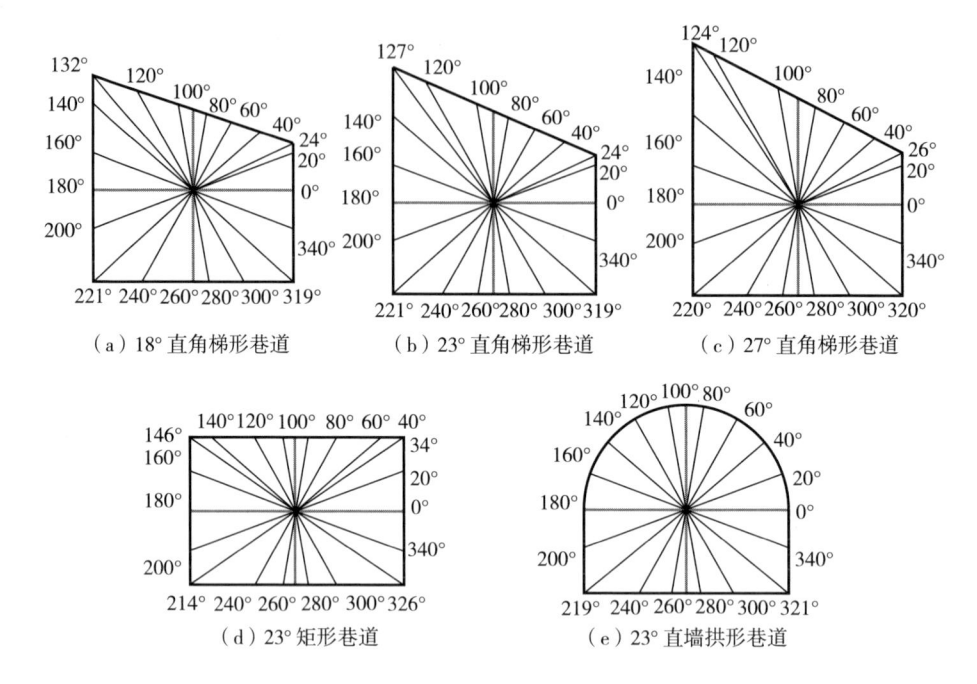

图 2-10　巷道计算方位布置

（a）18°直角梯形巷道　　（b）23°直角梯形巷道

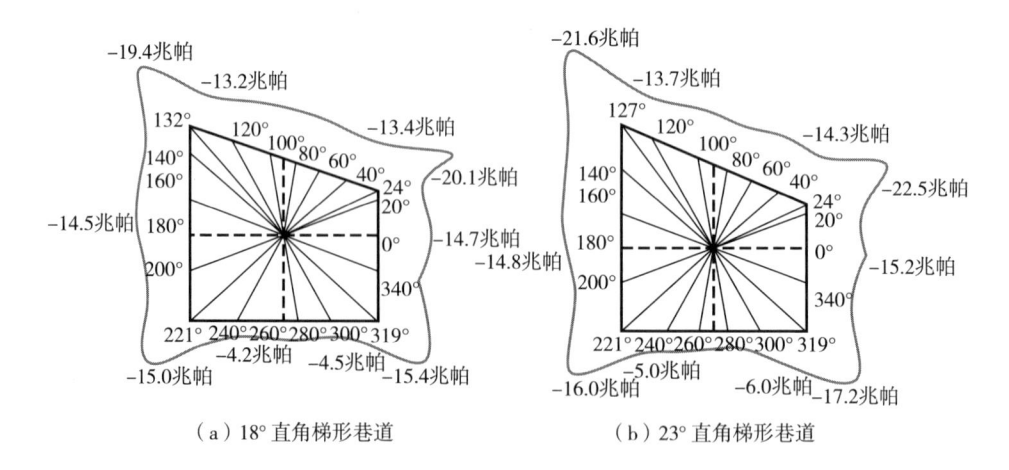

图 2-11　不同倾角巷道围岩应力分布规律

(c) 27°直角梯形巷道

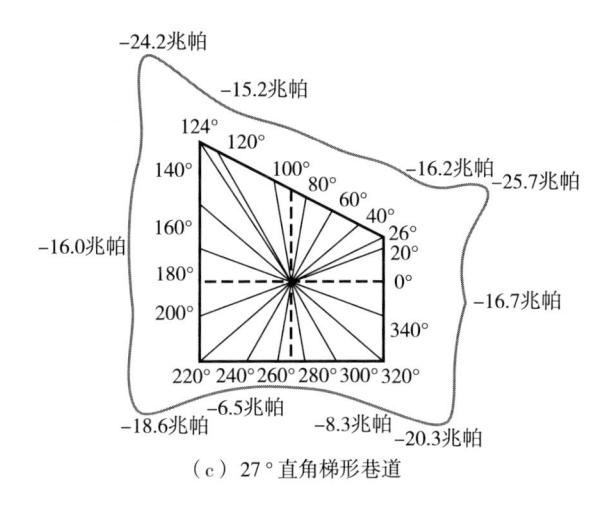

图 2-11　不同倾角巷道围岩应力分布规律（续图）

帮、顶板及底板右侧围岩应力峰值均大于左侧，且顶板两尖角处应力峰值均大于底板两尖角处，整体上巷道围岩应力均呈现尖角>两帮>顶板>底板的变化趋势。倾角分别为18°、23°、27°时，其巷道右帮顶角的应力峰值分别为20.1兆帕、22.5兆帕、25.7兆帕，巷道右帮应力峰值分别为14.7兆帕、15.2兆帕、16.7兆帕，巷道左帮应力峰值分别为14.5兆帕、14.8兆帕、16.0兆帕，顶板应力峰值分别为13.4兆帕、14.3兆帕、16.2兆帕，底板应力峰值分别为4.5兆帕、6.0兆帕、8.3兆帕。随着煤层倾角的增大，倾斜煤层巷道围岩应力越大。理论分析得出巷道围岩变形规律与现场监测结果基本一致。

观察图2-11中数据可以明显看出，在三种不同倾角情况下，巷道各部位的围岩应力分布都呈现出一定的规律性。特别是巷道尖角、两帮、顶板及底板右侧围岩的应力峰值均明显大于左侧，且顶板两尖角处的应力峰值均大于底板两尖角处的应力峰值。总体来看，巷道围岩应力的变化趋势可以归纳为尖角部位的应力最高，其次是两帮，再次是顶板，最后是底板。通过对理论分析和现场监测结果的对比，可以得出结论，巷道围岩的应力分布和变形规律存在一定的关联性，并且这种关联性随着煤层倾角的增加而加强。这些发现为深入研究倾斜煤层巷道的支护设计和围岩稳定性分析提供了重要的参考和指导。

图 2-12 为不同倾角巷道围岩应力随煤层倾角的变化曲线,当倾角为 18°、23°、27°时,巷道两帮应力峰值的差值分别为 0.2 兆帕、0.4 兆帕、0.7 兆帕,顶板两侧应力峰值的差值分别为 0.2 兆帕、0.6 兆帕、1.0 兆帕,底板两侧应力峰值的差值分别为 0.3 兆帕、1.0 兆帕、1.8 兆帕,顶板尖角处左右两侧应力峰值的差值分别为 0.7 兆帕、0.9 兆帕、2.9 兆帕,底板尖角处左右两侧应力峰值的差值分别为 0.4 兆帕、1.2 兆帕、1.7 兆帕。随着煤层倾角的增加,巷道两帮、顶底板及尖角处右侧的应力峰值比左侧越大,巷道围岩应力非对称分布特征越明显。

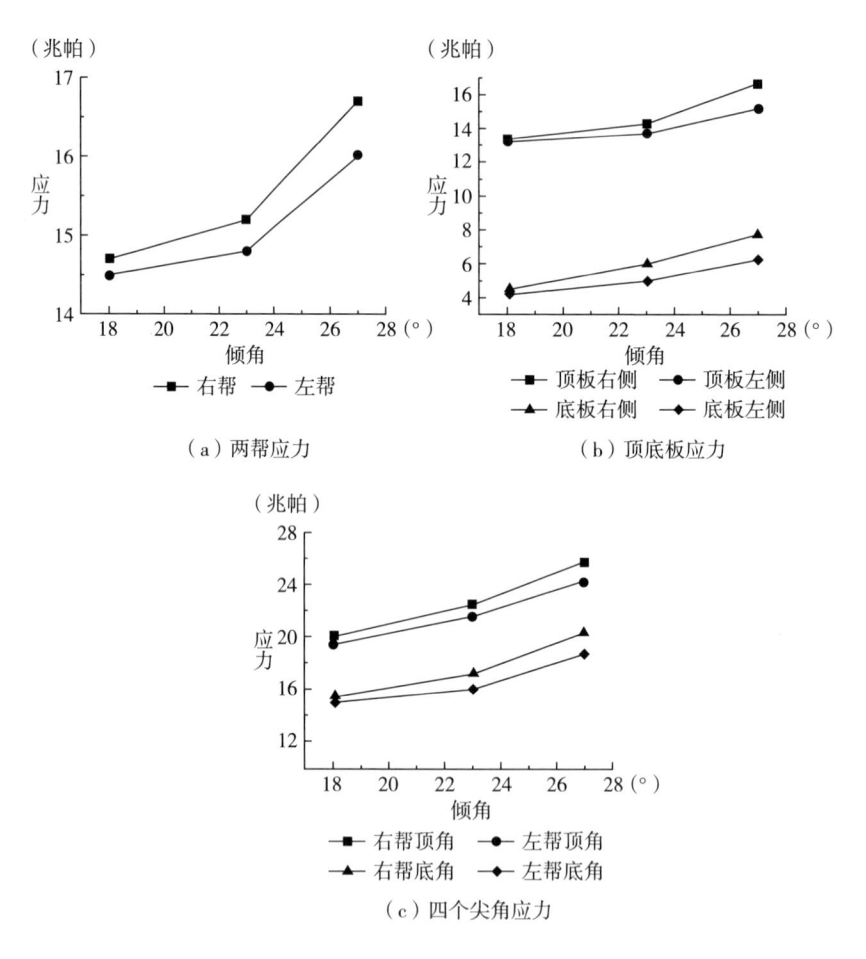

(a)两帮应力

(b)顶底板应力

(c)四个尖角应力

图 2-12 倾斜煤层巷道围岩应力分布随倾角的变化曲线

2. 不同倾角倾斜煤层巷道围岩变形特征

图 2-13 为倾角 18°、23°、27°的巷道围岩位移分布图，可知巷道右帮顶角变形最大，其次为两帮，最小为顶底板处，且尖角、两帮及顶底板右侧的变形均大于左侧，呈现非对称分布特征。倾角分别为 18°、23°、27° 时，巷道右帮顶角处的位移分别为 142.8 毫米、161.0 毫米和 184.8 毫米，左帮最大位移分别为 109.2 毫米、112.0 毫米和 121.8 毫米，右帮最大位移分别为 116.2 毫米、121.8 毫米、137.2 毫米；顶板最大位移分别为 109.0 毫米、114.4 毫米、121.8 毫米，底板最大位移分别为 42.7 毫米、52.5 毫米和 63.7 毫米。

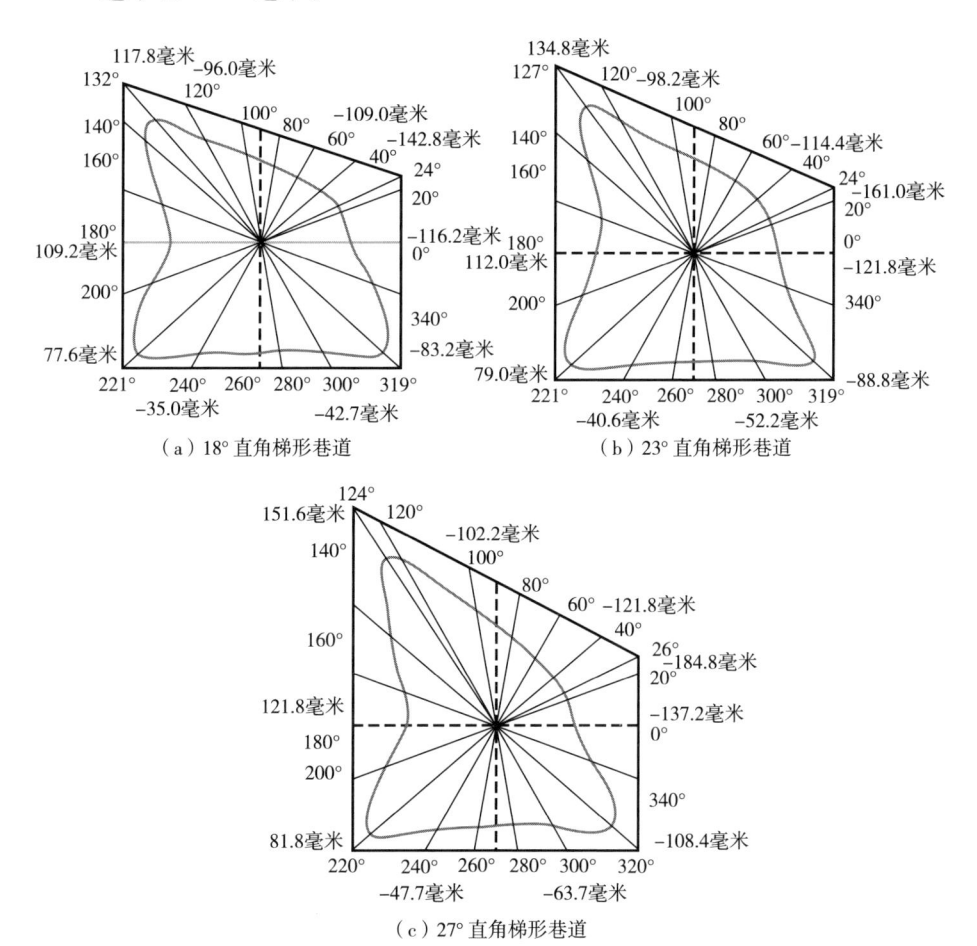

（a）18° 直角梯形巷道

（b）23° 直角梯形巷道

（c）27° 直角梯形巷道

图 2-13 不同倾角巷道围岩的变形

图 2-14 为巷道变形随煤层倾角的变化曲线，当倾角为 18°、23°、27° 时，巷道左右两帮变形的差值分别为 7.0 毫米、9.8 毫米、15.4 毫米，顶板两侧变形的差值分别为 13.0 毫米、16.2 毫米、19.6 毫米，底板两侧变形的差值分别为 7.7 毫米、11.9 毫米、16.1 毫米，顶板尖角处左右两侧变形的差值分别为 25.0 毫米、26.2 毫米、33.2 毫米，底板尖角处左右两侧变形的差值分别为 5.6 毫米、9.8 毫米、26.6 毫米。随着煤层倾角的增大，巷道围岩变形非对称分布特征越明显，即两帮、顶板、底板及尖角处右侧的变形比左侧越大。

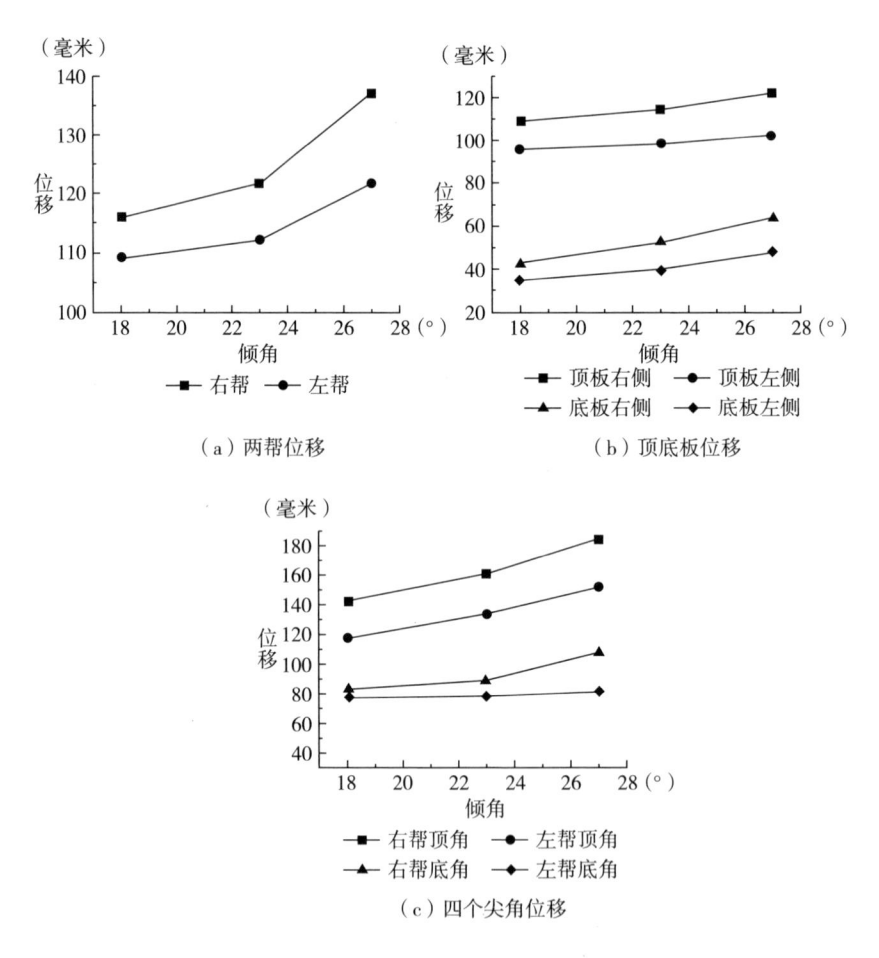

(a) 两帮位移

(b) 顶底板位移

(c) 四个尖角位移

图 2-14 倾斜煤层巷道围岩的变形随倾角的变化曲线

三、不同断面形状对巷道围岩应力分布及变形的影响

1. 不同断面形状倾斜煤层巷道应力分布特征

图 2-15 为倾角 23°的直角梯形、矩形及直墙拱形巷道围岩应力分布特征，可知巷道尖角、两帮及顶底板右侧应力集中均大于左侧，整体上巷道围岩应力峰值大小为：尖角>两帮>顶板>底板。当巷道断面形状为直角梯形、矩形和直墙拱形时，右帮顶角应力峰值分别为 22.5 兆帕、21.0 兆帕、17.3 兆帕，右帮应力峰值分别为 15.2 兆帕、12.9 兆帕、11.6 兆帕，左帮应力峰值分别为 14.8 兆帕、12.6 兆帕、11.4 兆帕，顶板应力峰值分别为 14.3 兆帕、12.4 兆帕、11.2 兆帕，底板应力峰值分别为 6.0 兆帕、4.8 兆帕、4.5 兆帕。

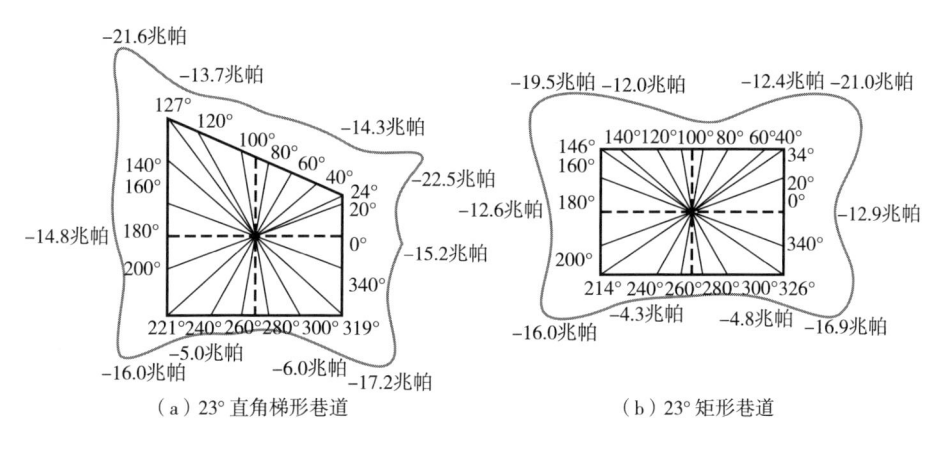

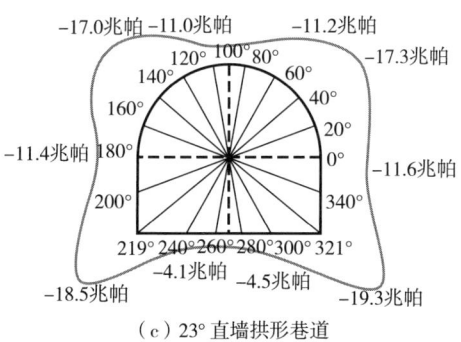

（a）23°直角梯形巷道

（b）23°矩形巷道

（c）23°直墙拱形巷道

图 2-15　不同断面形状巷道围岩应力分布规律

如图 2-16 所示，巷道的断面形状为直角梯形、矩形、直墙拱形时，其两帮应力峰值的差值分别为 0.4 兆帕、0.3 兆帕、0.2 兆帕，顶板两侧应力峰值的差值分别为 0.6 兆帕、0.4 兆帕、0.2 兆帕，底板两侧应力峰值的差值分别为 1.0 兆帕、0.5 兆帕、0.4 兆帕，顶板两侧尖角处应力峰值的差值分别为 0.9 兆帕、1.5 兆帕、0.3 兆帕，底板两侧尖角处应力峰值的差值分别为 1.2 兆帕、0.9 兆帕、0.8 兆帕。由此可知，直角梯形巷道围岩应力非对称分布特征最为明显，其次为矩形巷道，最小为直墙拱形巷道。不同的断面巷道应力非对称特征不同，根本原因是断面形状不同，巷道应力非对称特征出现明显差异。

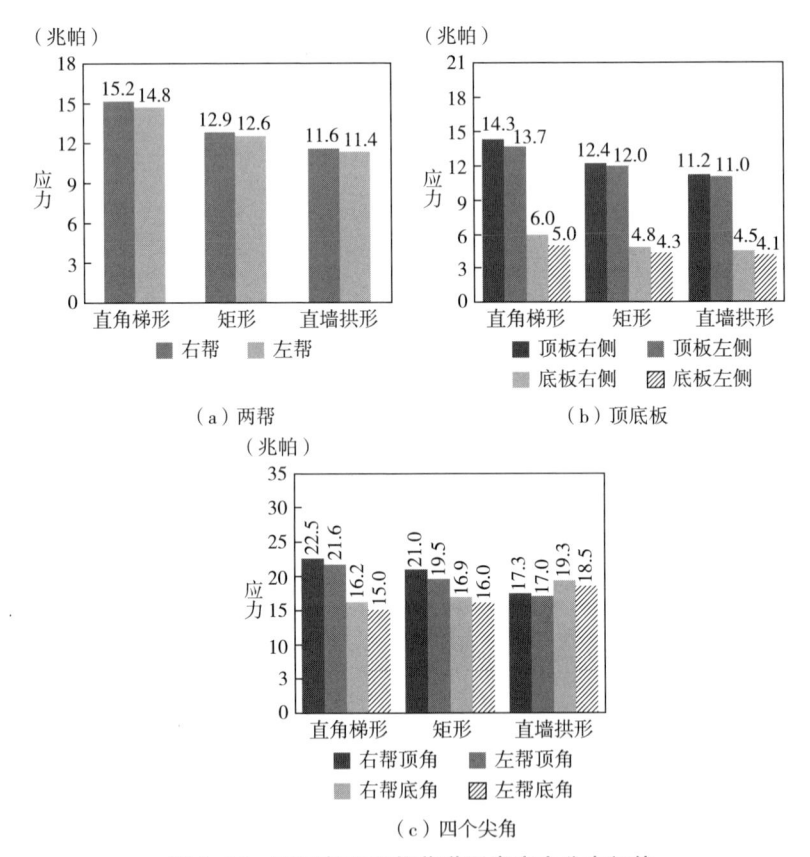

图 2-16 不同断面形状巷道围岩应力分布规律

2. 不同断面形状倾斜煤层巷道围岩变形特征

图 2-17 为倾角 23°的直角梯形巷道、矩形巷道和直墙拱形巷道围岩的

变形特征，可知巷道围岩变形最大值出现在右帮的顶角处，其次为巷道两帮，最小为顶板和底板处，且呈现非对称分布特征，即巷道围岩右侧的变形大于左侧。直角梯形巷道、矩形巷道和直墙拱形巷道右帮顶角处的变形分别为 161.0 毫米、137.2 毫米、100.8 毫米，左帮最大的变形分别为 112.0 毫米、100.8 毫米和 85.4 毫米，右帮最大的变形分别为 121.8 毫米、107.8 毫米、89.6 毫米，顶板最大变形分别为 114.4 毫米、85.4 毫米、84.0 毫米，底板最大变形分别为 52.2 毫米、33.6 毫米、28.0 毫米。

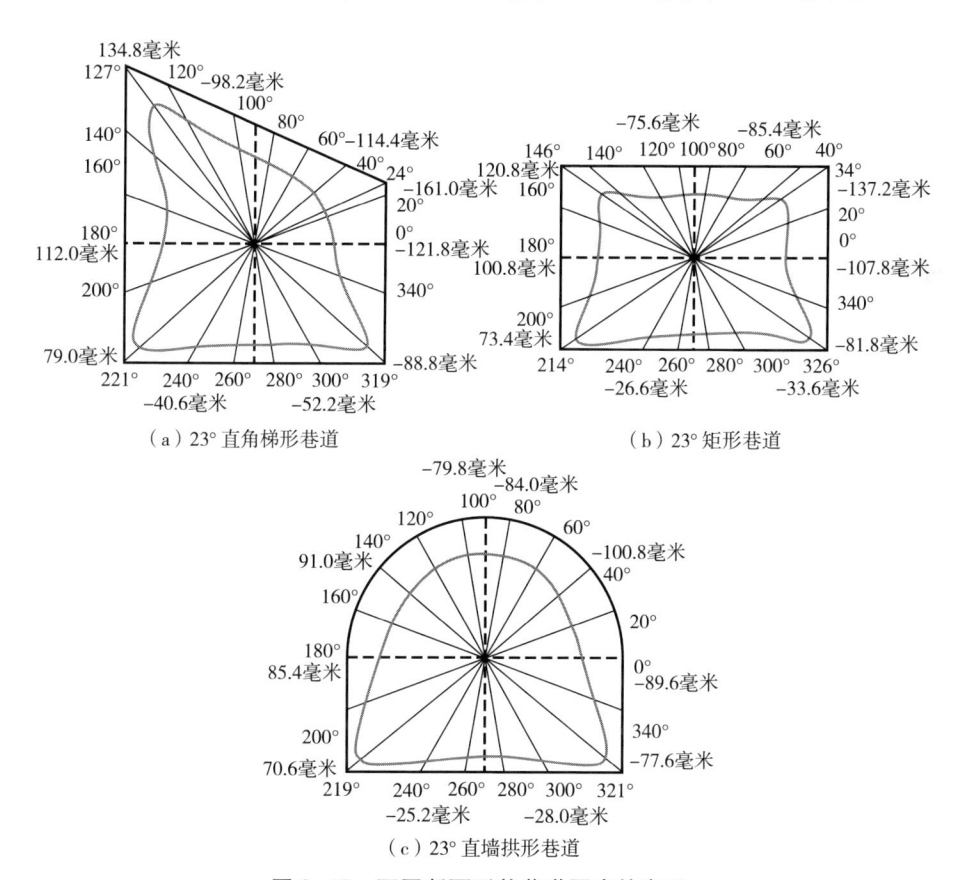

（a）23°直角梯形巷道

（b）23°矩形巷道

（c）23°直墙拱形巷道

图 2-17　不同断面形状巷道围岩的变形

如图 2-18 所示，巷道的断面形状为 23°直角梯形、矩形、直墙拱形时，其巷道左右两帮变形的差值分别为 9.8 毫米、7.0 毫米和 4.2 毫米，顶板两侧变形的差值分别为 16.2 毫米、9.8 毫米、4.2 毫米，底板两侧变形的差值分别为11.9毫米、7.0毫米、2.8毫米，顶板尖角处两侧变形的差值分别为26.2毫米、16.4毫米、9.8毫米，底板尖角处两侧变形的差值分别为9.8毫米、8.4毫米、7.0毫米。由此可知，直角梯形巷道变形非对称分布特征最明显，其次为矩形巷道，最小为直墙拱形巷道。

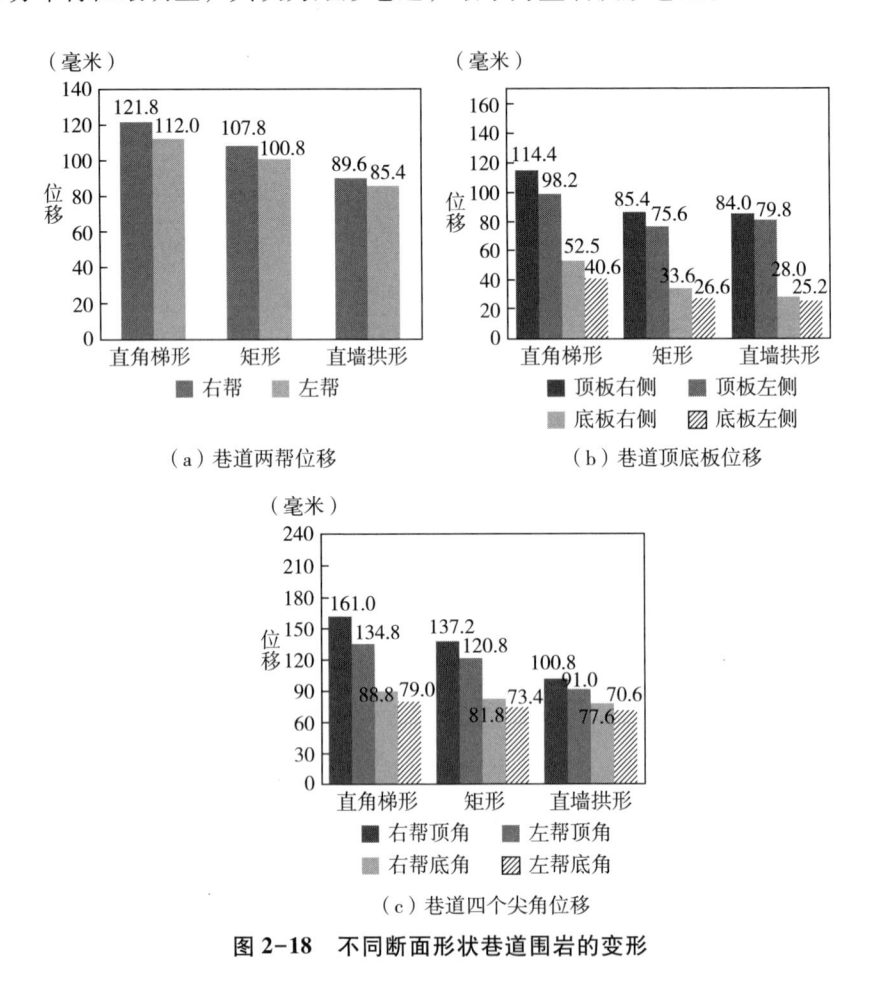

图2-18 不同断面形状巷道围岩的变形

第五节 巷道围岩渐进破坏演化机理

一、巷道围岩渐进破坏力学分析

基于弹性力学及复变函数理论，结合巷道围岩应力及位移分布形态，建立了巷道围岩渐进性变形破坏力学模型，如图 2-19、图 2-20 所示，推导出巷道顶板、两帮和底板在巷道变形破坏过程中的有效长度变化的表达式。

$$\begin{cases} L_{A_nB_n} = \sqrt{(x_{A_n}-x_{B_n})^2+(y_{A_n}-y_{B_n})^2}, & L_{B_nC_n} = \sqrt{(x_{B_n}-x_{C_n})^2+(y_{B_n}-y_{C_n})^2} \\ L_{C_nD_n} = \sqrt{(x_{C_n}-x_{D_n})^2+(y_{C_n}-y_{D_n})^2}, & L_{D_nA_n} = \sqrt{(x_{D_n}-x_{A_n})^2+(y_{D_n}-y_{A_n})^2} \end{cases}$$

$$(2-51)$$

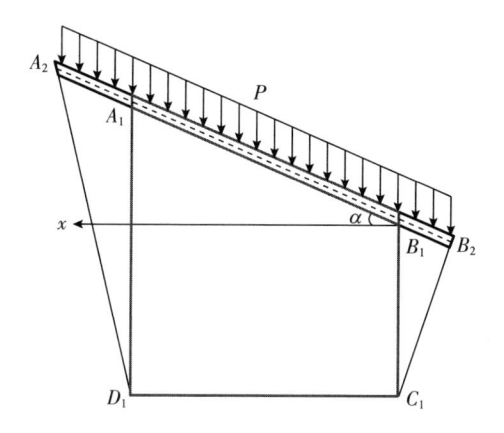

图 2-19 巷道围岩渐进性变形破坏力学模型

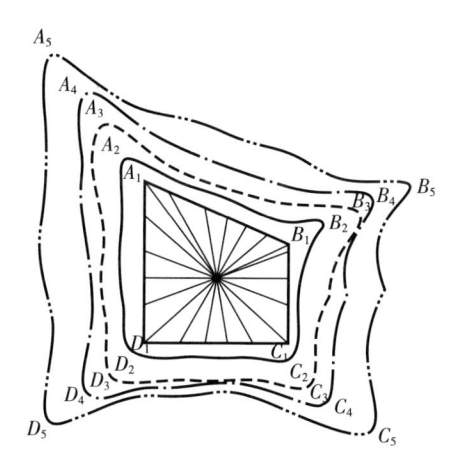

图 2-20 巷道围岩应力分布示意图

将 $z=x+iy$，$\zeta=\rho(\cos\theta+i\sin\theta)=\rho e^{i\theta}$，$C_j=a_j+id_j$，$\rho=1$，代入式（2-44）得巷道变形后测点的坐标：

$$\begin{cases} x_m = a_0 + a_1\cos\theta - d_1\sin\theta + \sum_{j=2}^{n}\left[a_j\cos(j-1)\theta + d_j\sin(j-1)\theta\right] \\ y_m = d_0 + a_1\sin\theta + d_1\cos\theta + \sum_{j=2}^{n}\left[-a_j\sin(j-1)\theta + d_j\cos(j-1)\theta\right] \end{cases}$$

(2-52)

式（2-52）中，θ 对应巷道围岩应力及变形的测点，范围为 $0°\sim360°$；$m=A_n$、B_n、C_n、D_n 时分别对应巷道周围 A_n、B_n、C_n、D_n 的横坐标 x_{A_n}、x_{B_n}、x_{C_n}、x_{D_n}，纵坐标 y_{A_n}、y_{B_n}、y_{C_n}、y_{D_n}。

当巷道的断面形状为直角梯形时，确定映射函数后，此时映射函数的系数不变，随着 θ 的增加，式（2-52）中 $\cos\theta$、$\sin\theta$ 值发生变化，当 θ 增加至 $k\pi/2+\pi/4$ 附近时（$k=0,1,2,3$），巷道围岩尖角处应力及变形增大，导致应力区及变形区边界呈现蝶形轮廓。蝶形应力区蝶叶较大的位置指示巷道左帮顶角位置为破坏源，容易出现应力集中，随着荷载的增加，两帮发生破坏，导致顶板 $L_{A_nB_n}$ 增大，加剧顶板破坏，使两帮的破坏延伸到深部，导致两帮 $L_{B_nC_n}$ 和 $L_{C_nD_n}$ 增大，尖角应力状态继续恶化，恶化了底板的应力条件，导致底板 $L_{D_nA_n}$ 增大，进入恶性渐进性变形破坏。

二、巷道围岩渐进破坏演化特征

如图 2-21 所示，在荷载的作用下，巷道左帮顶角首先产生应力集中，导致顶板两尖角发生破坏。随着荷载的增大，顶板两尖角破坏加剧，导致顶板有效长度增加。同时，增大两帮应力区的范围，使得两帮的破坏加剧，且右帮变形大于左帮。随着荷载的持续增加，底板两尖角出现应力区，发生破坏，最终顶—帮—底相互作用，导致巷道围岩应力增加，强度降低，陷入恶性渐进性非对称变形破坏，使其断面变形呈现非对称蝶形。

从上述分析可知，倾斜煤层巷道在荷载持续作用下，巷道围岩的变形破坏具有连锁效应，发生渐进性变形破坏，即左帮顶角首先出现应力集中，发生变形破坏，增加顶板有效长度，导致两帮的压力增加；随后两帮及底板相继发生破坏，又反作用于顶板，最终顶—帮—底变形相互作用，导致巷道围岩应力增加，强度降低，巷道陷入恶性渐进性变形破坏。

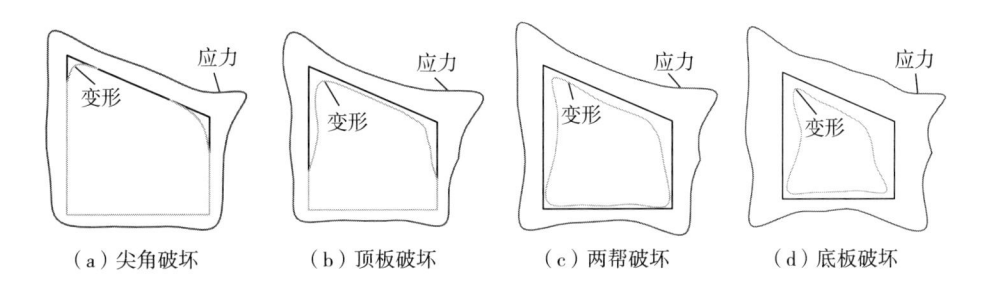

（a）尖角破坏　　（b）顶板破坏　　（c）两帮破坏　　（d）底板破坏

图 2-21　巷道围岩渐进性变形破坏

综合分析以上所述，可以得出以下结论：在倾斜煤层巷道中，受到荷载作用时，围岩的应力和变形反应呈现出复杂的连锁效应。首先，荷载导致巷道左帮顶角的应力集中，从而引发了顶板两尖角的破坏。随着荷载的增大，顶板两尖角的破坏逐渐恶化，同时导致顶板有效长度的增加。荷载的增加也扩大了两帮的应力范围，使两帮的破坏情况逐渐加剧，而且右帮的变形程度明显大于左帮。随着荷载的不断增加，底板两尖角也开始出现应力集中区域，最终导致底板的破坏。最终，巷道围岩的破坏和变形相互作用，导致围岩的应力增加，强度减小，整个巷道陷入了渐进性非对称变形破坏状态，其断面呈现非对称蝶形。

总的来说，倾斜煤层巷道在荷载作用下表现出复杂的渐进性变形破坏特征，其连锁效应使得围岩的破坏从一个部位扩散到其他部位，最终导致巷道的稳定性受到威胁。这一研究结果强调了在巷道支护设计和围岩稳定性分析中，需要综合考虑围岩应力和变形的非对称分布特征，以确保矿山工程的安全和高效进行。

三、巷道围岩非对称变形度

1. 巷道围岩非对称变形度

以往对倾斜煤层巷道围岩非对称变形特征的分析多为定性描述，为了量化不同倾角及不同断面形状影响下巷道非对称变形的差异性程度，利用复变函数位移解析解和计算几何的多边形布尔运算[191]，给出巷道断面变形前后图形要素（凹多边形）的对称差分集，即面积增减的空间信息，展示巷道断面动态变化的时间过程和空间差异，最后根据巷道两侧断面面积的收敛比，定量化表征动态时间过程和动态空间演变的倾斜煤层巷道围岩非对称变形特征。

本部分使用了复变函数位移解析解来分析倾斜煤层巷道围岩的变形过程，同时采用计算几何中的多边形布尔运算来获取巷道断面变形前后的空间信息，包括面积的增减情况。这些分析方法不仅展示了巷道断面的动态变化过程，还定量化地表征了倾斜煤层巷道围岩的非对称变形特征。依靠巷道两侧断面面积的收敛比，对动态时间过程和动态空间演变进行了定量化表征，从而为倾斜煤层巷道围岩的非对称变形提供了更具体和可量化的分析手段。这一方法不仅可以更准确地描述巷道非对称变形特征，还有助于深入理解倾斜煤层巷道的稳定性问题，为工程设计和支护方案的制定提供了更科学的依据。

巷道断面变形收敛后，一般形成凹多边形断面，已知巷道断面初始坐标(x_j, y_j)，根据复变函数得出断面各点径向位移，通过式（2-51）和式（2-52），可确定巷道变形后各点的坐标(x_i, y_i)，对于凹多边形，可以采用向量叉乘计算巷道有向面积：

$$S_\Omega = \frac{1}{2} \sum_{i=1}^{N} \begin{vmatrix} x_i & y_i \\ x_{i+1} & y_{i+1} \end{vmatrix} \tag{2-53}$$

式（2-53）中，N为巷道断面测点数量，有向面积是表示既有方向又有大小的面积。

以巷道断面面积变化比为指标，提出了倾斜煤层巷道非对称变形度概念，其数学表达式为：

$$\delta = \frac{\max\left(\dfrac{s'_1}{s_1}, \dfrac{s'_2}{s_2}\right) - \min\left(\dfrac{s'_1}{s_1}, \dfrac{s'_2}{s_2}\right)}{\min\left(\dfrac{s'_1}{s_1}, \dfrac{s'_2}{s_2}\right)} \times 100\% \tag{2-54}$$

式（2-54）中，s_1、s_2和s_1'、s_2'分别为以原始巷道中心线为界巷道两侧初始断面面积和断面面积收敛量，单位为平方米。显然，由式（2-54）可知，$\delta \geq 0$，其值越大，巷道围岩非对称变形特征越明显。

倾斜煤层巷道围岩非对称变形度 δ 的计算流程如图 2-22 所示。首先，根据巷道断面边界初始测点坐标和复变函数位移解析解，求得巷道断面收敛后的边界测点坐标；其次，通过计算几何的向量叉乘求解巷道断面收敛后不规则凹多边形的面积，利用多边形布尔运算，获得巷道断面变形前后的对称差分集，以表示巷道断面面积的增减，从而建立包含面积变化信息和空间变化信息的时空数据库；最后，根据巷道两侧断面面积的收敛比，获得表征动态时间过程和动态空间演变的非对称变形度。

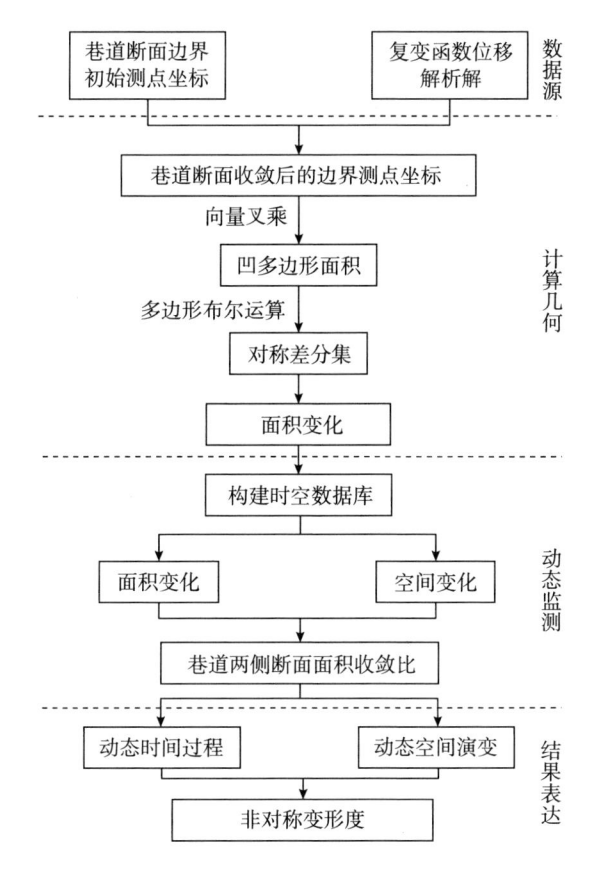

图 2-22 非对称变形度计算流程

如图 2-23 所示，由式（2-54）分析计算得出非对称变形度，可量化表征倾斜煤层巷道围岩非对称变形程度。该计算流程不仅有助于量化倾斜煤层巷道围岩的非对称变形度，还提供了详细的时空数据分析方法，可用于更深入地研究巷道的稳定性问题和支护设计优化。这些方法的应用将有助于提高矿山工程的安全性和效率性。

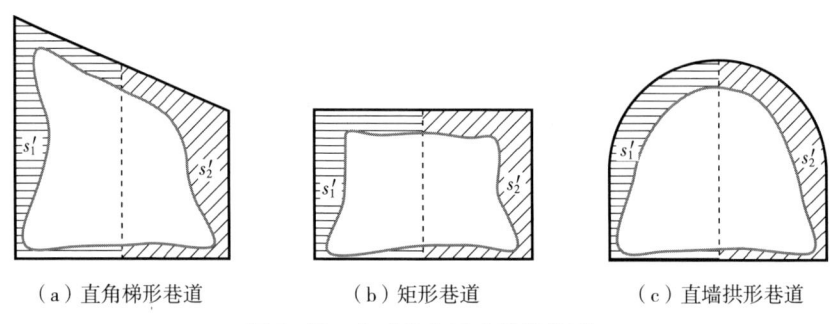

(a) 直角梯形巷道　　(b) 矩形巷道　　(c) 直墙拱形巷道

图 2-23　非对称变形度计算模型

2. 非对称变形度演化规律

由图 2-24 分析可知，随着荷载的增加，巷道围岩非对称变形度呈上升趋势。巷道右帮变形量大于左帮，呈现非对称变形特征，荷载从 2.5 兆帕增加到 10 兆帕时，其非对称变形度为从 2.1%增加至 32.4%。说明随着荷载的增加，倾斜煤层巷道围岩非对称变形越明显。

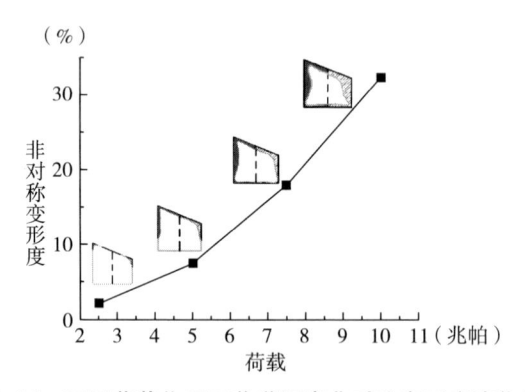

图 2-24　不同荷载作用下巷道围岩非对称变形度演化规律

前述复变函数求解过程中极坐标系下建立的测点顺序连接关系保证了巷道断面收敛的动态监测的空间逻辑性，准确地记录了其动态变化的测点坐标和位置信息，构建生成了具有空间参考、位移测点标识和位移信息的矢量数据，表征巷道断面收敛面积的动态变化信息。巷道围岩非对称变形度计算模型的构建，实现了具有时序性和区域性的巷道断面收敛动态变化信息的可视化表征，形成空间位置和面积变化的连续分布、无缝连接的综合信息，有利于巷道围岩非对称变形程度的识别，进行巷道变形破坏空间时序分析和巷道支护辅助决策。

基于复变函数和弹性力学理论，本章深入研究了倾斜煤层巷道围岩的力学行为，通过引入倾角系数，成功建立了一个针对倾斜煤层的巷道围岩力学模型。该模型对现有的映射函数求解方法进行了显著改进，并且能够为不同倾角和断面形状的煤层巷道提供精确的应力和变形的解析解。结合实际的工程案例，本章不仅分析了倾角和断面形状对巷道围岩应力与变形的影响，还揭示了倾斜煤层巷道围岩的应力分布及其变形破坏的规律。

现场监测数据显示，倾斜煤层巷道中的右侧（低侧）围岩变形明显大于左侧（高侧），并且顶板经历了严重的侧移沉降，表明巷道围岩的变形具有强烈的非对称性和区域特性。通过理论分析和实地监测结果的对比，验证了所建立模型的准确性和可靠性。研究发现，巷道围岩的应力和变形特征在很大程度上受到煤层倾角的影响，特别是当倾角增加时，围岩非对称应力集中，变形趋势更加显著。

此外，不同断面形状的巷道显示出相似的非对称应力和变形分布规律，但具体的形态分布上则各有不同。例如，在直墙拱形巷道中，底板两端的应力显著高于顶板两端，这与直角梯形和矩形巷道的情况相反。综合比较了直角梯形巷道、矩形巷道及直墙拱形巷道围岩的应力和变形大小，结果显示直角梯形巷道围岩的应力和变形最大，其次是矩形巷道，直墙拱形巷道则相对较小。

进一步地，本章根据倾斜煤层巷道围岩的应力和变形分布特征，建立了巷道围岩变形的力学模型，并推导出顶板、两侧围岩和底板在巷道变形破坏过程中的有效长度变化的力学方程。这些方程揭示了巷道围岩的渐进性演化机制，显示了巷道的左侧顶角是首先发生破坏的部位，随后是两侧围岩浅部的破坏，进而导致顶板有效长度的增加，最终形成了向深部扩展的破坏模式，最后可能进入破坏的恶性循环。

最后，本章还介绍了基于计算几何方法建立的倾斜煤层巷道非对称变形计算模型，并提出了非对称变形度的计算流程。该模型能够实现巷道围岩变形的空间位置和面积变化的连续分布，并形成了无缝连接的综合信息集成系统。这一系统能够对巷道的非对称变形程度进行定量化的时序性和区域性表征，从而为巷道设计提供了有力的理论支持和实用的分析工具。

第六节　本章小结

本章基于复变函数及弹性力学理论，引入倾角系数，建立了倾斜煤层巷道围岩的力学模型，改进了映射函数求解方法，推导出不同倾角、不同断面形状倾斜煤层巷道围岩应力、变形的解析解；并结合实际工程，分析了倾角及断面形状对巷道围岩应力及变形影响，得出倾斜煤层巷道围岩应力分布及变形破坏规律，从理论上揭示了巷道围岩渐进性非对称变形破坏机理。主要结论如下：

（1）基于现场实测研究，分析得出倾斜煤层巷道右帮（低帮）的变形大于左帮（高帮），顶板发生严重的侧移沉降，巷道围岩变形具有显著的差异化区域性特征，整体呈非对称变形破坏。

（2）利用复变函数及弹性力学理论，构建了倾斜煤层巷道围岩力学模型，改进映射函数求解方法，引入倾角系数，推导出巷道围岩应力及变形的解析解，该计算公式适用于不同倾角及不同断面形状的巷道。理论分析得出巷道围岩变形规律与现场监测结果基本一致。

（3）倾斜煤层巷道围岩应力及变形特征受煤层倾角影响较为显著。巷道围岩应力及变形呈现两帮>顶板>底板变化趋势，且右侧均大于左侧的非对称的分布特征，随着煤层倾角的增大，巷道围岩非对称应力集中及变形越显著。

（4）不同断面形状巷道应力及变形非对称分布规律基本一致，但在分布形态上存在差异，且直墙拱形巷道底板两尖角处应力大于顶板两尖角处，与直角梯形巷道和矩形巷道相反。巷道围岩的应力及变形大小依次呈现：直角梯形巷道>矩形巷道>直墙拱形巷道。

（5）根据倾斜煤层巷道围岩应力及变形分布形态，建立巷道围岩变形力学模型，推导出巷道顶板、两帮和底板在巷道变形破坏过程中有效长度变化的力学方程，揭示了巷道围岩渐进性演化机理，即巷道左帮顶角首先破坏—两帮浅部围岩破坏—顶板有效长度增大—两帮破坏向深部延伸—进入破坏的恶性循环。

（6）基于计算几何建立了倾斜煤层巷道非对称变形度计算模型，给出了非对称变形度计算流程，形成空间位置和面积变化的连续分布、无缝连接的综合信息集成，实现了具有时序性和区域性的巷道非对称变形程度的定量化和可视化表征。

第三章
倾斜煤层巷道围岩变形破坏数值模拟分析

本章采用FLAC3D数值模拟分析方法，建立不同倾角（18°、23°、27°）、不同断面形状（直角梯形、矩形、直墙拱形）倾斜煤层巷道围岩计算模型，研究无支护条件下巷道围岩应力、变形及塑性区随煤层倾角、断面形状及地应力变化的分布规律，进一步揭示了倾斜煤层巷道围岩非对称应力分布及变形破坏规律，验证了倾斜煤层巷道围岩渐进性非对称变形破坏机理。

第一节 数值计算模型的建立

一、计算参数的选取

以石炭井二矿区倾斜煤层巷道（倾角18°~27°）为工程背景，通过现场取样和实验室测定获得煤岩层物理力学参数，如表3-1所示。

表3-1 煤岩层物理力学参数

序号	岩层	厚度（米）	容重（克·立方厘米）	体积模量（吉帕）	剪切模量（吉帕）	摩擦角（°）	粘聚力（兆帕）	抗拉强度（兆帕）	抗压强度（兆帕）
1	粉砂岩	3.0	2.46	8.49	6.47	32.10	5.70	3.77	115.00
2	细粒砂岩	3.0	2.50	8.24	5.92	30.16	9.62	2.27	83.95

续表

序号	岩层	厚度（米）	容重（克·立方厘米）	体积模量（吉帕）	剪切模量（吉帕）	摩擦角（°）	粘聚力（兆帕）	抗拉强度（兆帕）	抗压强度（兆帕）
3	中粒砂岩	10.0	2.51	10.11	7.27	37.00	11.80	2.78	103.00
4	粉砂岩	3.0	2.46	8.49	6.47	32.10	5.70	3.77	115.00
5	泥岩	3.0	2.53	7.79	5.34	31.50	1.85	1.54	70.00
6	4层煤	6.0	1.40	1.80	0.83	28.00	1.50	0.50	9.31
7	粉砂岩	3.5	2.46	8.49	6.47	32.10	5.70	3.77	103.00
8	细粒砂岩	4.0	2.50	8.24	5.92	30.16	9.62	2.27	83.95
9	泥岩	1.5	2.53	7.79	5.34	31.50	1.85	1.54	70.00
10	5层煤	6.0	1.40	1.80	0.83	28.00	1.50	0.50	9.31

二、计算模型的建立

本章建立了18°直角梯形巷道、23°直角梯形巷道、27°直角梯形巷道、23°矩形巷道及23°直墙拱形巷道数值计算模型，其中z轴为竖直方向，规定向上为正，计算模型的顶面为自由边界，x轴为巷道的开挖的正面，y轴为巷道的开挖方向，模型侧面采用定向支座约束其水平位移，底部采用固定支座约束其水平位移和竖向位移，模型顶面为无位移约束条件，在其上施加荷载，以模拟上覆岩层重量。为了方便计算，对石炭井二矿区工程地质条件进行了简化，假设煤岩层是连续介质，各向同性的，选取理想的弹塑性模型为本构模型，反映煤岩层的塑性行为，计算过程采用摩尔—库伦（Mohr-Coulomb）屈服准则作为煤岩体的破坏判别标准，对巷道围岩的应力、变形及塑性区进行计算。

倾斜煤层巷道煤岩层设计为10层，如图3-1所示。由上至下依次是：粉砂岩（3.0米）、细粒砂岩（3.0米）、中粒砂岩（10.0米）、粉砂岩（3.0米）、泥岩（3.0米）、4层煤（6.0米）、粉砂岩（3.5米）、细粒砂岩（4.0米）、泥岩（1.5米）、5层煤（6.0米）。为了消除边界效应，巷道两侧到模型的边界需大于巷道宽度的3倍以上，则模型的长（x轴）、宽（y轴）、高（z轴）分别为36.0米、3.6米、33.0米。巷道宽度均为4.5米，左右边界值均为15.8米。

（a）直角梯形巷道

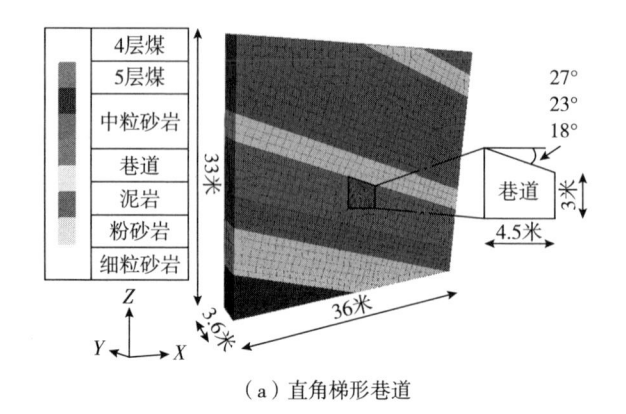

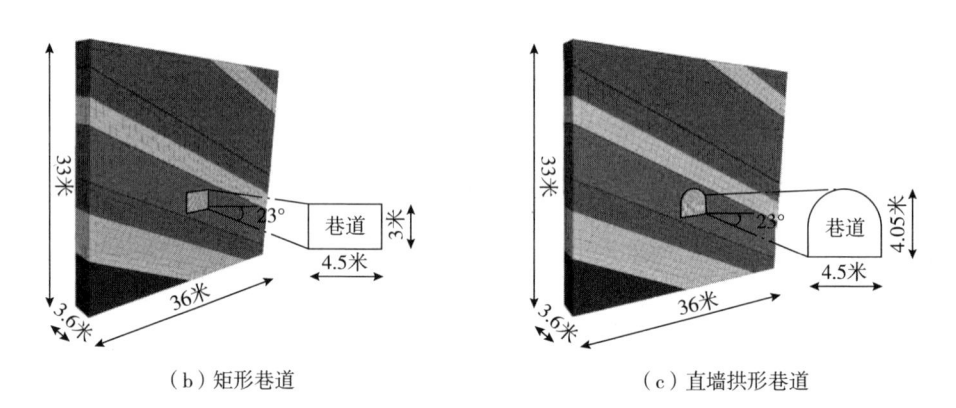

（b）矩形巷道

（c）直墙拱形巷道

图 3-1 巷道计算模型

第二节 巷道围岩应力分布及变形破坏规律

一、不同倾角对巷道应力分布及变形的影响

巷道开挖以后，未支护时，不同倾角（18°、23°、27°）倾斜煤层巷道围岩在不同荷载（地应力）的作用下应力分布及变形特征如下所示：

1. 竖直应力分布特征

图 3-2 为倾角 18°、23°、27°的倾斜煤层巷道围岩在地应力 10 兆帕作用下的竖直应力云图，从图 3-2 中可以看出，巷道围岩竖直应力集中峰值出现在巷道的帮部，且呈现非对称分布特征，即右帮围岩应力峰值及应力

集中区均大于左帮，且左帮的应力集中区到帮侧的距离均大于右帮。当倾角为18°、23°、27°时，巷道左帮应力峰值分别为15.16兆帕、15.24兆帕、15.30兆帕，右帮应力峰值分别为15.58兆帕、15.73兆帕、15.82兆帕。左帮应力峰值到巷道帮侧的距离分别为4.45米、4.87米、5.53米，右帮应力峰值到巷道帮侧的距离分别为3.53米、3.84米、4.04米。随着煤层倾角的增加，倾斜煤层巷道两帮围岩应力峰值及应力集中区范围增大。

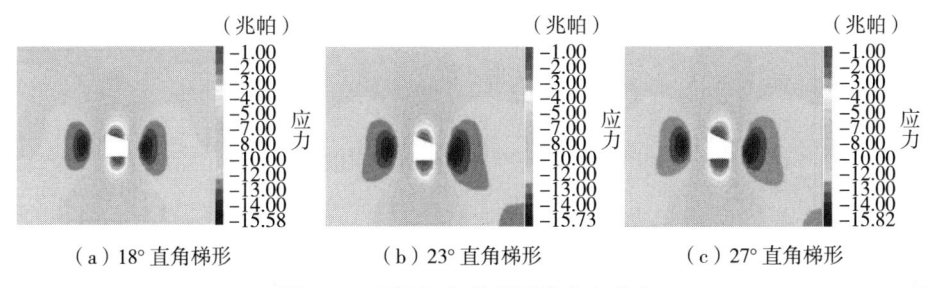

（a）18°直角梯形　　　（b）23°直角梯形　　　（c）27°直角梯形

图 3-2　不同倾角巷道围岩应力分布

如图 3-3 所示，不同倾角倾斜煤层巷道右帮的应力峰值均大于左帮，当荷载（地应力）为 20 兆帕时，倾角为 18°、23°、27°倾斜煤层巷道两帮应力峰值相差最大值分别为 0.8 兆帕、1.5 兆帕、2.3 兆帕。随着煤层倾角的增加，巷道左右两帮应力峰值差异性增大。随着地应力的增大，倾斜煤层巷道围岩应力越大。

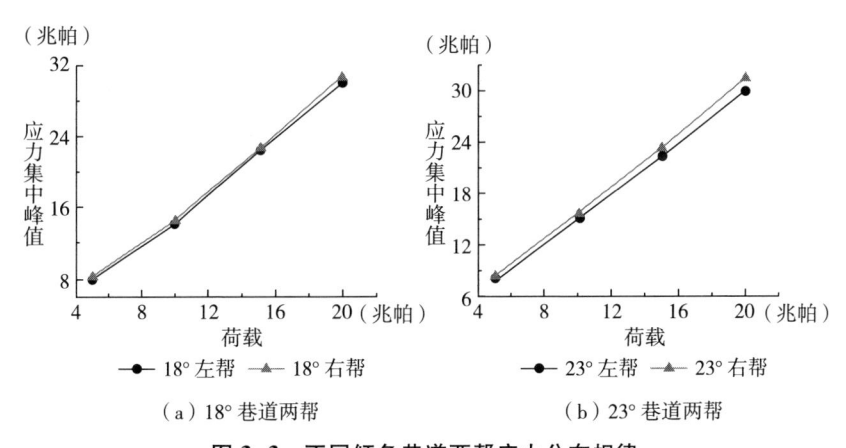

（a）18°巷道两帮　　　　　　　　（b）23°巷道两帮

图 3-3　不同倾角巷道两帮应力分布规律

（c）27°巷道两帮

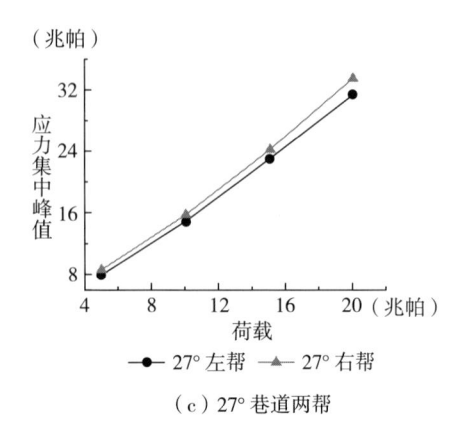

图 3-3　不同倾角巷道两帮应力分布规律（续图）

如图 3-4 所示，不同倾角倾斜煤层巷道左帮应力峰值到巷道帮侧的距离均比右帮大。当地应力为 20 兆帕，倾角为 18°、23°、27°，倾斜煤层巷道左右两帮应力峰值到巷道帮侧距离的差值分别为 1.03 米、1.51 米、2.36 米。随着煤层倾角的增加，巷道左帮应力峰值到巷道帮侧的距离比右帮越大。随着地应力的增加，巷道两帮应力峰值到帮侧的距离增大，说明随着地应力的增加，巷道围岩应力集中由浅部围岩向深部围岩转移。

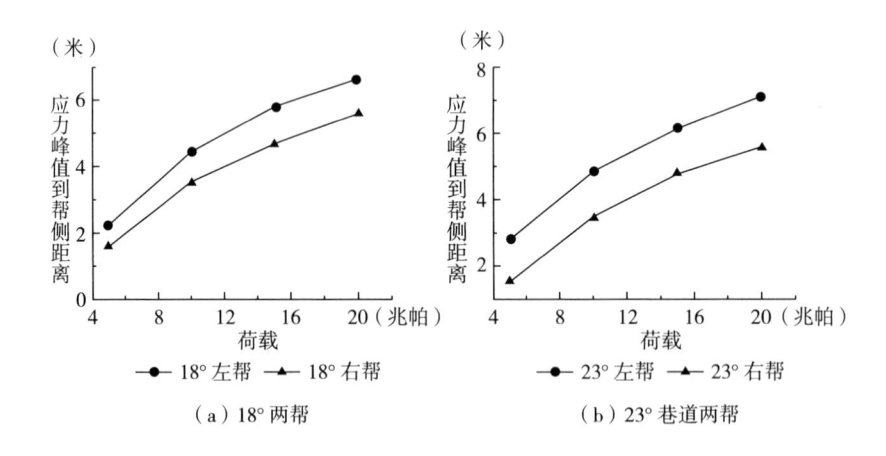

（a）18°两帮　　　　　　　（b）23°巷道两帮

图 3-4　不同倾角巷道两帮应力峰值到帮侧的距离对比分析

(c) 27°巷道两帮

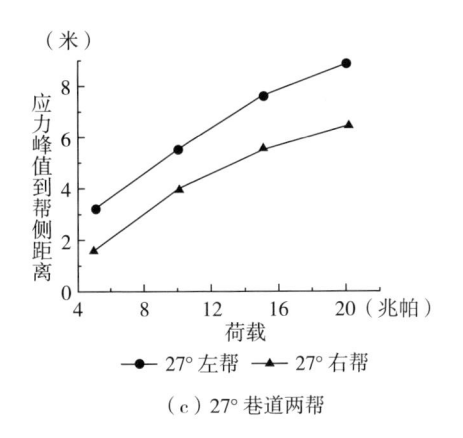

图 3-4 不同倾角巷道两帮应力峰值到帮侧的距离对比分析（续图）

2. 剪应力分布特征

图 3-5 为倾角 18°、23°、27°的倾斜煤层巷道围岩在地应力 10 兆帕作用下剪应力云图，从图中可以看出，巷道围岩剪应力集中均出现在四个尖角处，且呈现非对称蝶形分布特征，即右侧尖角处应力峰值及应力集中区均大于左侧。当倾角为 18°、23°、27°时，右帮顶角应力峰值分别为 9.42 兆帕、9.57 兆帕、9.75 兆帕，左帮顶角应力峰值分别为 9.36 兆帕、9.51 兆帕、9.60 兆帕，右帮底角应力峰值分别为 8.94 兆帕、9.03 兆帕、9.15 兆帕，左帮底角应力峰值分别为 8.88 兆帕、8.94 兆帕、9.03 兆帕。随着煤层倾角的增大，巷道尖角处应力峰值及应力区越大，且右侧尖角处应力峰值均比左侧越大。

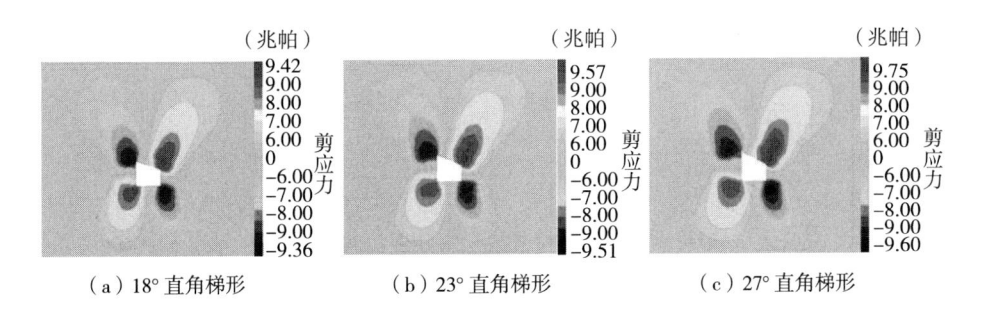

（a）18°直角梯形　　（b）23°直角梯形　　（c）27°直角梯形

图 3-5 不同倾角巷道剪应力分布

图 3-6 为不同倾角巷道尖角处围岩在不同地应力作用下的应力分布规律，从图中可以看出，巷道尖角处应力峰值大小均呈现：右帮顶角>左帮顶角>右帮底角>左帮底角。当地应力为 20 兆帕时，倾角为 18°、23°、27°倾斜煤层巷道顶板四个尖角差值的最大值分别为 4.41 兆帕、6.00 兆帕、6.87 兆帕。随着煤层倾角和地应力的增大，巷道四个尖角应力峰值差异越明显。

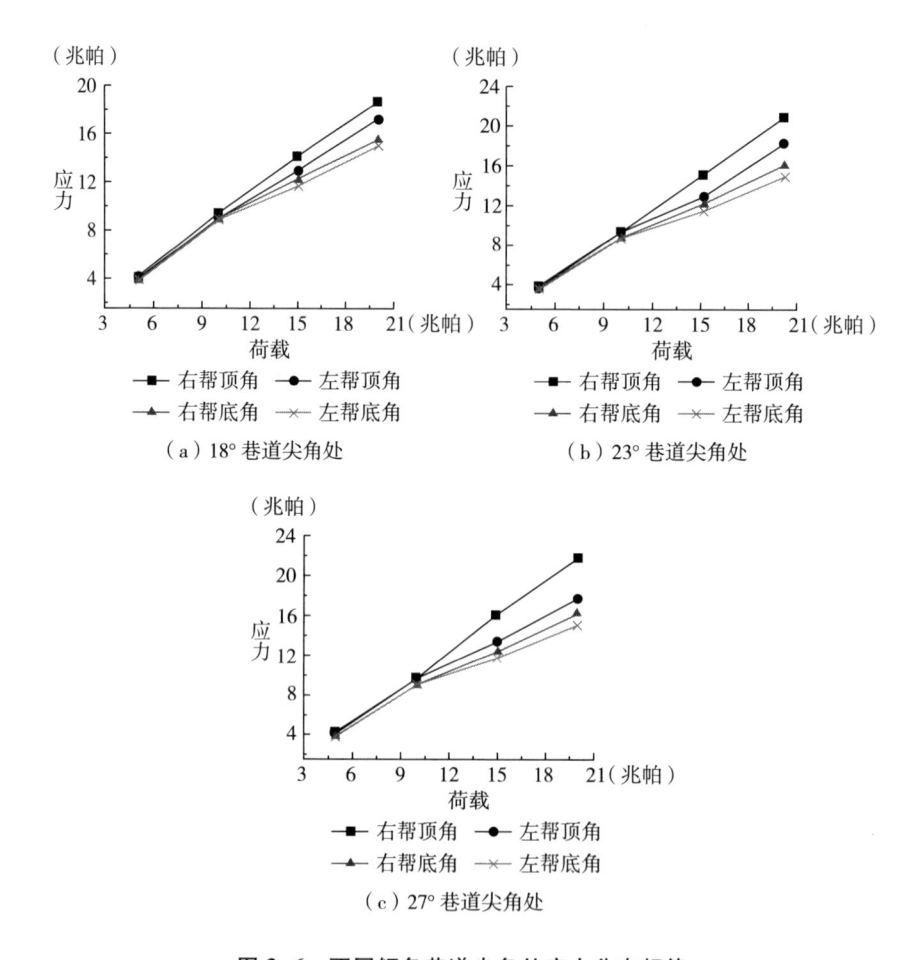

（a）18°巷道尖角处

（b）23°巷道尖角处

（c）27°巷道尖角处

图 3-6 不同倾角巷道尖角处应力分布规律

3. 主应力差分布特征

如图 3-7、图 3-8 所示，不同倾角倾斜煤层巷道围岩主应力差值分布

规律基本相似,且存在一定的差异性。顶板及两帮围岩主应力差值曲线分为三个阶段:

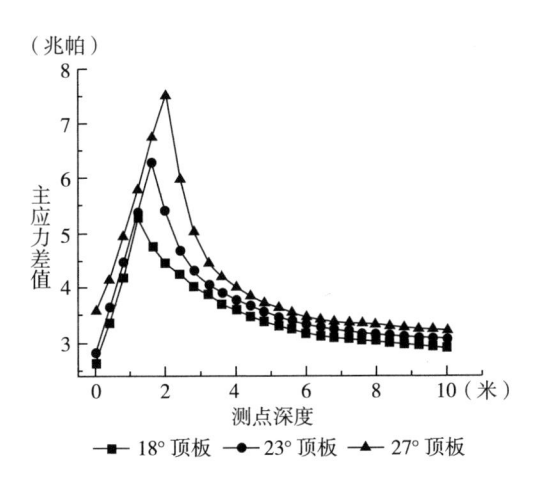

图 3-7 顶板主应力差分布规律

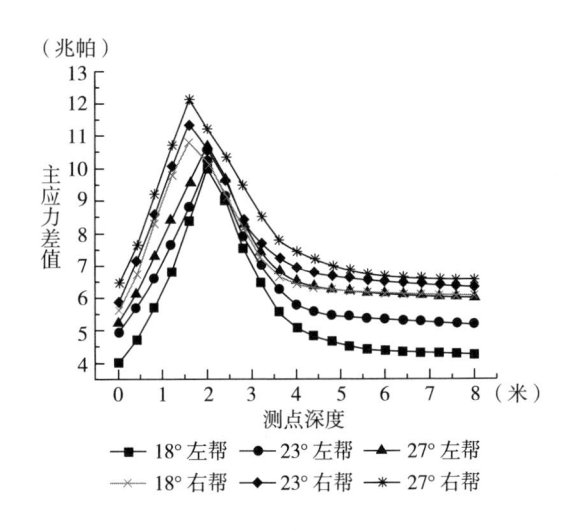

图 3-8 两帮主应力差分布规律

(1) 主应力差峰值前迅速上升阶段:测点位于顶板及两帮的浅部围岩时,主应力差值均迅速增加,发生一定的塑性屈服。

63

(2) 主应力差峰值后下降阶段：随着顶板及两帮围岩深度的增加，当倾角分别为 18°、23°、27° 时，顶板主应力差峰值分别在距巷道顶板边缘 1.2 米、1.6 米、2.0 米处达到最大值，其峰值分别为 5.26 兆帕、6.28 兆帕、7.51 兆帕；左帮主应力差峰值在距帮侧 2.0 米处达到最大值，其峰值分别为 10.00 兆帕、10.21 兆帕、10.71 兆帕；右帮主应力差峰值均在距帮侧 1.6 米处达到最大值，其峰值分别为 10.86 兆帕、11.34 兆帕、12.14 兆帕。随着煤层倾角的增加，顶板及两帮主应力差峰值增加，其峰值位置由围岩浅部向深部转移。

(3) 主应力差稳定阶段：随着顶板及两帮围岩深度继续增加，其围岩强度提高，最终不同倾角巷道主应力差值均趋于稳定，与塑性区演化特征基本相似。

4. 竖直位移分布特征

图 3-9 分别为倾角 18°、23°、27° 倾斜煤层巷道围岩在地应力 10 兆帕作用下的竖直位移云图，从图中可以看出，不同倾角倾斜煤层巷道顶底板的变形区向右帮偏斜，呈现非对称分布特征。当倾角为 18°、23°、27° 时，倾斜煤层巷道顶板的最大变形值分别为 108.0 毫米、127.4 毫米、135.0 毫米，底板最大变形值分别为 65.5 毫米、73.0 毫米、75.1 毫米。随着煤层倾角的增大，倾斜煤层巷道顶底板的变形越大。

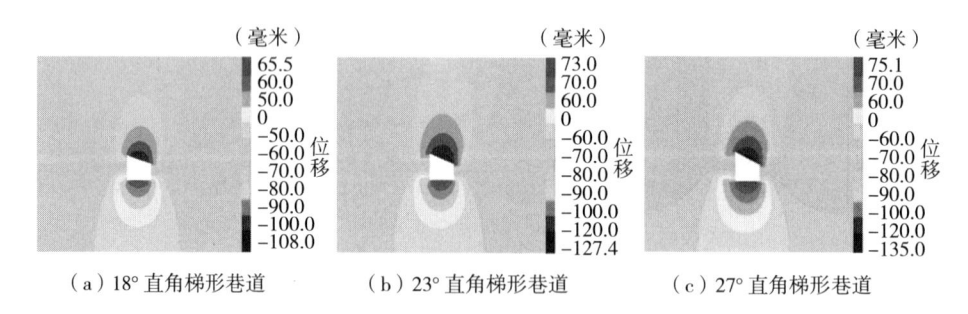

(a) 18° 直角梯形巷道　　(b) 23° 直角梯形巷道　　(c) 27° 直角梯形巷道

图 3-9　不同倾角巷道竖直位移

图 3-10 为不同倾角倾斜煤层巷道顶板和底板竖直位移随地应力的变化曲线，从图中可以看出，巷道顶板的变形大于底板。当地应力为 20 兆帕时，倾角为 18°、23°、27° 的倾斜煤层巷道顶板变形的最大值分别为 180 毫

米、200毫米、225毫米，底板变形的最大值分别为130毫米、146毫米、170毫米。随着地应力的增大，倾斜煤层巷道顶板和底板的变形越大。

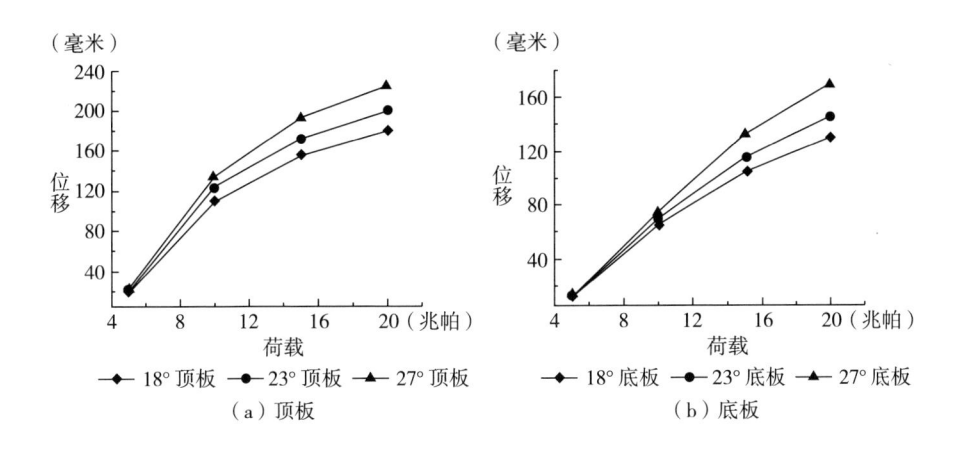

图3-10 不同倾角巷道顶底板竖直位移随地应力的变化曲线

5. 水平位移分布特征

图3-11为不同倾角倾斜煤层巷道围岩在地应力10兆帕作用下的水平位移云图，从图中可以看出，巷道两帮变形呈现非对称特征，即右帮变形大于左帮。当倾角为18°、23°、27°时，右帮的最大变形分别为116.7毫米、130.0毫米、146.4毫米，左帮最大变形分别为101.0毫米、110.0毫米、121.0毫米。随着煤层倾角的增大，倾斜煤层巷道两帮变形的差异越大。

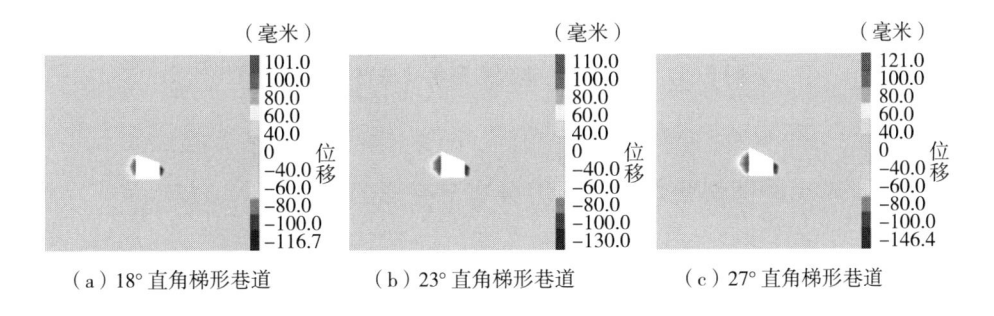

（a）18°直角梯形巷道　　（b）23°直角梯形巷道　　（c）27°直角梯形巷道

图3-11 不同倾角巷道水平位移

图3-12为不同倾角倾斜煤层巷道围岩两帮水平位移随地应力增加的变化曲线，从图中可以看出，巷道右帮的变形大于左帮，呈现非对称分布特征。当荷载为5~20兆帕时，煤层倾角为18°、23°、27°巷道左右两帮变形的差值分别为0.4~22毫米、0.5~27毫米、0.9~42毫米。随着煤层倾角的增大，倾斜煤层巷道围岩变形非对称分布特征越明显，即巷道右帮变形比左帮越大。随着地应力的增加，倾斜煤层巷道围岩的变形越大。

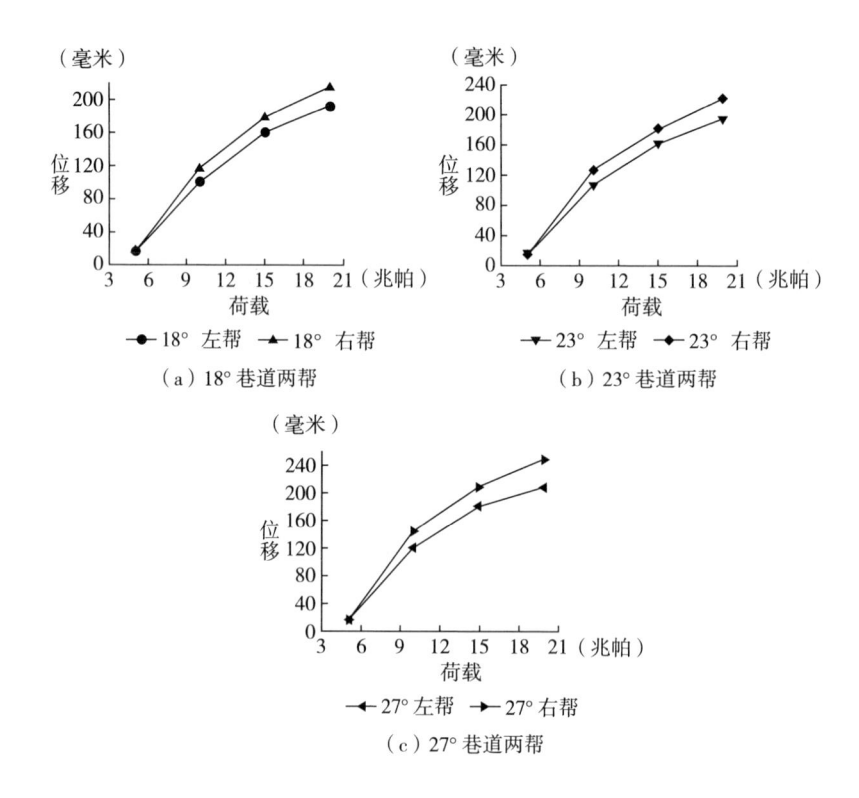

图3-12 不同倾角巷道两帮水平位移分布规律

二、不同断面形状对巷道应力分布及变形的影响

倾斜煤层巷道开挖后，未支护时，不同断面形状（直角梯形、矩形、直墙拱形）巷道围岩在不同荷载（地应力）作用下应力分布及变形特征如下所示：

1. 竖直应力分布特征

如图 3-13 所示，不同断面形状倾斜煤层巷道竖直应力的集中出现在巷道的两帮，巷道右帮应力峰值均大于左帮。当巷道的断面形状为直角梯形、矩形、直墙拱形时，左帮应力峰值分别为 15.51 兆帕、15.04 兆帕、14.83 兆帕，右帮应力峰值分别为 15.58 兆帕、15.08 兆帕、14.83 兆帕，左帮应力峰值到巷道帮侧的距离分别为 4.87 米、3.98 米、3.20 米，右帮应力峰值到巷道帮侧的距离分别为 3.84 米、3.50 米、2.43 米。由此可知，直角梯形巷道围岩应力峰值及应力集中区最大，且非对称分布特征最明显，其次为矩形巷道，最小为直墙拱形巷道。

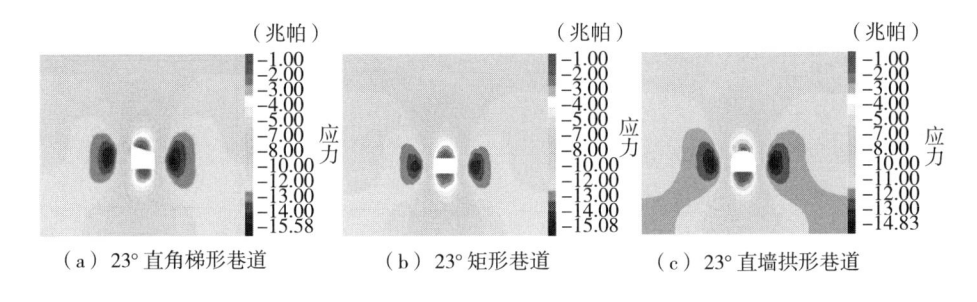

（a）23°直角梯形巷道　　（b）23°矩形巷道　　（c）23°直墙拱形巷道

图 3-13　不同断面形状巷道围岩竖直应力分布特征

图 3-14 为不同断面形状倾斜煤层巷道两帮应力峰值在不同地应力作用下对比分析，从图中可以看出，巷道右帮应力峰值均大于左帮。当地应力为 20 兆帕时，直角梯形巷道、矩形巷道、直墙拱形巷道左右两帮应力峰值相差最大值分别为 1.5 兆帕、0.6 兆帕、0.4 兆帕。由此可知，直角梯形巷道两帮应力峰值差异最大，其次为矩形巷道，最小为直墙拱形巷道，且矩形巷道和直墙拱形巷道应力分布较为均匀。随着地应力的增大，巷道两帮的应力越大，非对称分布特征越明显。

图 3-15 分别为不同断面形状倾斜煤层巷道两帮应力峰值到帮侧的距离在不同地应力作用下的对比分析，从图中可以看出，巷道左帮应力峰值到巷道帮侧的距离均大于右帮。当地应力为 20 兆帕时，直角梯形巷道、矩形巷道、直墙巷道左右两帮应力峰值到巷道帮侧距离的差值分别为 1.51 米、0.84 米、0.82 米。由此可知，直角梯形巷道两帮应力峰值到帮侧的距离差

异最大，其次为矩形巷道，最小为直墙拱形巷道。随着地应力的增大，倾斜煤层巷道两帮应力峰值到帮侧的距离也越大，说明巷道围岩应力集中由浅部围岩向深部围岩转移。

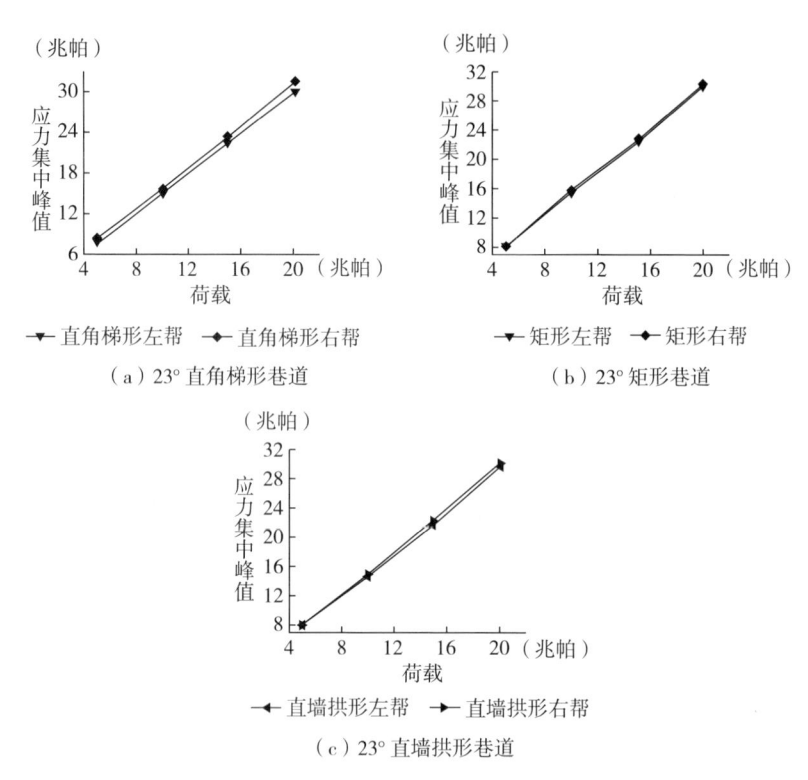

(a) 23°直角梯形巷道

(b) 23°矩形巷道

(c) 23°直墙拱形巷道

图 3-14　不同断面形状巷道两帮应力峰值对比分析

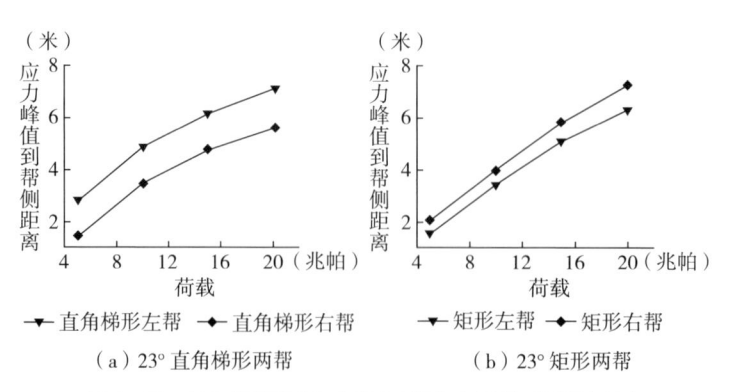

(a) 23°直角梯形两帮

(b) 23°矩形两帮

图 3-15　不同断面形状巷道两帮应力峰值到帮侧距离

(c) 23°直墙拱形两帮

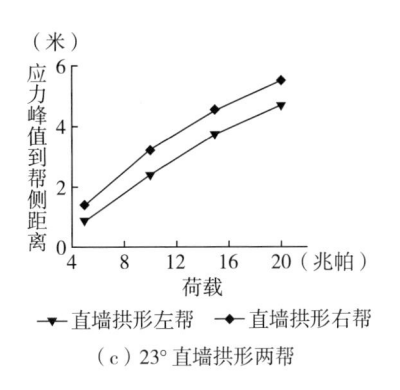

图 3-15　不同断面形状巷道两帮应力峰值到帮侧距离（续图）

2. 剪应力分布特征

图 3-16 分别为不同断面形状倾斜煤层巷道围岩在地应力 10 兆帕作用下的剪应力云图，从图中可以看出，巷道围岩剪应力集中均出现在巷道的四个尖角处，且呈现非对称蝶形分布特征，即巷道右侧尖角处应力峰值及应力集中区大于左侧。当断面形状为直角梯形、矩形、直墙拱形时，其巷道右帮顶角应力峰值分别为 9.51 兆帕、8.65 兆帕、8.20 兆帕，左帮顶角应力峰值分别为 9.57 兆帕、8.50 兆帕、8.05 兆帕，右帮底角应力峰值分别为 9.03 兆帕、8.20 兆帕、7.90 兆帕，左帮底角应力峰值分别为 8.94 兆帕、8.00 兆帕、7.75 兆帕。由此可知，直角梯形巷道应力峰值最大，其次为矩形巷道，最小为直墙拱形巷道。

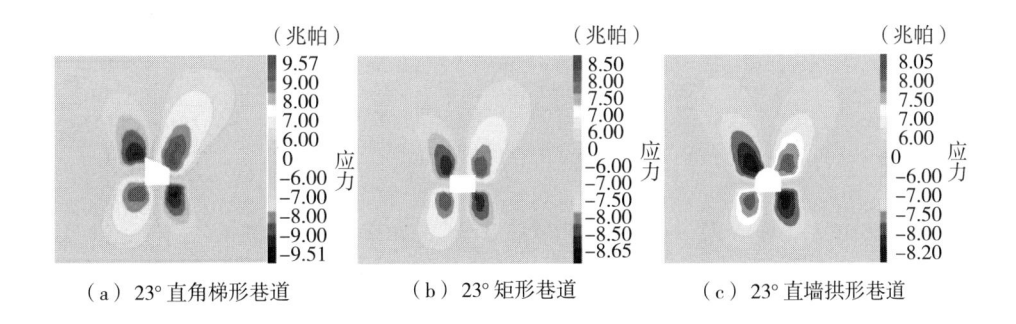

（a）23°直角梯形巷道　　（b）23°矩形巷道　　（c）23°直墙拱形巷道

图 3-16　不同断面形状巷道剪应力

图 3-17 为不同断面形状倾斜煤层巷道尖角处在不同荷载（地应力）作用下应力分布规律，从图中可以看出，巷道尖角处应力峰值大小均呈现：右帮顶角>左帮顶角>右帮底角>左帮底角。当地应力为 20 兆帕时，直角梯形巷道、矩形巷道、直墙巷道顶板四个尖角差值最大值分别为 6.0 兆帕、1.8 兆帕、1.5 兆帕。直角梯形巷道尖角应力分布差异最明显，其次为矩形巷道，最小为直墙拱形巷道。随着荷载（地应力）的增大，倾斜煤层巷道尖角处应力峰值越大，非对称分布特征越明显。

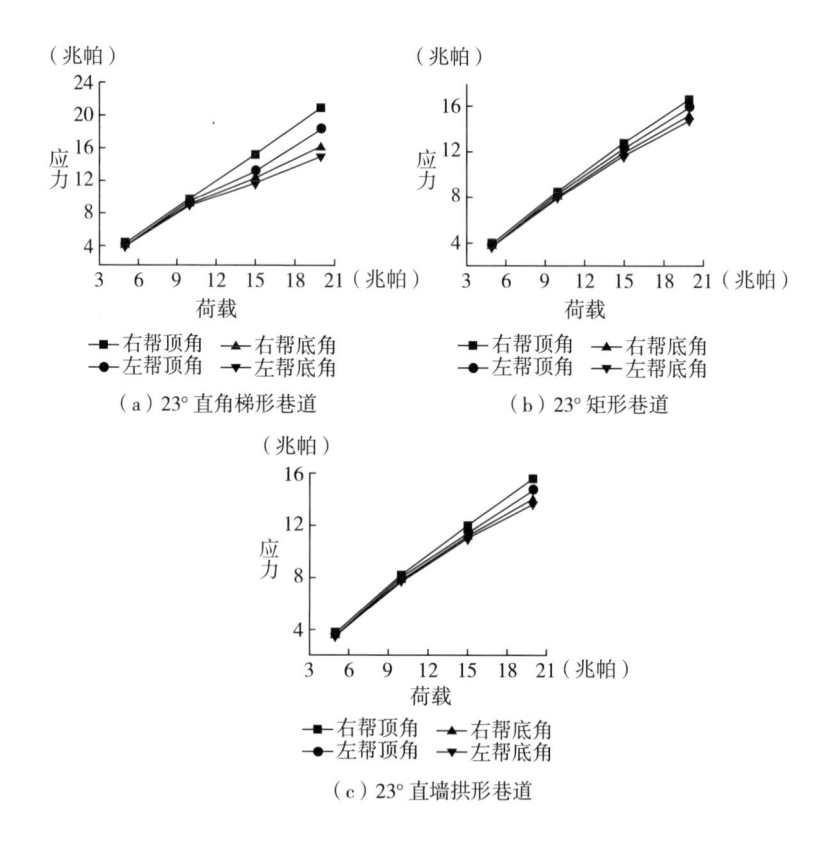

图 3-17 不同断面形状巷道四个尖角应力分布规律

3. 主应力差分布特征

如图 3-18、图 3-19 所示，不同断面形状巷道围岩主应力差分布规律基本相似，且存在一定的差异性。主应力差曲线分为三个阶段：

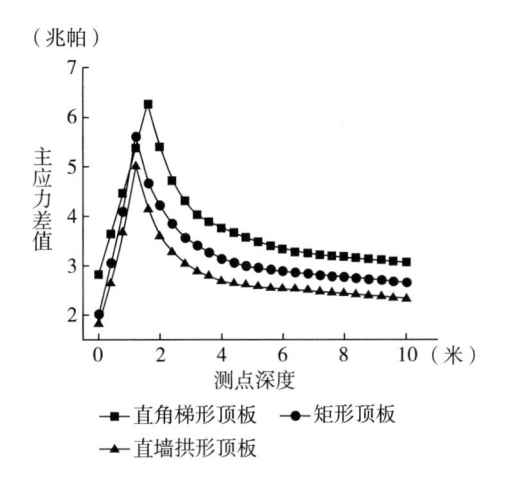

图 3-18　顶板主应力差变化规律

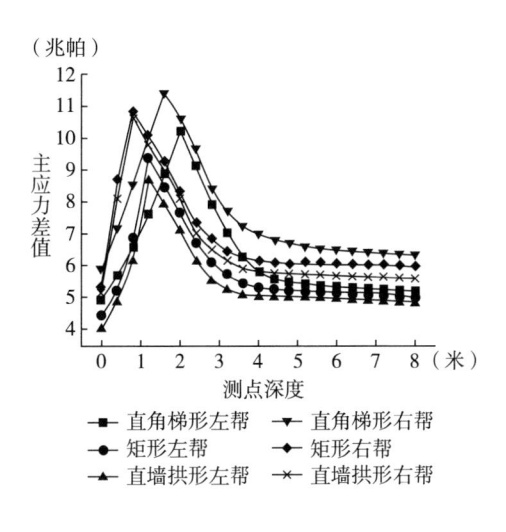

图 3-19　两帮主应力差变化规律

（1）主应力差峰值前迅速上升阶段：顶板及两帮浅部围岩测点主应力差上升较快，发生一定的塑性屈服。

（2）主应力差峰值后下降阶段：随着顶板及两帮围岩深度的增加，当巷道断面形状为直角梯形、矩形和直墙拱形时，顶板主应力峰值的位置分别在距离顶板边缘为 1.6 米、1.2 米、1.2 米处，左帮主应力差峰值的位置分别在距帮侧边缘 2 米、1.6 米、1.6 米处，右帮主应力差峰值的位置分别在距帮侧边缘距离 1.6 米、1.2 米、1.2 米处。其中直角梯形顶板、左帮及右帮主应力差峰值分别为 6.38 兆帕、10.2 兆帕、11.39 兆帕，其峰值高于其他断面。由此可知，顶板及两帮主应力差峰值及峰值的位置大小依次为：直角梯形巷道>矩形巷道>直墙拱形巷道。

（3）主应力差稳定阶段：随着顶板及两帮围岩深度的增加，其围岩应力提高，最终不同断面形状巷道主应力差值均趋于稳定。

4. 竖直位移分布特征

图 3-20 为直角梯形、矩形和直墙拱形巷道围岩在地应力 10 兆帕作用下的竖直位移云图，由此可以看出，巷道顶底板变形均呈现非对称性分布特征，当断面形状为直角梯形、矩形、直墙拱形时，顶板变形的最大值分别为 127.4 毫米、104.8 毫米、93.8 毫米，底板变形的最大值分别为 73.0 毫米、65.5 毫米、58.4 毫米。由此可知，直角梯形巷道顶底板变形最大，且非对称分布特征最明显，其次为矩形巷道，最小为直墙拱形巷道。

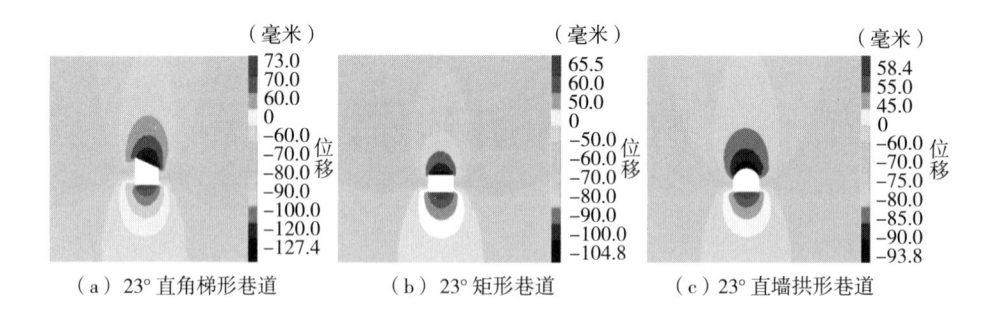

（a）23°直角梯形巷道　　（b）23°矩形巷道　　（c）23°直墙拱形巷道

图 3-20　不同断面形状巷道竖直位移

如图 3-21 所示，不同断面形状倾斜煤层巷道顶板的变形大于底板，当地应力为 20 兆帕时，直角梯形巷道、矩形巷道、直墙拱形巷道顶板变形的最大值分别为 200 毫米、185 毫米、172 毫米，底板变形的最大值分别为 146 毫米、125 毫米、114 毫米。随着地应力的增大，巷道顶底板的变形越大。

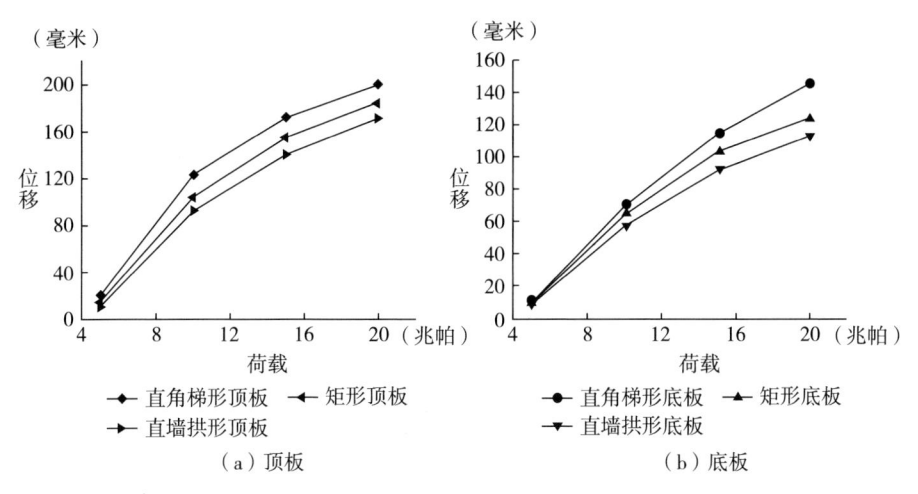

图3-21 不同断面形状巷道顶底板竖直位移随地应力的变化曲线

5. 水平位移分布特征

图3-22为倾斜煤层直角梯形巷道、矩形巷道和直墙拱形巷道围岩在地应力10兆帕作用下的水平位移云图，巷道两帮变形均呈现非对称分布特征，即右帮的变形大于左帮。当断面形状为直角梯形、矩形、直墙拱形时，巷道右帮变形最大值分别为130.0毫米、82.4毫米、77.5毫米，左帮变形最大值分别为110.0毫米、80.1毫米、75.2毫米。由此可知，巷道两帮围岩的变形大小呈现：直角梯形巷道>矩形巷道>直墙拱形巷道。

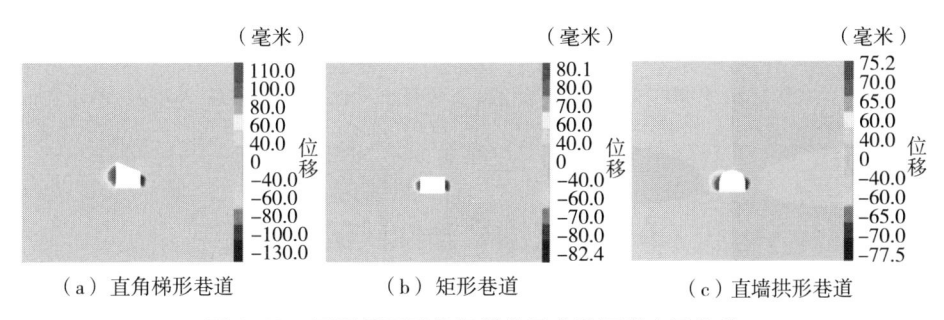

图3-22 不同断面形状倾斜煤层巷道围岩水平位移

图3-23为倾斜煤层直角梯形巷道、矩形巷道和直墙拱形巷道两帮水平位移随地应力的变化曲线，从图中可以看出，巷道右帮的变形均大于左帮，

当地应力为5~20兆帕时，直角梯形巷道、矩形巷道、直墙拱形巷道左右两帮变形的差值分别为0.5~27.0毫米、0.4~5.0毫米、0.4~3.0毫米。由此可知，直角梯形巷道两帮变形的差异最大，其次为矩形巷道，最小为直墙拱形巷道。随着地应力的增加，巷道两帮围岩的变形越来越大。

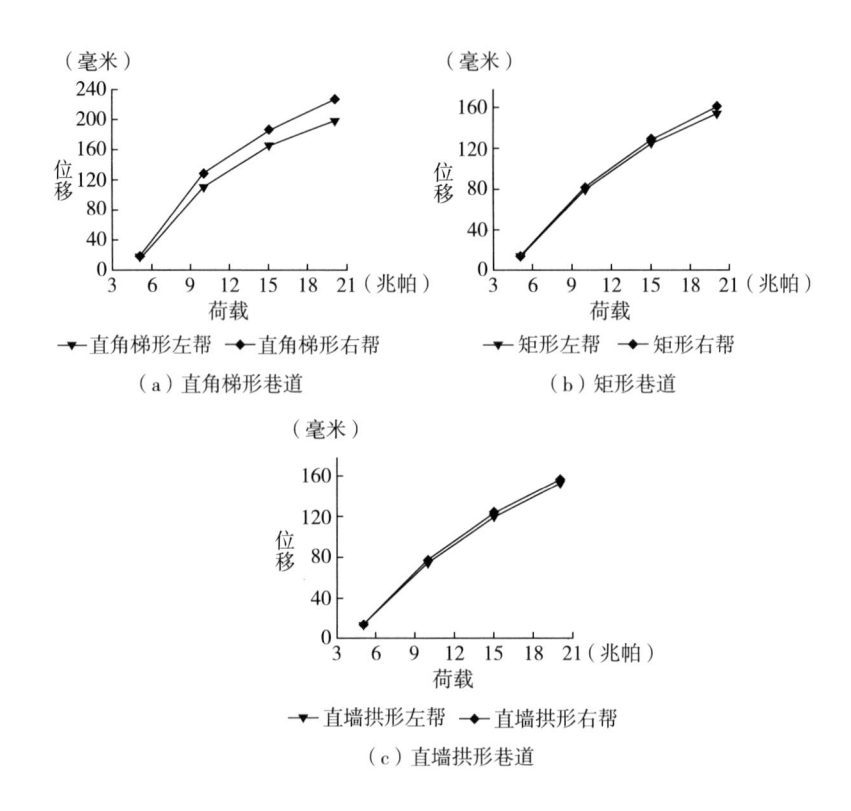

图3-23 不同断面形状巷道两帮水平位移分布规律

第三节 巷道围岩塑性区演化特征

一、不同倾角对巷道围岩塑性区的影响

图3-24为18°倾斜煤层直角梯形巷道在5~20兆帕作用下的塑性区云图，从图中可以看出，当荷载达到5兆帕时，左帮顶角、两帮及底板出现

塑性区，如图3-24（a）所示。当荷载增加到10兆帕时，顶板出现塑性区，两帮塑性区面积增大，右帮沿着倾角方向扩展到右帮顶板尖角处，左帮上侧出现细小窄条状塑性区，如图3-24（b）所示。当荷载增加到15兆帕时，顶板塑性区开始扩展，两帮出现剪切破坏，如图3-24（c）所示。当荷载继续加载到20兆帕时，顶板塑性区面积进一步扩大，呈现非对称贝雷帽形，底板塑性区小范围扩大，最终巷道围岩塑性区整体呈蝶形分布，巷道右帮的塑性区面积大于左帮，呈现非对称分布特征，如图3-24（d）所示。

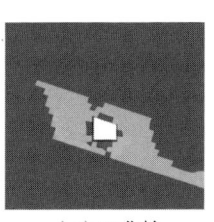

（a）5兆帕　　　（b）10兆帕　　　（c）15兆帕　　　（d）20兆帕

图3-24　18°直角梯形巷道围岩塑性区

图3-25为23°倾斜煤层直角梯形巷道围岩在5~20兆帕作用下塑性区的云图，从图中可以看出，当载荷达到5兆帕时，左帮顶角、两帮及底板出现塑性区，如图3-25（a）所示。当载荷达到10兆帕时，巷道顶板出现塑性区，两帮塑性区面积最大，且右帮沿着倾角方向扩展到右帮顶板尖角处，左帮上侧出现细小窄条状塑性区，如图3-25（b）所示。当载荷达到15兆帕时，顶板两尖角处迅速扩展，出现剪切破坏，如图3-25（c）所示。当荷载达到20兆帕时，顶板两尖角处塑性区面积大幅度增加，顶板塑性区进一步扩展，呈现贝雷帽形，底板塑性区小范围扩展，最终巷道围岩塑性区整体呈蝶形分布，巷道右帮的塑性区面积大于左帮，如图3-25（d）所示。

图3-26为27°倾斜煤层直角梯形巷道围岩在5~20兆帕作用下塑性区的云图，从图中可以看出，当荷载达到5兆帕时，左帮顶角、两帮及底板出现塑性区，且左帮塑性区面积大于右帮，如图3-26（a）所示。当荷载增加到10兆帕时，顶板出现塑性区，两帮塑性区面积增大，且右帮塑性区沿着倾角方向扩展到右帮顶板尖角处，左帮上侧出现细小窄条状塑性区，

如图 3-26（b）所示。当荷载增加到 15 兆帕开始，顶板处塑性区扩展，两帮出现剪切破坏，如图 3-26（c）所示。当荷载继续加载到 20 兆帕，顶板塑性面积增大呈现非对称贝雷帽形，底板塑性区小范围扩展，两帮出现非对称剪切破坏，最终巷道围岩塑性区整体呈蝶形分布，巷道右帮的塑性区面积大于左帮，如图 3-26（d）所示。

（a）5兆帕　　　（b）10兆帕　　　（c）15兆帕　　　（d）20兆帕

图 3-25　23°直角梯形巷道围岩塑性区

（a）5兆帕　　　（b）10兆帕　　　（c）15兆帕　　　（d）20兆帕

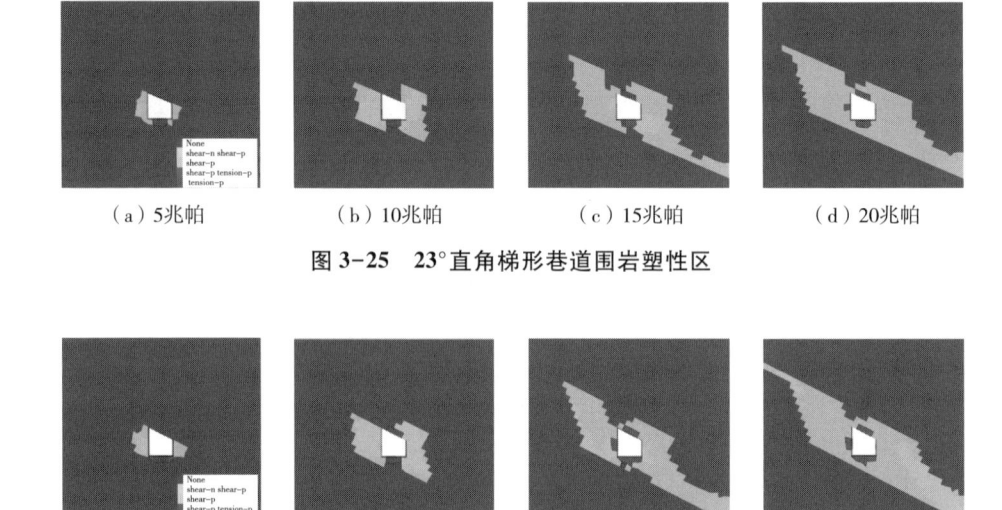

图 3-26　27°直角梯形巷道围岩塑性区

图 3-24、图 3-25、图 3-26 分别为倾角 18°、23°、27°倾斜煤层直角梯形巷道在不同荷载作用下塑性区的云图，从图中可以看出，在荷载的作用下，倾斜煤层巷道左帮顶角及两帮的塑性区首先扩展，倾角越大，塑性区的范围越大。随着荷载的增加，巷道的塑性区延伸到顶板、底板及右帮顶角的位置，最终巷道塑性区沿煤层倾斜方向呈非对称蝶形分布，即巷道右侧的塑性区均大于左侧，且两帮的塑性区最大，其次为顶底板。

二、不同断面形状对巷道围岩塑性区的影响

图 3-27 为 23°倾斜煤层矩形巷道在 5~20 兆帕作用下塑性区的云图，从图中可以看出，当荷载达到 5 兆帕时，巷道围岩出现塑性区，其塑性区

的范围较小，如图3-27（a）所示。当荷载增加到10兆帕时，巷道两帮、顶板及顶板尖角处塑性区开始扩展，如图3-27（b）所示。当荷载增加到15兆帕时，巷道顶板及两帮塑性区进一步扩展，底板塑性区面积较小，没有发生较大破坏，如图3-27（c）所示。当荷载继续加载到20兆帕，最终巷道围岩塑性区呈非对称蝶形分布，且右帮的塑性区面积大于左帮，如图3-27（d）所示。

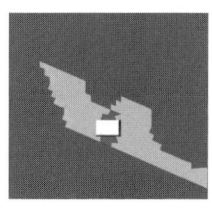

（a）5兆帕　　　　（b）10兆帕　　　　（c）15兆帕　　　　（d）20兆帕

图3-27　23°矩形巷道围岩塑性区

图3-28为23°倾斜煤层直墙拱形巷道围岩在5~20兆帕作用下塑性区的云图，从图中可以看出，随着荷载的逐渐增加，当荷载达到5兆帕时，巷道两帮及底板出现塑性区，如图3-28（a）所示。当荷载增加到10兆帕时，巷道顶板出现塑性区，且顶板尖角处塑性区扩展，两帮塑性区面积增加，如图3-28（b）所示。当荷载增加到15兆帕时，巷道顶板、两帮及尖角处塑性区进一步扩展，如图3-28（c）所示。当荷载继续增加到20兆帕，最终巷道围岩塑性区整体呈蝶形分布，巷道右帮的塑性区大于左帮，如图3-28（d）所示。

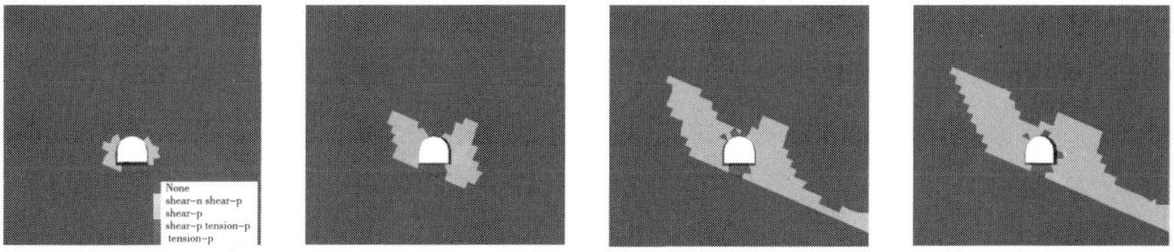

（a）5兆帕　　　　（b）10兆帕　　　　（c）15兆帕　　　　（d）20兆帕

图3-28　23°直墙拱形巷道围岩塑性区

图3-25、图3-27、图3-28分别为23°倾斜煤层直角梯形巷道、矩形巷道和直墙拱形巷道在不同荷载（地应力）作用下塑性区的云图，从图中

可以看出，在荷载的作用下，巷道两帮、顶板及顶板尖角塑性区首先开始扩展，倾角越大，巷道围岩的塑性区越大。随着荷载的增加，最终巷道围岩塑性区呈非对称蝶形分布，且右侧塑性区均大于左侧，且两帮塑性区最大，其次为顶底板。不同断面形状巷道塑性区大小呈现：直角梯形巷道>矩形巷道>直墙拱形巷道。

三、巷道围岩塑性区渐进性扩展规律

在荷载的作用下，倾斜煤层直角梯形巷道变形破坏最为严重，其塑性区呈现非对称分布特征。巷道左帮顶角处容易出现应力集中，其塑性区首先扩展。随着载荷的增加，顶板及两帮也出现应力集中，塑性区面积迅速扩展。随着荷载的增加，顶板出现剪切破坏，扩大了顶板塑性区的范围，相当于增加了两帮的压力，底板塑性区也开始扩展，增加了两帮的有效高度。两帮的应力集中由浅部转移到深部，导致巷道自承能力下降，顶板有效长度增大，则两帮及底板的破坏又反作用于顶板。最终顶—帮—底的变形相互影响，导致围岩强度降低，陷入恶性循环，发生渐进性非对称变形破坏，最终顶板塑性区呈现非对称的贝雷帽形，如图3-29所示。

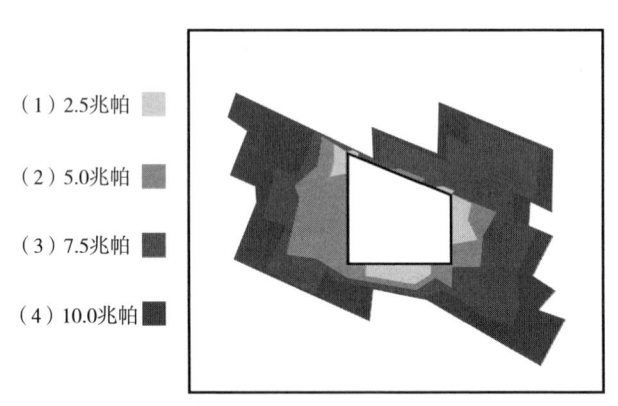

（1）2.5兆帕
（2）5.0兆帕
（3）7.5兆帕
（4）10.0兆帕

巷道渐近性变形破坏
（1）巷道顶板尖角处及两帮上侧开始出现塑性区。
（2）顶板尖角处塑性区开始扩展。
（3）巷道两帮及顶板右侧塑性区扩展的范围增加。
（4）巷道顶板塑性区呈现非对称贝雷帽形。

图 3-29 巷道围岩渐进性非对称变形破坏

第四节 本章小结

本章以石炭井二矿区倾斜煤层巷道为工程背景，采用 FLAC3D 数值模拟研究了不同倾角（18°、23°、27°）及不同断面形状（直角梯形、矩形、直墙拱形）在不同荷载（地应力）作用下巷道围岩应力、变形及塑性区的分布规律，验证了倾斜煤层围岩渐进性非对称变形破坏机理。

（1）倾斜煤层巷道右帮应力集中及应力集中区均大于左帮，呈现非对称分布特征。倾角为 18°~27°，直角梯形巷道左帮应力峰值在 15.16~15.30 兆帕，右帮应力峰值在 15.58~15.82 兆帕，两帮应力的差值增加了 23.8%。倾角为 23°的矩形及直墙拱形左帮应力峰值分别为 15.04 兆帕、14.83 兆帕，右帮应力峰值分别为 15.08 兆帕、14.80 兆帕。倾角越大，非对称应力集中越明显，主应力差峰值越大，塑性区面积越大。直角梯形巷道围岩应力集中及主应力差最大，且非对称分布特征比矩形和直墙拱形巷道更明显，则直角梯形巷道的稳定性最差。

（2）倾斜煤层巷道围岩变形呈现两帮>顶板>底板的变化趋势，且右侧大于左侧的非对称分布特征。倾角为 18°~27°时，随着倾角增加，围岩的非对称变形越大。直角梯形巷道顶板、两帮及底板变形最大，且非对称分布特征最明显，其次为矩形巷道，最小为直墙拱形巷道。

（3）随着煤层上部荷载的增加，巷道围岩的应力集中、变形及塑性区的范围越大，且巷道两帮应力峰值到帮侧的距离也越大，说明随着荷载的增加，巷道围岩应力集中及变形破坏符合由浅部向深部转移的规律。

（4）通过数值模拟分析，获得了巷道围岩塑性区渐进性扩展规律，左帮顶角首先起塑破坏，随后顶板、两帮、底板塑性区随着载荷的增加而扩展，最终巷道围岩塑性区整体呈非对称蝶形分布特征，验证了倾斜煤层巷道围岩渐进性非对称变形破坏机理。

第四章
倾斜煤层巷道围岩变形破坏相似模型试验

本章以石炭井二矿区工程地质为研究背景，在理论分析和数值模拟的基础上，采用可变角实验架，搭建 5 个倾斜煤层巷道相似物理模型，借助非接触式数字图像 DIC 相关技术以及嵌入式应力传感器，对不同倾角、不同断面形状倾斜煤层巷道应力场和位移场进行监测，分析了倾斜煤层巷道围岩非对称应力分布及变形破坏规律，验证了倾斜煤层巷道围岩渐进性变形破坏机理。

第一节 相似物理模型试验方案

一、相似原理

基于相似原理，进行相似物理模型试验，需满足几何相似、容重相似、材料相似、应力相似及载荷相似等条件[192]。

1. 几何相似

$$\alpha_L = \frac{L_P}{L_M} \tag{4-1}$$

式中，α_L 为原型与模型长度比，一般 α_L 取 10~100，根据本试验的条件，在现在试验仪器的基础上选最优的值，α_L 值越小，模拟效果最佳。因此，本实验中，α_L 取 30；L_P 为原型广义长度，单位为米；L_M 为模型广义长度，单位为米。

2. 容重相似

$$\alpha_r = \frac{r_P}{r_M} \tag{4-2}$$

式中，α_r 为原型与模型容重之比，r_P 为原岩层的平均容重，根据试验和工程经验取 2.5 克/立方厘米；r_M 为模型材料容重，r_M 取值范围一般在 1.5~2.5 克/立方厘米较合适。

3. 应力相似

$$\alpha_\sigma = \frac{r_P}{r_M}\alpha_L = \alpha_r \times \alpha_L \tag{4-3}$$

式中，α_σ 为应力相似比。

4. 载荷相似

$$\alpha_F = \alpha_\sigma = \alpha_r \times \alpha_L \tag{4-4}$$

式中，α_F 为载荷相似比。

二、试验方案设计

根据石炭井二矿区工程地质条件，建立不同倾角（18°、23°、27°）、不同断面形状（直角梯形、矩形、直墙拱形）倾斜煤层巷道相似物理模型，其中煤岩层物理力学参数如表 4-1 所示。为了简化计算，模型顶面上覆岩层厚度取 400 米。当模型养护达到预期的强度时，在模型顶面分级施加荷载，模拟顶板上覆岩层的重量（地应力），加载过程中监测巷道围岩应力、位移及变形破坏的变化，进一步分析倾斜煤层巷道围岩变形破坏规律。

表 4-1 煤岩层物理力学参数

序号	岩层	厚度（米）	容重（克·立方厘米）	体积模量（吉帕）	剪切模量（吉帕）	摩擦角（°）	粘聚力（兆帕）	抗拉强度（兆帕）	抗压强度（兆帕）
1	3层煤	3.15	1.40	2.00	1.10	26.00	1.20	1.00	26.00
2	粉砂岩	3.00	2.46	8.49	6.47	32.10	5.70	3.77	115.00
3	细粒砂岩	3.00	2.50	8.24	5.92	30.16	9.62	2.27	83.95
4	中粒砂岩	10.00	2.51	10.11	7.27	37.00	11.80	2.78	103.00

续表

序号	岩层	厚度（米）	容重（克·立方厘米）	体积模量（吉帕）	剪切模量（吉帕）	摩擦角（°）	粘聚力（兆帕）	抗拉强度（兆帕）	抗压强度（兆帕）
5	粉砂岩	3.00	2.46	8.49	6.47	32.10	5.70	3.77	115.00
6	泥岩	3.00	2.53	7.79	5.34	31.50	1.85	1.54	70.00
7	4层煤	6.00	1.40	2.00	1.10	28.00	1.50	1.00	26.00
8	粉砂岩	3.50	2.46	8.49	6.47	32.10	5.70	3.77	103.00
9	细粒砂岩	4.00	2.50	8.24	5.92	30.16	9.62	2.27	83.95
10	泥岩	1.50	2.53	7.79	5.34	31.50	1.85	1.54	70.00
11	5层煤	5.50	1.40	2.00	1.10	28.00	1.50	1.00	26.00

注：本表不考虑时间影响。

基于几何相似、容重相似、材料相似、应力相似及载荷相似等条件，且巷道模型尺寸应满足巷道到模型边界的距离与巷道的半径之比大于等于3的要求，采用可变角物理模型实验架搭建5个倾斜煤层巷道相似物理模型，分析巷道应力分布及变形破坏规律，其物理模型相似参数如表4-2所示。相似材料主要由河砂、石膏、大白灰、水等按照一定比例构成。模型共10层，进行分层堆制，相似材料的配比如表4-3所示。原岩应力 $\sigma = \rho g h = 2500 \times 10 \times 100 = 2.5$ 兆帕，1兆帕=10千克/平方厘米（重力加速度 g 取10米/秒²），试验进行分级加载如表4-4所示。

表4-2 物理模型相似参数

项目	参数（米）	项目	参数
模型长度	1.20	几何相似比	1∶30
模型宽度	0.12	容重相似比	1∶1.7
模型高度	1.10	应力相似比	1∶51
模型边界	0.53	载荷相似比	1∶51

表4-3 相似物理模型试验材料配比

序号	岩性	层厚（厘米）	弹性模量（×10⁴兆帕）	泊松比	抗压强度（兆帕）	配比（河沙∶石膏∶大白灰∶煤粉）
1	粉砂岩	10	1.4	0.24	0.68	737
2	细粒砂岩	10	2.2	0.24	0.31	837

续表

序号	岩性	层厚（厘米）	弹性模量（×10⁴ 兆帕）	泊松比	抗压强度（兆帕）	配比（河沙：石膏：大白灰：煤粉）
3	中粒砂岩	33	2.0	0.21	0.46	728
4	粉砂岩	10	1.4	0.24	0.68	737
5	泥岩	10	0.2	0.35	0.38	828
6	4层煤	20	1.8	0.22	0.26	21∶1∶2∶21
7	粉砂岩	12	1.4	0.24	0.68	737
8	细粒砂岩	13	2.2	0.24	0.31	837
9	泥岩	5	0.2	0.35	0.38	828
10	5层煤	18	1.8	0.22	0.26	21∶1∶2∶21

注：737配比号，第一个数字7表示砂胶比为7∶1，第二、第三个数字3和7表示石膏与大白灰比例为3∶7。

表4-4 试验加载分级

埋深（米）	实际荷载（兆帕）	试验荷载（兆帕）	试验加载（吨）（120厘米×12厘米）	试验加载（千克）（120厘米×12厘米）
50	1.25	0.025	0.036	7.2
100	2.50	0.049	0.071	14.2
150	3.75	0.074	0.107	21.4
200	5.00	0.098	0.142	28.4
250	6.75	0.132	0.190	38.0
300	7.50	0.147	0.212	42.4
350	8.75	0.172	0.247	49.4
400	10.00	0.196	0.282	56.4

在相似物理模型搭建过程中，为了控制煤岩层的厚度，正确地布置倾斜煤层巷道围岩应力监测点，需要提前绘制5个巷道相似物理模型的CAD图，分别为倾角18°直角梯形巷道、倾角23°直角梯形巷道、倾角27°直角梯形巷道、倾角23°矩形巷道及倾角23°直墙拱形巷道。原型巷道宽度为4.5米，原型直角梯形巷道右帮（低帮）高度为3.0米，原型矩形巷道两帮高度为3.0米，原型直墙拱形巷道两帮为直墙高为1.8米，总高为4.05

米。模型尺寸的大小（长×宽×高=1.2米×0.12米×1.1米）①，巷道宽度为15.0厘米，左右边界值为52.5厘米，上下边界值分别为55.1厘米、40.0厘米，如图4-1所示。

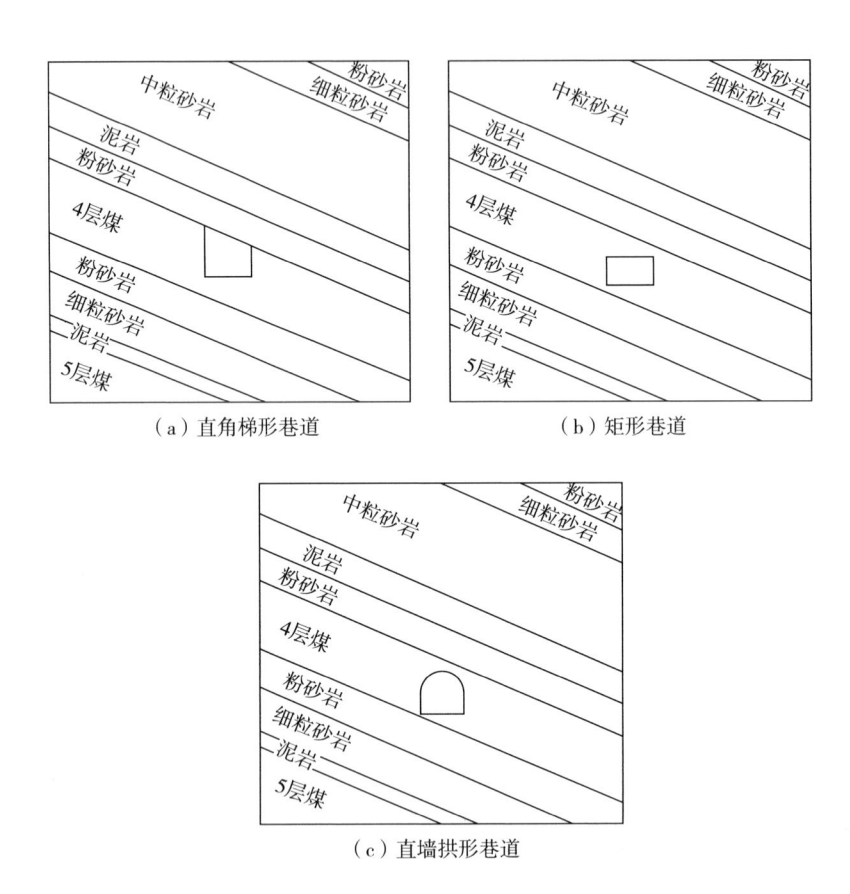

（a）直角梯形巷道

（b）矩形巷道

（c）直墙拱形巷道

图4-1 试验模型设计

三、试验设备

1. 可变角实验架

相似物理模型采用西安科技大学能源学院可变角度平面应力实验架搭建，如图4-2所示，实验架尺寸：长×宽×高=1.20米×0.12米×1.10米。

---

① 本书在试验过程中主要关注变化趋势，尺寸的影响较小。

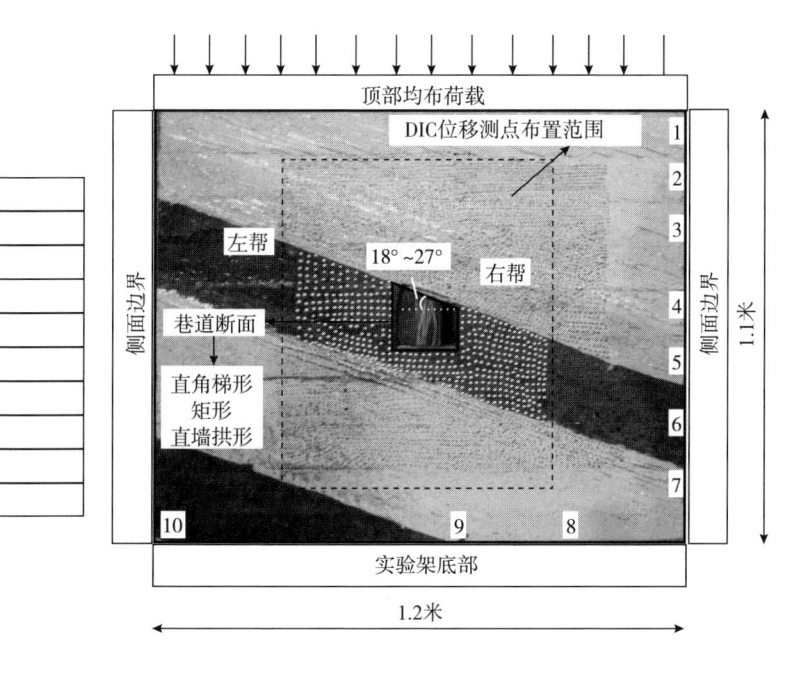

图 4-2 可变角度实验架

2. 加载方式

采用 XH-3T 型手动千斤顶对模型顶面施加均布荷载,从 0.021 兆帕进行逐级加载,直到巷道完全破坏。为了模拟地应力的作用,在模型顶部施加均布载荷,以触发开挖后围岩的破坏。实践证明,模型试验是研究地下工程问题的一种有效方法。目前的模型试验大多采用先开挖后加载的超载法研究巷道的破坏模式。超载试验下,围岩的轴向和径向应力都逐渐增加,其应力路径与常规三轴接近。

3. 监测系统

采用 L-YB-150 微型土压力盒 [φ28 毫米×9 毫米,0.5(%F.S.)] 和 DH3818-1 静态应变测试仪记录应力变化,采用伸缩式位移计(0-50×0.01 毫米)记录巷道内部位移,采用 DIC 记录模型应变场及位移场,如图 4-3 所示。DIC 测试系统由两台分辨率为 2648×2448 像素的 CCD 数码相机采集,通过使用 3D-DIC 软件对采集到图像进行分析。本实验拍摄幅面为 1.2 米×1.1 米,放大倍数为 3.383 像素/毫米,DIC 位移测量精度 0.023 毫

85

米[193-195]。与传统监测方法相比，DIC 测试系统的监测时间间隔短、精度高，可以同时实现巷道围岩大范围和细节部位的高精度测试，掌握巷道变形破坏的动态过程[196-198]。

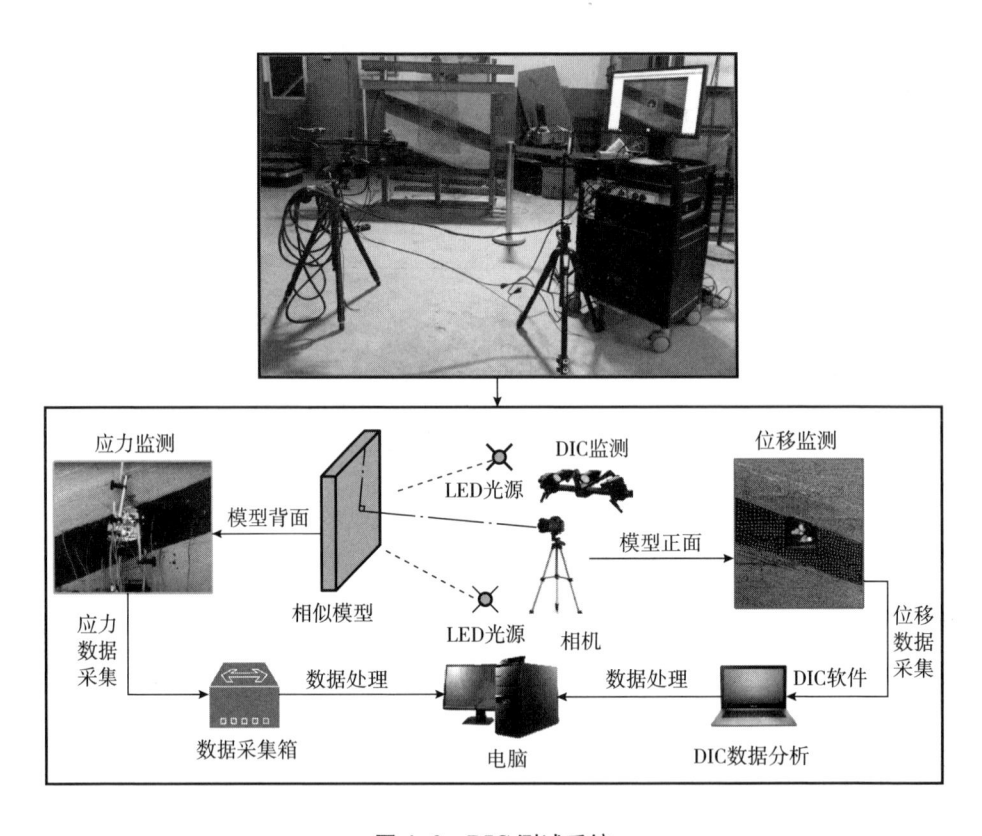

图 4-3 DIC 测试系统

四、材料力学性能的测定

根据石炭井二矿区工程地质条件选取相似物理模型力学参数，结合材料相似比，进行相似物理模型材料的配比实验，得到符合材料抗压强度要求的最佳相似材料配比。采用 NYL-300C 型智能试验机，将不同配比的试块进行压缩变形试验，最终得出其抗压强度，弹性模量为应力—应变曲线中直线段的斜率，泊松比为试件轴向应变与横向应变的比值。不同配比试块的制作、试块加载如图 4-4、图 4-5 所示，试验结果见表 4-3。

图 4-4 不同配比的试块

图 4-5 试块加载

第二节 模型的制作和测试方法

一、应力监测点布置

物理模型搭建过程中，在相应的位置埋设微型土压力盒，监测倾斜煤层巷道围岩应力变化，其中图 4-6 为倾角 18°、23°、27°的直角梯形巷道、倾角23°矩形巷道及倾角23°直墙拱形巷道围岩应力监测点具体布置的位置。五个巷道周围均布置19个应力测点，其中顶板布置两排测点，共8个，底板布置一排测点，共5个，两帮各布置一排点，共6个，测点布置范围的长度单位为厘米。

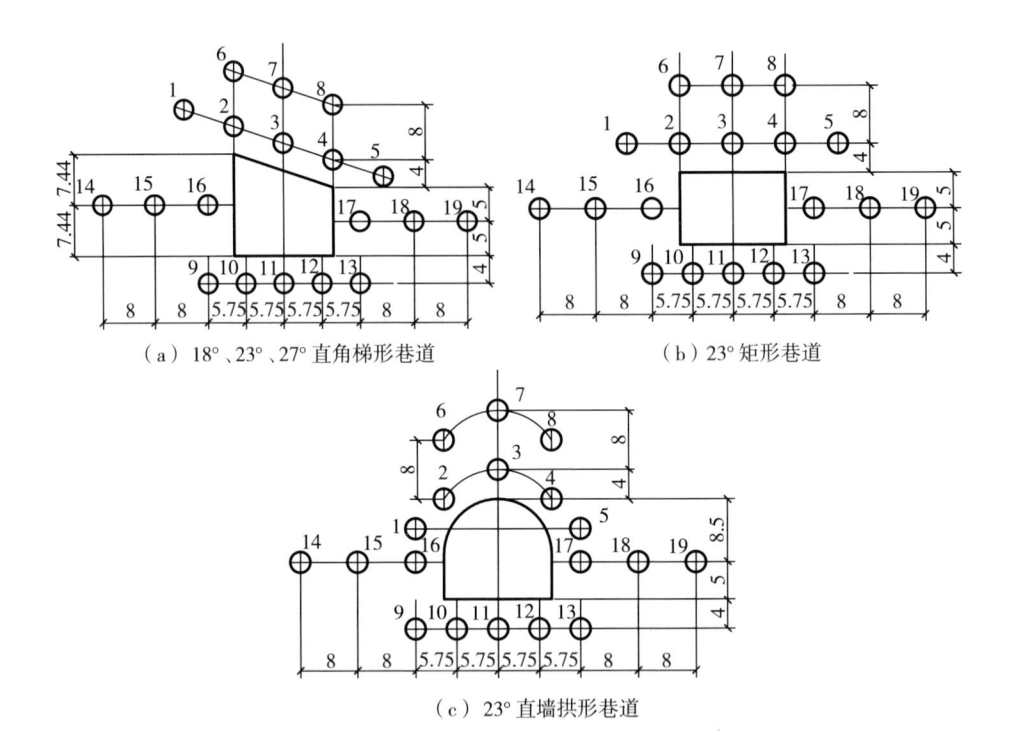

（a）18°、23°、27°直角梯形巷道

（b）23°矩形巷道

（c）23°直墙拱形巷道

图 4-6　巷道围岩应力测点布置

二、模型的制作

模型的制作包括以下五个步骤：

（1）模型制备。模型的搭建过程如图4-7所示，具体操作过程如下：

第一，模具装配。先把试验架的底座上调至对应的角度，为了在模型搭建过程中控制岩层的厚度并确保压力盒布置在正确的位置，提前在试验架上绘制出模型分层的正确尺寸及传感器布置点位置。

第二，模型铺设。根据相似物理模拟试验配比，拌和砂浆后自下而上依次铺设各岩层。

（a）拌和砂浆　　（b）模型铺设　　（c）模型正面　　（d）模型背面

图4-7　模型搭建

（2）模型干燥。模型铺设完成后开始干燥，模型放置7天后垂直放置，拆四周槽钢，再继续自然晾干20天，保证模型干燥充分。
（3）监测点铺设。
（4）检查、测试、准备模型加载装置，确保设备性能正常。
（5）调试数据采集系统，预加载后进行巷道开挖。

三、测试方法

将应力传感器连接到DH3818-1静态应变测试仪上，采集不同荷载下倾斜煤层巷道围岩的应力数据；用DIC记录模型表面位移及应变信息，其中巷道顶板和两帮内部位移用位移计进行测量并记录数据。

第三节　巷道围岩应力演化特征

一、不同倾角巷道围岩应力分布规律

1. 两帮应力分布规律

如图4-8所示，不同倾角倾斜煤层巷道两帮应力分布可分为三个阶段：
（1）在0~0.028兆帕加载阶段，巷道两帮应力值均随荷载增加缓慢上升，右帮应力值大于左帮，呈现非对称分布特征，此时巷道两帮比较稳定，没有发生较大破坏。

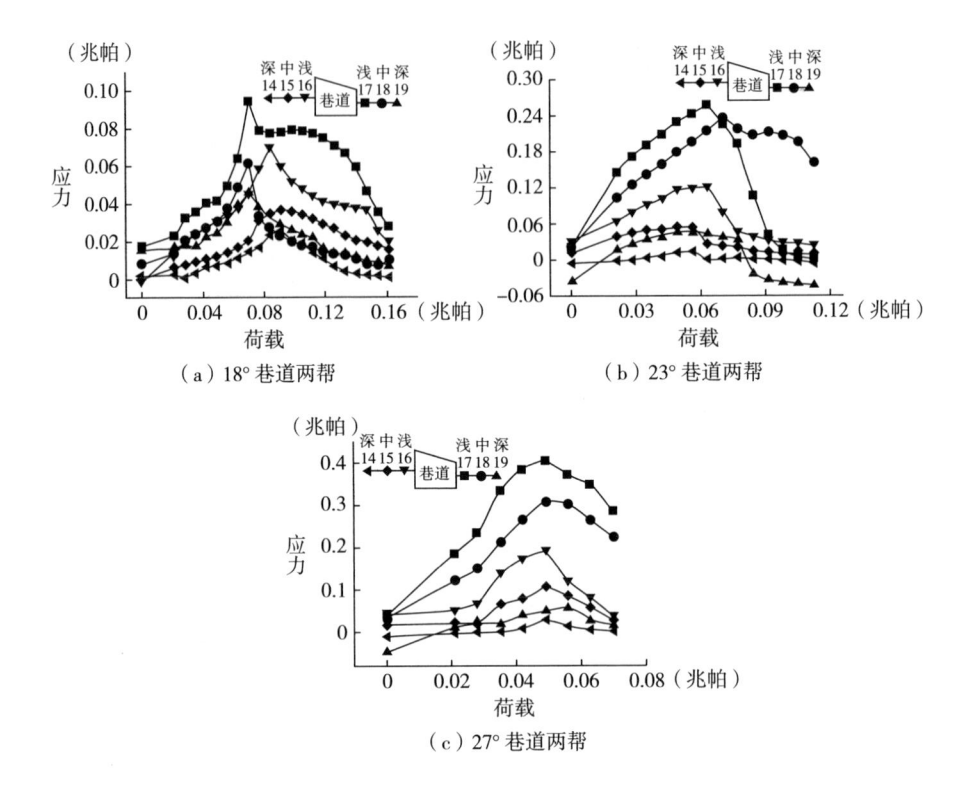

图 4-8 不同倾角巷道两帮应力分布规律

(2) 在 0.028~0.07 兆帕加载阶段，巷道两帮应力随荷载的增加均迅速上升，当荷载达到 0.049 兆帕，倾角为 27°，巷道两帮的应力达到最大值，其左右两帮应力集中系数分别为 4.0、8.4，随后加载到 0.063 兆帕时，倾角为 23°，巷道两帮的应力达到最大值，巷道左右两帮应力集中系数分别为 2.0 和 4.1，最后加载到 0.07 兆帕时，倾角为 18°，巷道两帮应力达到最大值，巷道左右两帮应力集中系数分别为 1.02、1.35，其中浅部测点应力值最大，其次为中部测点，最小为深部测点，此时巷道两帮出现裂隙，轻微片帮。

(3) 在 0.07~0.16 兆帕加载阶段，此时巷道两帮浅部测点和中部测点应力迅速下降，而深部测点应力小幅下降。说明两帮浅部围岩发生较大破坏，此时巷道两帮片帮，且右帮的破坏大于左帮，而深部围岩较为稳定。

当倾角为 18°、23° 和 27° 时，巷道右帮应力峰值为 0.10 兆帕、0.24 兆帕、0.42兆帕，左帮应力峰值为0.076兆帕、0.12兆帕、0.20兆帕。随着煤层倾角的增大，巷道围岩非对称应力集中程度越显著，即右帮的应力集中程度比左帮越高。

2. 顶板应力分布规律

如图4-9所示，不同倾角倾斜煤层巷道顶板应力分布可分为三个阶段：

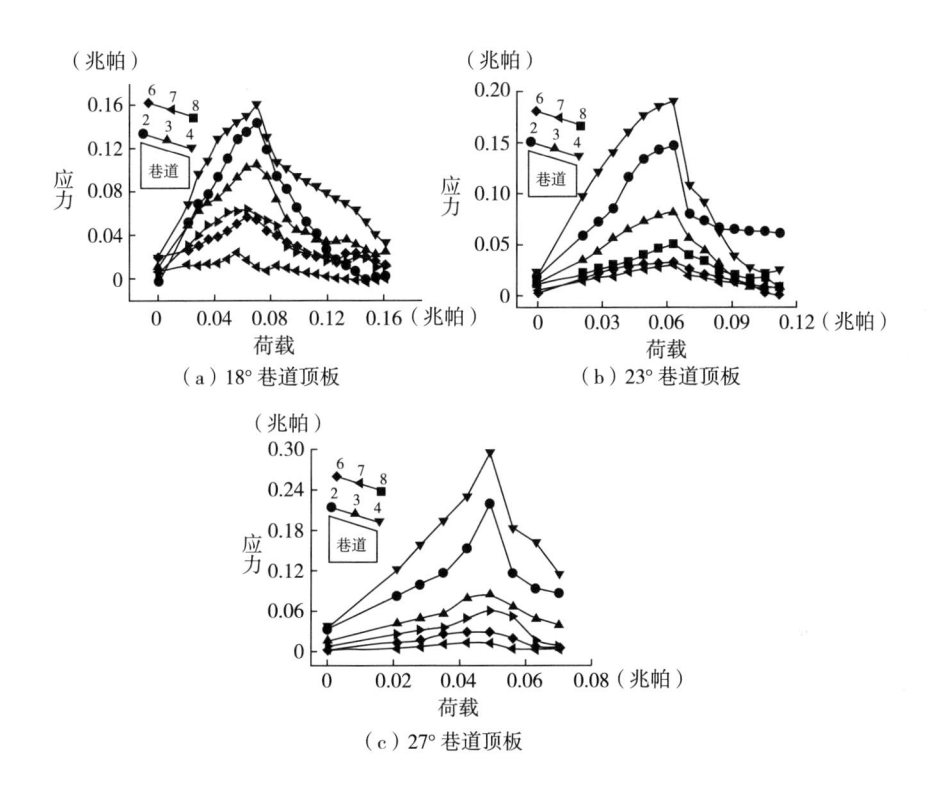

（a）18°巷道顶板

（b）23°巷道顶板

（c）27°巷道顶板

图4-9 不同倾角巷道顶板应力分布规律

（1）在0~0.035兆帕加载阶段，巷道顶板应力均随荷载增加缓慢上升，顶板右侧应力值比左侧上升的速度快，此时巷道顶板比较稳定，没有发生较大破坏。

（2）在0.035~0.07兆帕加载阶段，倾角为27°、23°和18°时，巷道顶板应力集中分别在加载到0.049兆帕、0.063兆帕、0.07兆帕时达到最大值，巷道顶板右侧的应力集中系数分别为6.0、3.6、2.3，顶板左侧的应力集中系数为4.3、2.8、2.0,此时顶板离层。

(3)在0.07~0.16兆帕加载阶段,巷道顶板浅部测点应力值最大,其次为中部测点,最小为深部测点,此时顶板垮落。

当倾角为18°、23°和27°时,巷道顶板右侧应力峰值分别为0.16兆帕、0.19兆帕、0.29兆帕,顶板左侧应力峰值分别为0.14兆帕、0.15兆帕、0.21兆帕。随着煤层倾角的增大,顶板的应力值越大,且非对称应力集中程度越大,即顶板右侧的应力比左侧越大。

3. 底板应力分布规律

如图4-10所示,不同倾角倾斜煤层巷道底板应力分可分为三个阶段:

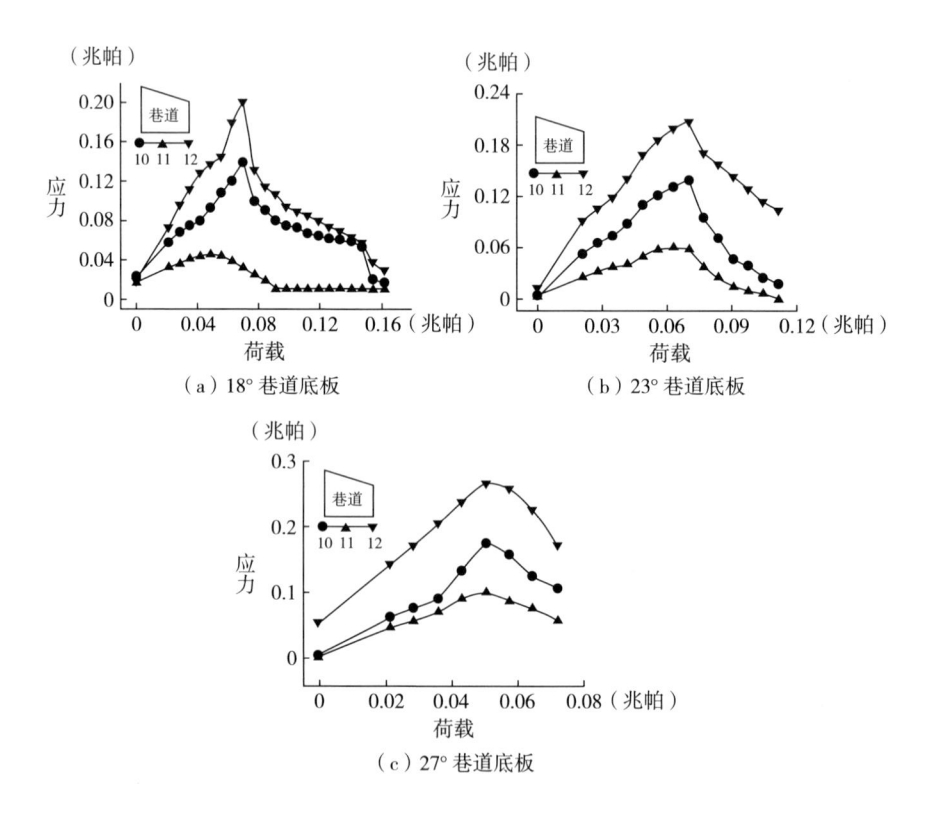

(a)18°巷道底板

(b)23°巷道底板

(c)27°巷道底板

图4-10 不同倾角巷道底板应力分布规律

(1)在0~0.035兆帕加载阶段,巷道围岩应力基本呈线性关系,随荷载的增加缓慢上升,底板右侧应力大于左侧,呈现非对称分布特征,此时巷道比较稳定，没有发生较大破坏。

（2）在 0.035~0.07 兆帕加载阶段，巷道围岩应力随荷载的增加迅速上升，倾角为 27°、23°和 18°，巷道底板应力集中分别在加载到 0.049 兆帕、0.63 兆帕、0.07 兆帕时达到最大值，其底板右侧的应力集中系数分别为 5.5、3.0、2.6，底板左侧的应力集中系数为 3.7、2.0、1.9，此时底板开始出现裂隙。

（3）在 0.07~0.16 兆帕加载阶段，底板应力随荷载的增加迅速下降，此时底板的裂隙扩展，向巷道的内部延伸，出现轻微底鼓现象。

当倾角为 18°、23°和 27°时，底板右侧应力峰值为 0.18 兆帕、0.21 兆帕、0.27 兆帕，底板左侧应力峰值为 0.13 兆帕、0.14 兆帕、0.18 兆帕。随着煤层倾角的增大，底板的应力值越大，且底板右侧应力比左侧越大。

4. 尖角处应力分布规律

如图 4-11 所示，不同倾角倾斜煤层巷道尖角处应力分布可分为三个阶段：

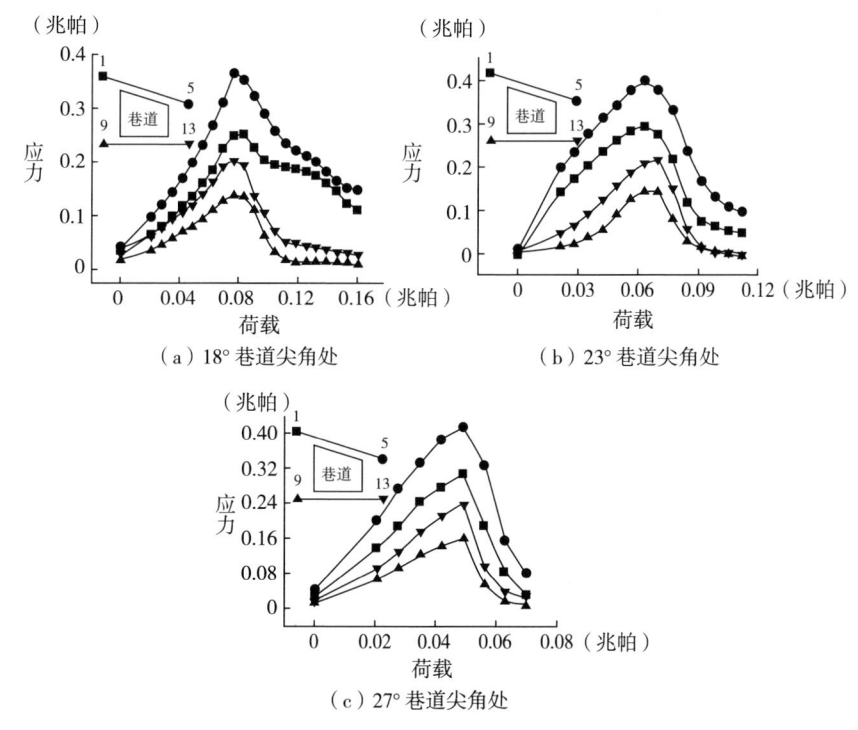

（a）18°巷道尖角处

（b）23°巷道尖角处

（c）27°巷道尖角处

图 4-11　不同倾角巷道尖角处应力分布规律

（1）在 0~0.035 兆帕加载阶段，巷道尖角处应力基本呈线性关系，随荷载的增加缓慢上升，巷道右侧尖角应力均大于左侧，呈现非对称分布特征，此时巷道尖角处比较稳定，没有发生较大破坏。

（2）在 0.035~0.07 兆帕加载阶段，巷道围岩应力随荷载增加迅速上升，倾角 27°、23°和 18°巷道尖角处应力分别在加载到 0.049 兆帕、0.07 兆帕、0.077 兆帕时达最大值，其尖角处应力集中大小依次为：右帮顶角>左帮顶角>右帮底角>左帮底角，其中 27°巷道尖角处应力集中系数分别为 8.4、6.3、4.9、3.3，23°巷道尖角处应力集中系数分别为 5.4、4.0、3.2、2.1，18°巷道尖角处应力集中系数分别为 4.7、3.2、2.7、1.8，此时巷道尖角处开始出现裂隙。

（3）在 0.077~0.16 兆帕加载阶段，巷道尖角处应力随荷载的增加迅速下降，此时巷道尖角处的裂隙增大，最终尖角处岩层垮落，且右帮尖角的破坏大于左帮。

当倾角为 18°、23°和 27°时，右帮顶角应力峰值分别为 0.35 兆帕、0.38 兆帕、0.41 兆帕，左帮顶角应力峰值分别为 0.25 兆帕、0.28 兆帕、0.31 兆帕，右帮底角应力峰值分别为 0.20 兆帕、0.22 兆帕、0.25 兆帕，左帮底角应力峰值分别为 0.14 兆帕、0.15 兆帕、0.16 兆帕。随着煤层倾角的增大，尖角处的应力值越大，且右帮尖角处应力比左帮越大。

二、不同断面形状巷道围岩应力分布规律

1. 两帮应力分布规律

如图 4-12 所示，煤层倾角为 23°时，不同断面形状倾斜煤层巷道两帮应力可分为三个阶段：

（1）在 0~0.042 兆帕加载阶段，巷道两帮围岩应力值均随荷载增加缓慢上升，巷道右帮应力值大于左帮，呈现非对称分布特征，此时巷道两帮比较稳定，没有发生较大破坏。

（2）在 0.042~0.077 兆帕加载阶段，巷道两帮的应力迅速上升，出现应力集中，且右帮应力集中程度均大于左帮，当荷载达到 0.063 兆帕时，直角梯形巷道两帮应力集中最先达到峰值，其左右两帮应力集中系数分别为 4.1、2.0。随后加载到 0.077 兆帕时，矩形和直墙拱形巷道两帮应力集

中达峰值，两种断面形状巷道右帮应力集中系数分别为 2.0、1.6，左帮的应力集中系数分布为 1.2、1.1，其中浅部测点应力值最大，其次为中部测点，最小为深部测点，此时直角梯形巷道两帮出现裂隙，而矩形和直墙拱形巷道两帮出现细小裂隙。

（3）在 0.077~0.16 兆帕加载阶段，巷两帮浅部测点和中部测点应力大幅下降，而巷道深部测点应力较小，出现小幅下降，此时直角梯形巷道两帮出现大的裂隙，两帮严重鼓出，且右帮破坏大于左帮，而矩形和直墙拱形巷道两帮裂隙扩展。

当倾斜煤层巷道断面形状为直角梯形、矩形、直墙拱形时，巷道右帮应力峰值分别为 0.26 兆帕、0.15 兆帕、0.13 兆帕，左帮应力峰值分别为 0.12 兆帕、0.06 兆帕、0.05 兆帕。由此可知，直角梯形巷道两帮应力集中最大，且左右两帮应力值差异最明显，其次为矩形巷道，最小为直墙拱形巷道。

（a）23°直角梯形巷道两帮

（b）23°矩形巷道两帮

（c）23°直墙拱形巷道两帮

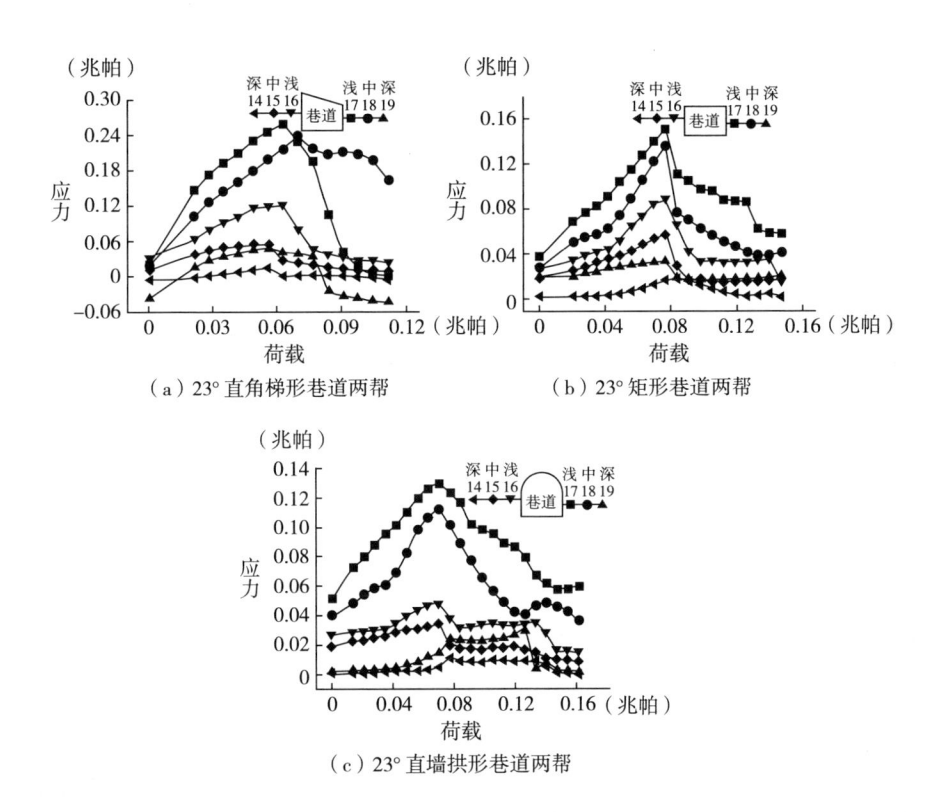

图 4-12 不同断面形状巷道两帮应力分布规律

2. 顶板应力分布规律

如图 4-13 所示,煤层倾角为 23°时,不同断面形状倾斜煤层巷道顶板应力分布可分为三个阶段:

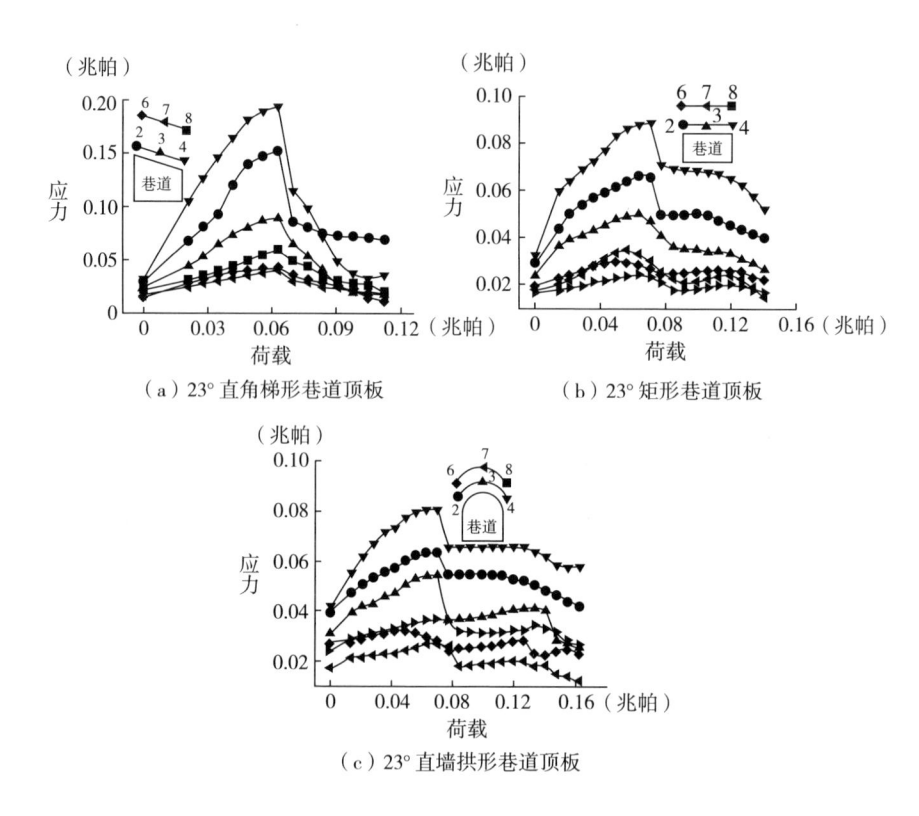

图 4-13 不同断面形状巷道顶板应力分布规律

(1) 在 0~0.035 兆帕加载阶段,巷道顶板应力值均随荷载增加缓慢上升,顶板右侧应力值大于左侧,此时巷道顶板比较稳定,没有发生较大破坏。

(2) 在 0.035~0.077 兆帕加载阶段,巷道顶板应力随荷载的增加迅速上升,且顶板右侧的应力集中均大于左侧,当荷载达到 0.063 兆帕时,直角梯形巷道顶板的应力集中达到最大值,其顶板左右两侧应力集中系数分别为 3.4、2.6。随后加载到 0.077 兆帕时,矩形和直墙拱形巷道顶板右侧的应力达到最大值,其应力集中系数分别为 1.3、1.2,而左侧应力较小,没有出现应力集中现象,此时直角梯形巷道顶板轻微离层,局部垮落,而矩形和直墙拱形巷道顶板出现裂隙。

（3）在0.07~0.16兆帕加载阶段，巷道顶板围岩应力大幅下降，而深部围岩应力较小，出现小幅下降，此时直角梯形巷道顶板离层垮落，呈现非对称贝雷帽形破坏，且右侧变形大于左侧，而矩形和直墙拱形巷道顶板整体下沉垮落，且浅部测点应力值最大，其次为中部测点，最小为深部测点。

当巷道断面形状为直角梯形、矩形、直墙拱形时，巷道顶板右侧应力峰值分别为0.19兆帕、0.09兆帕、0.08兆帕，顶板左侧应力峰值为0.15兆帕、0.07兆帕、0.06兆帕。由此可知，直角梯形巷道顶板的应力值最大，且左右两侧应力值差异最明显，其次为矩形巷道，最小为直墙拱形巷道。

3. 不同断面形状巷道底板应力分布规律

如图4-14所示，煤层倾角为23°时，不同断面形状倾斜煤层巷道底板应力可分为三个阶段：

（a）23°直角梯形巷道底板

（b）23°矩形巷道底板

（c）23°直墙拱形巷道底板

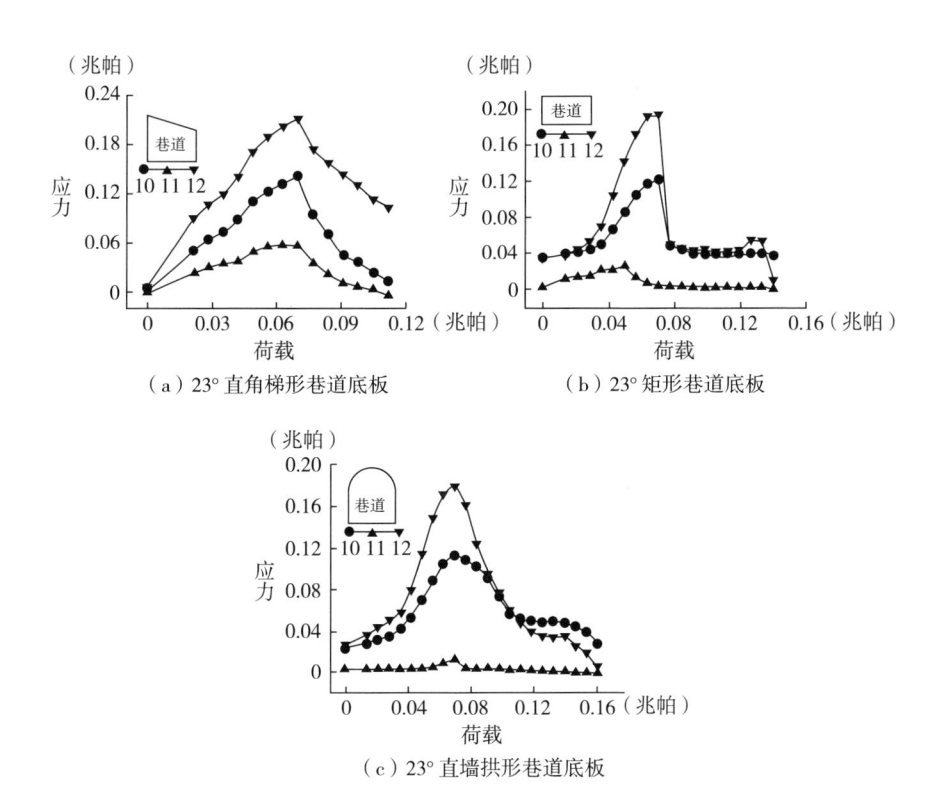

图4-14 不同断面形状巷道底板应力分布规律

(1) 在0~0.035兆帕加载阶段，巷道底板应力均随荷载增加呈线性关系上升，底板右侧应力大于左侧，此时巷道底板比较稳定，没有发生较大破坏。

(2) 在0.035~0.07兆帕加载阶段，巷道底板应力随荷载的增加迅速上升，且底板右侧应力集中均大于左侧。当荷载达到0.063兆帕，直角梯形巷道底板的应力集中达到最大值，其底板左右两侧应力集中系数分别为3.0、2.0。当加载到0.07兆帕时，矩形巷道底板的应力集中达到最大值，其底板左右两侧应力集中系数分别为2.7、1.7。随后加载到0.077兆帕时，直墙拱形巷道底板应力达到最大值，其底板左右两侧应力集中系数分别为2.6、1.6，此时直角梯形、矩形和直墙拱形巷道底板均出现裂隙。

(3) 在0.07~0.16兆帕加载阶段，巷道底板应力随荷载增加大幅下降，直角梯形、矩形和直墙拱形巷道底板裂隙扩展，均出现轻微底鼓。

当巷道断面形状为直角梯形、矩形、直墙拱形时，巷道底板右侧应力峰值分别为0.21兆帕、0.19兆帕、0.18兆帕，底板左侧应力峰值分别为0.14兆帕、0.12兆帕、0.11兆帕。由此可知，直角梯形巷道底板应力值最大，且左右两侧应力值差异最明显，其次为矩形巷道，最小为直墙拱形巷道。

4. 尖角处应力分布规律

如图4-15所示，煤层倾角为23°时，不同断面形状倾斜煤层巷道尖角处应力分布可分为三个阶段：

(1) 在0~0.035兆帕加载阶段，巷道尖角处应力均随荷载增加呈线性关系上升，尖角处应力分布呈现非对称特征，即右帮尖角应力大于左帮，此时巷道尖角处比较稳定，没有发生较大破坏。

(2) 在0.035~0.07兆帕加载阶段，巷道尖角处应力随荷载的增加迅速上升，当荷载达到0.063兆帕，直角梯形巷道尖角处的应力集中达到最大值，且尖角处应力集中大小依次为：右帮顶角>左帮顶角>右帮底角>左帮底角，其应力集中系数分别为6.3、4.8、3.3、2.4。随后加载到0.077兆帕时，矩形和直墙拱形巷道尖角处应力达到最大值，矩形巷道尖角处应力集中系数分别为2.9、2.3、1.9、1.3，直墙拱形巷道尖角处应力集中系数分别为2.7、2.1、1.7、1.2，此时直角梯形巷道、矩形巷道和直墙拱形巷道尖角处均出现裂隙。

(3) 在0.07~0.16兆帕加载阶段，巷道尖角处应力随荷载增加大幅下

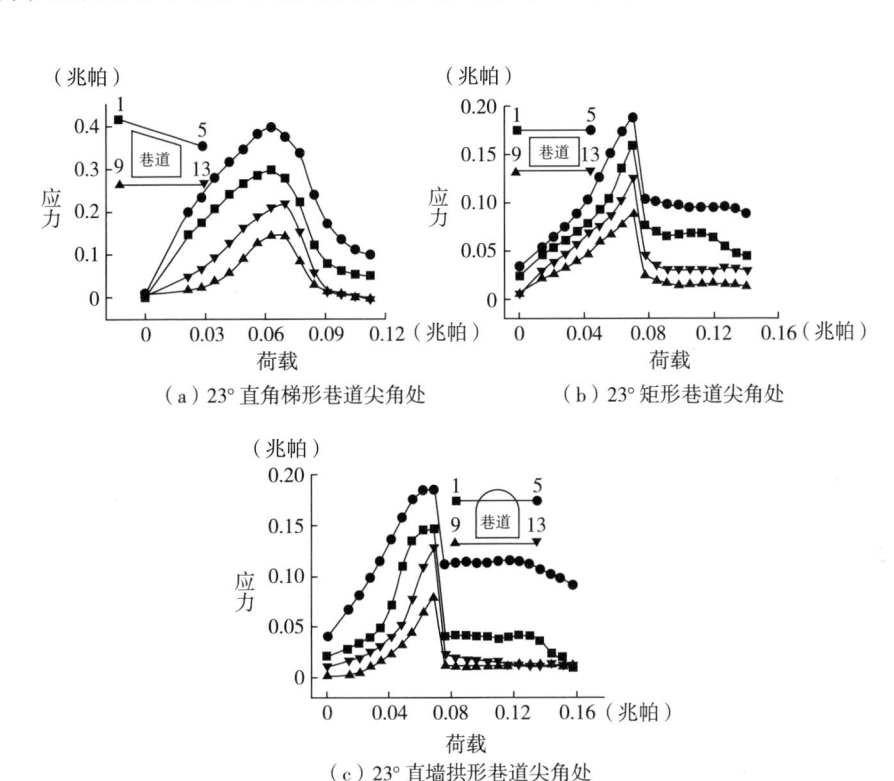

降，直角梯形、矩形和直墙拱形巷道尖角处发生破坏。

(a) 23°直角梯形巷道尖角处

(b) 23°矩形巷道尖角处

(c) 23°直墙拱形巷道尖角处

图 4-15 不同断面形状巷道尖角处应力分布规律

当巷道断面形状为直角梯形、矩形及直墙拱形时，右帮顶角应力峰值分别为 0.40 兆帕、0.20 兆帕、0.19 兆帕，左帮顶角应力峰值分别为 0.30 兆帕、0.16 兆帕、0.15 兆帕，右帮底角应力峰值分别为 0.21 兆帕、0.13 兆帕、0.12 兆帕，左帮底角应力峰值分别为 0.15 兆帕、0.09 兆帕、0.08 兆帕。由此可知，直角梯形巷道尖角处的应力值最大，且左右尖角处应力值差异最大，其次为矩形巷道，最小为直墙拱形巷道。

三、倾角及断面形状对巷道围岩应变分布的影响

1. 不同倾角倾斜煤层巷道表面应变分布

图 4-16 为不同倾角倾斜煤层巷道表面围岩应变分布云图，可知巷道顶

板右侧应变集中程度大于左侧。当倾角为18°、23°、27°时，巷道顶板应变峰值分别为 1.46×10^{-4}、4.79×10^{-4}、5.75×10^{-4}。随着煤层倾角的增大，巷道围岩的应变越大，且非对称应变集中程度越显著，其中巷道围岩应变的范围呈现非对称贝雷帽形变化趋势。

(a) 18°直角梯形巷道　　(b) 23°直角梯形巷道　　(c) 27°直角梯形巷道

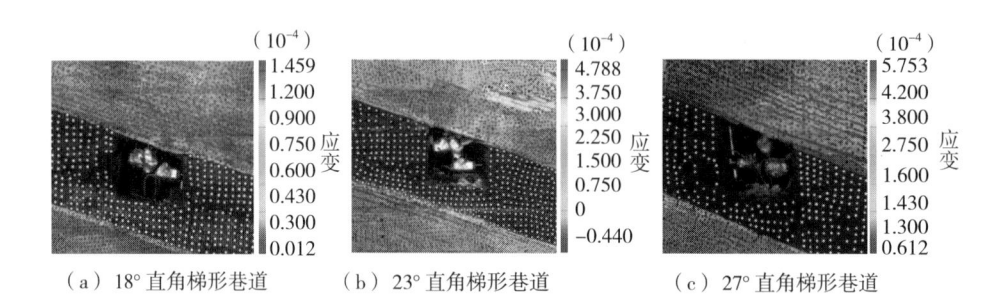

图 4-16　不同倾角巷道表面应变分布云图

2. 不同断面形状倾斜煤层巷道表面应变分布

图 4-17 为直角梯形巷道、矩形巷道和直墙拱形巷道表面应变分布云图，可知直角梯形巷道和矩形巷道顶板上方应变呈现非对称分布特征，且顶板右侧的应变集中程度大于左侧，而直墙拱形巷道顶板上方应变较小，非对称分布特征不明显。当倾角为18°、23°、27°时，顶板应变峰值分别为 4.79×10^{-4}、3.05×10^{-4}、2.60×10^{-4}。由此可知，直角梯形巷道表面应力最大，其次为矩形巷道，最小为直墙拱形巷道。

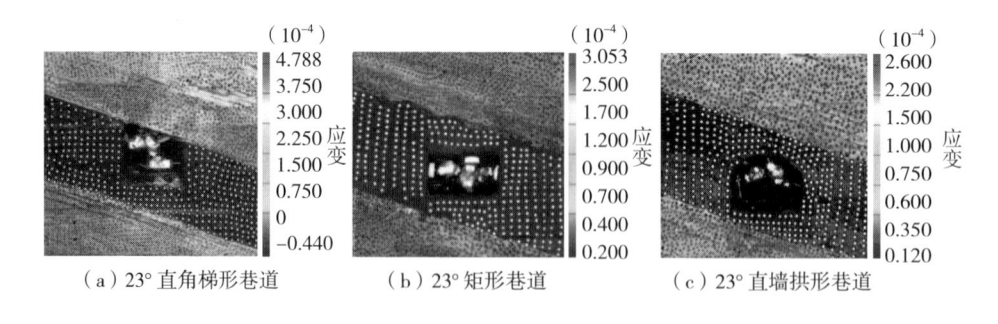

(a) 23°直角梯形巷道　　(b) 23°矩形巷道　　(c) 23°直墙拱形巷道

图 4-17　不同断面形状巷道表面应变分布云图

第四节 巷道围岩变形演化特征

一、不同倾角巷道围岩变形规律

1. 巷道内部位移

图 4-18 为不同倾角倾斜煤层巷道内部位移随荷载的变化曲线，当荷载较小时，巷道位移变化较小，当荷载增加到 0.35 兆帕时，巷道两帮内部位移比顶板大，且巷道右帮位移大于左帮，呈现非对称分布特征。当倾角为 18°、23°、27°时，右帮内部位移分别为 1.83 毫米、2.63 毫米、3.64 毫米，左帮内部位移分别为 1.57 毫米、1.94 毫米、2.59 毫米，顶板内部位移分别为 1.46 毫米、1.83 毫米、2.45 毫米。随着煤层倾角的增大，巷道位移越大。

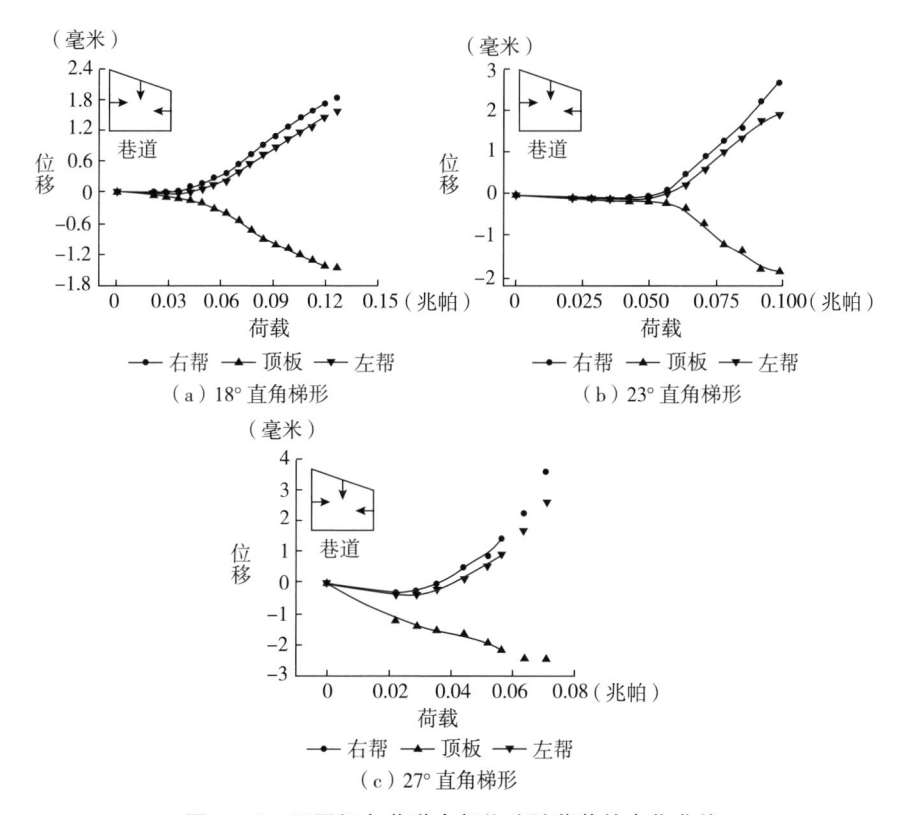

图 4-18 不同倾角巷道内部位移随荷载的变化曲线

2. 两帮表面位移

图 4-19 为不同倾角倾斜煤层直角梯形巷道左右两帮变形的演化，在较低荷载作用下，巷道两帮变形较小。当荷载增加到 0.049 兆帕时，两帮的位移迅速增加，且右帮位移大于左帮，呈现非对称分布特征，此时巷道两帮及顶板的尖角处开始出现裂隙。随着荷载的增加，两帮变形继续增大，最终巷道两帮片帮，顶板两尖角处严重垮落。倾角为 18°、23°、27°时，巷道右帮最大位移分别为 1.82 毫米、2.1 毫米、2.57 毫米，左帮最大位移分别为 1.73 毫米、1.93 毫米、2.1 毫米。随着煤层倾角的增大，两帮非对称变形程度越显著。

(a) 18° 直角梯形巷道左帮

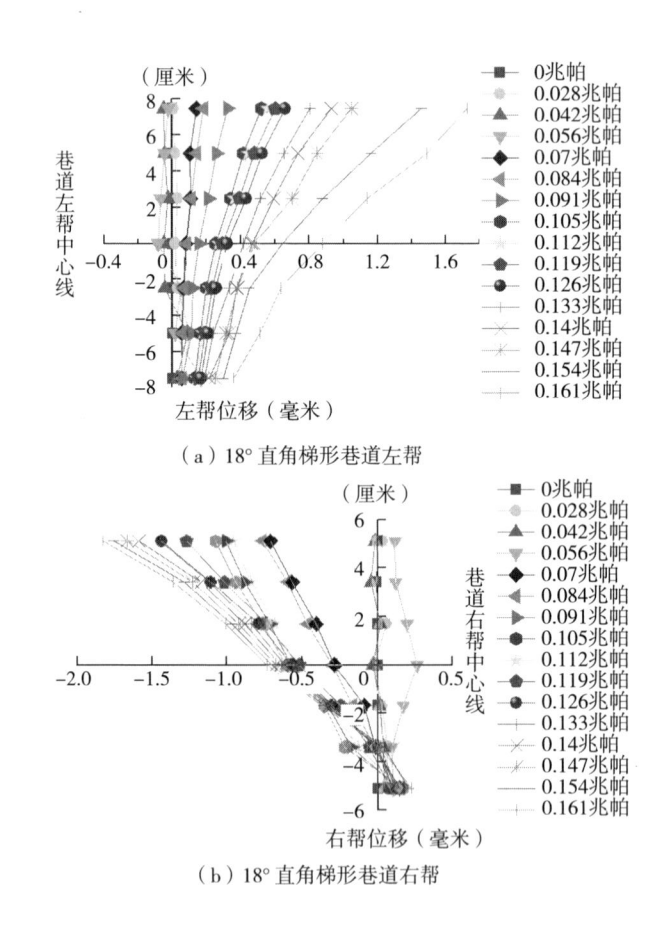

(b) 18° 直角梯形巷道右帮

图 4-19 不同倾角巷道两帮变形的演化图

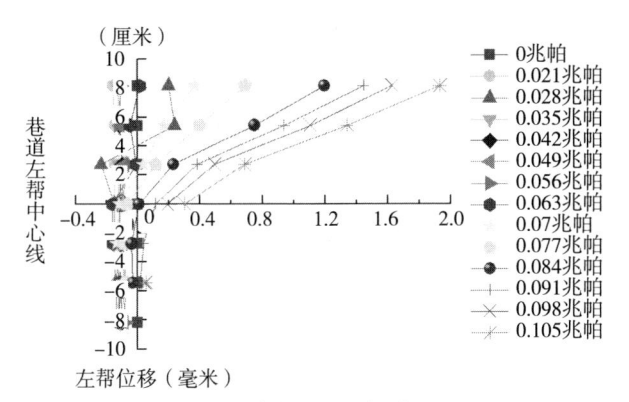

第四章　倾斜煤层巷道围岩变形破坏相似模型试验

（c）23°直角梯形巷道左帮

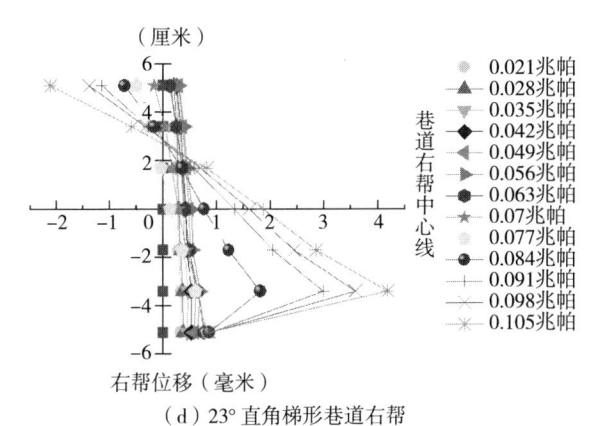

（d）23°直角梯形巷道右帮

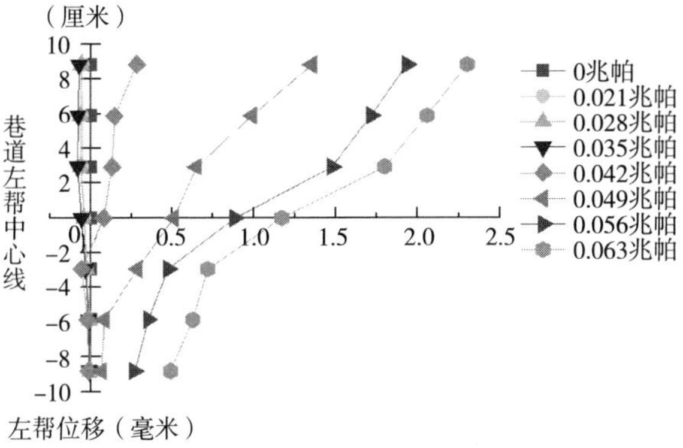

（e）27°直角梯形巷道左帮

图 4-19　不同倾角巷道两帮变形的演化图（续图）

（f）27°直角梯形巷道右帮

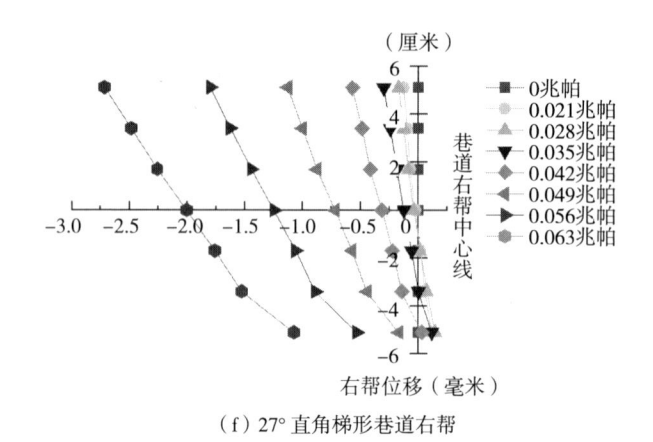

图 4-19 不同倾角巷道两帮变形的演化图（续图）

图 4-20 为不同倾角倾斜煤层巷道两帮各测点位移云图，巷道两帮深部围岩变形趋势与浅部围岩基本一致，均呈现非对称分布特征，即巷道右帮的变形均大于左帮，随着巷道两帮围岩深度的增加，巷道两帮变形越小。当煤层倾角为 18°、23°、27°时，巷道两帮围岩由浅部到深部，巷道右帮的变形量分别为 1.82~0.7 毫米、2.1~0.5 毫米、2.57~0.1 毫米，巷道左帮的变形量分别为 1.73~0.5 毫米、1.93~0.3 毫米、2.1~0.1 毫米。

（a）18°直角梯形巷道左帮　　（b）18°直角梯形巷道右帮

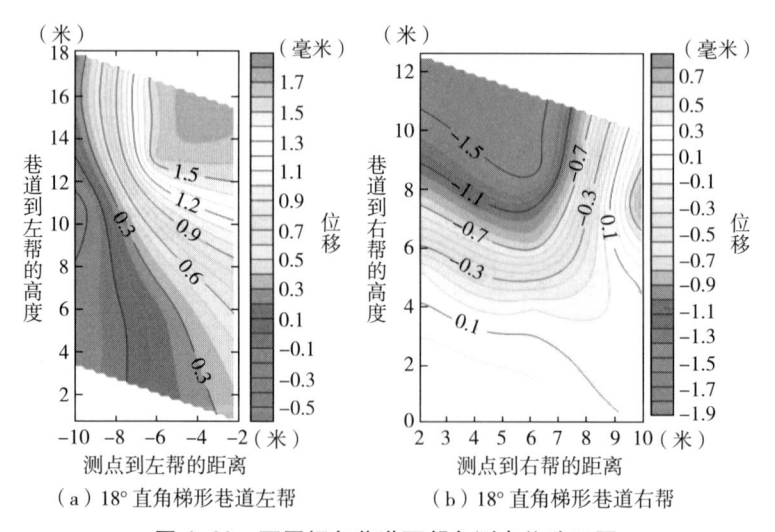

图 4-20 不同倾角巷道两帮各测点位移云图

(c) 23°直角梯形巷道左帮

(d) 23°直角梯形巷道右帮

(e) 27°直角梯形巷道左帮

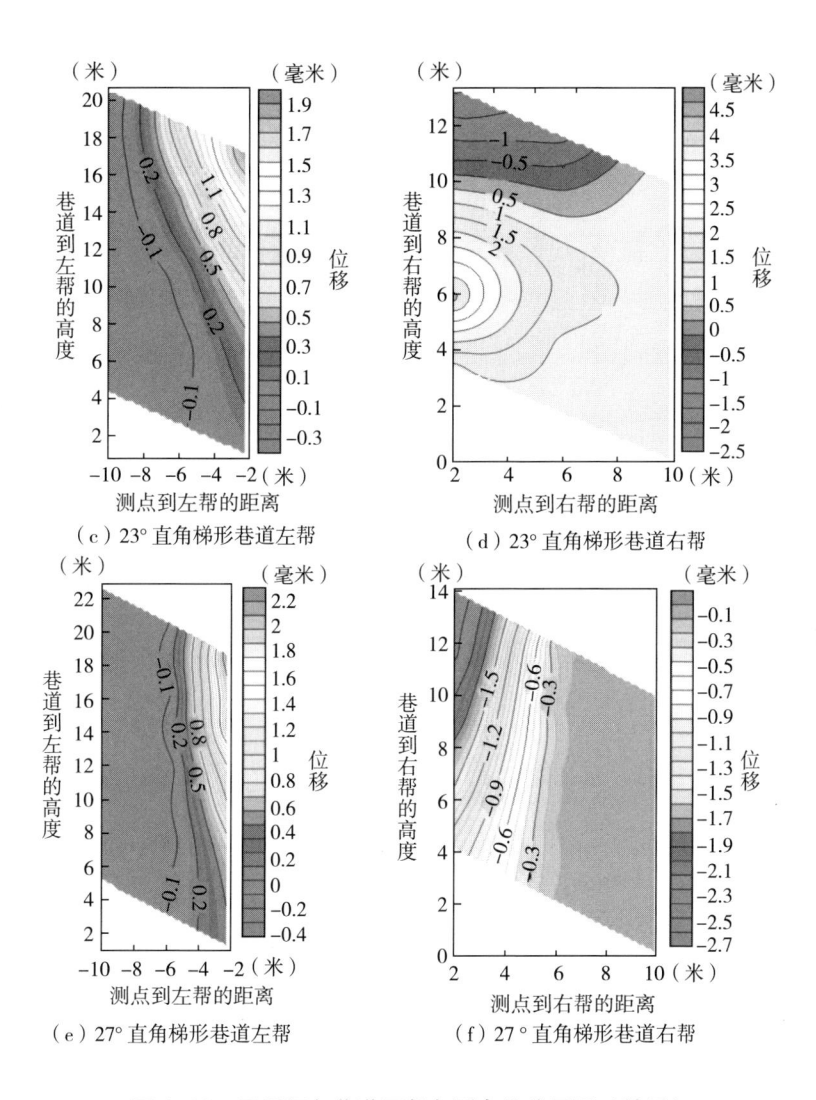

(f) 27°直角梯形巷道右帮

图 4-20　不同倾角巷道两帮各测点位移云图（续图）

3. 顶板表面位移

图 4-21 为不同倾角倾斜煤层巷道顶板离层演化图，在较低荷载作用下，顶板变形较小，处于压实阶段。当荷载增加到 0.049 兆帕，顶板开始出现裂隙，且右侧位移大于左侧，顶板的变形呈现非对称分布特征。随着荷载的增加，巷道顶板开始离层，顶板右侧和中部变形较大，导致测点损坏。随着煤层倾角的增大，顶板离层非对称特征越明显。

(a) 18°直角梯形巷道

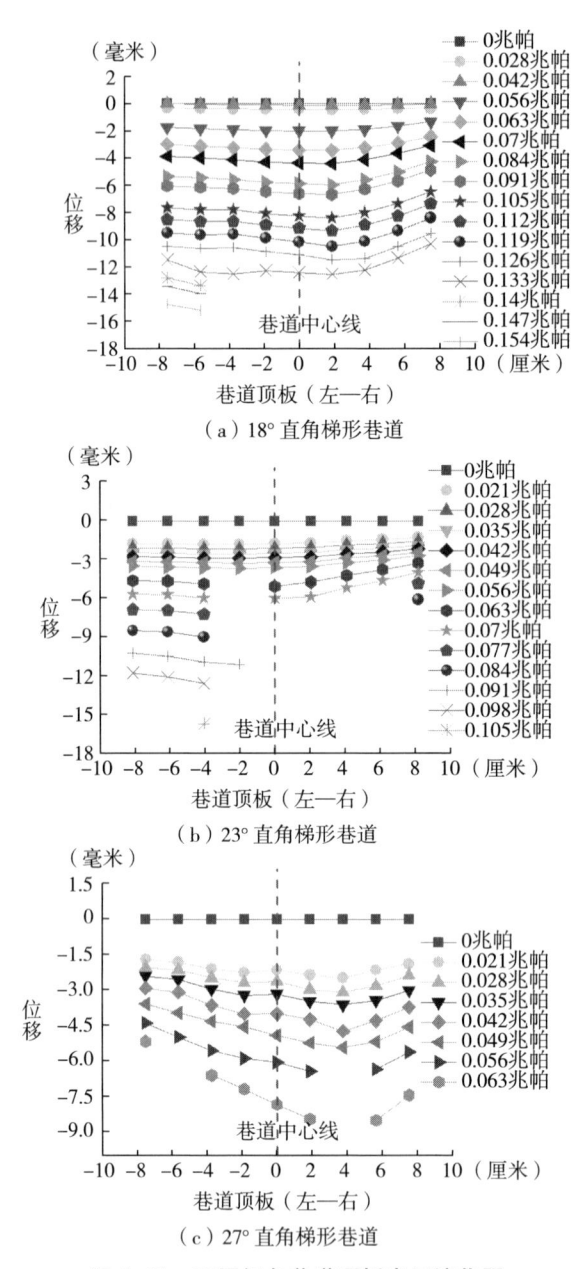

(b) 23°直角梯形巷道

(c) 27°直角梯形巷道

图 4-21　不同倾角巷道顶板离层演化图

图 4-22 为不同倾角倾斜煤层巷道顶板变形各测点位移云图，可知巷道顶板深部围岩变形趋势与浅部基本一致，均呈现非对称分布特征，随着巷

道顶板围岩深度的增加，巷道顶板的变形越小，其中倾角18°、23°、27°巷道顶板位移最大值分别为2.44毫米、2.77毫米、3.50毫米。随着煤层倾角越大，巷道顶板位移越大。

（a）18°直角梯形巷道顶板　　（b）23°直角梯形巷道顶板　　（c）27°直角梯形巷道顶板

图4-22　不同倾角巷道顶板各测点位移云图

4. 底板表面位移

图4-23为不同倾角倾斜煤层巷道底鼓的演化图，在较低荷载作用下，巷道底板变形较小，处于压实阶段。当荷载增加到0.049兆帕时，巷道底板变形开始增加，且底板右侧变形大于左侧，呈现非对称分布特征。随着荷载的继续增加，底板出现裂隙，最终底板呈现轻微底鼓，其中倾角18°、23°、27°巷道底板左侧最大位移分别为0.43毫米、0.52毫米、0.72毫米，右侧最大位移分别为0.59毫米、0.71毫米、1.0毫米。随着煤层倾角的增大，巷道底板的变形越大，且非对称底鼓越明显，底板右侧变形比左侧越大。

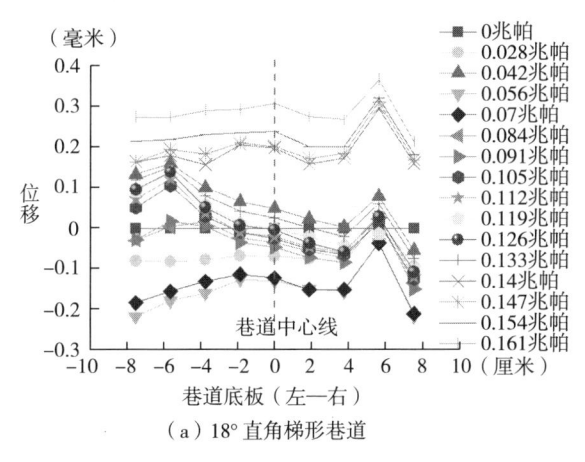

（a）18°直角梯形巷道

图4-23　不同倾角巷道底鼓演化图

(b) 23°直角梯形巷道

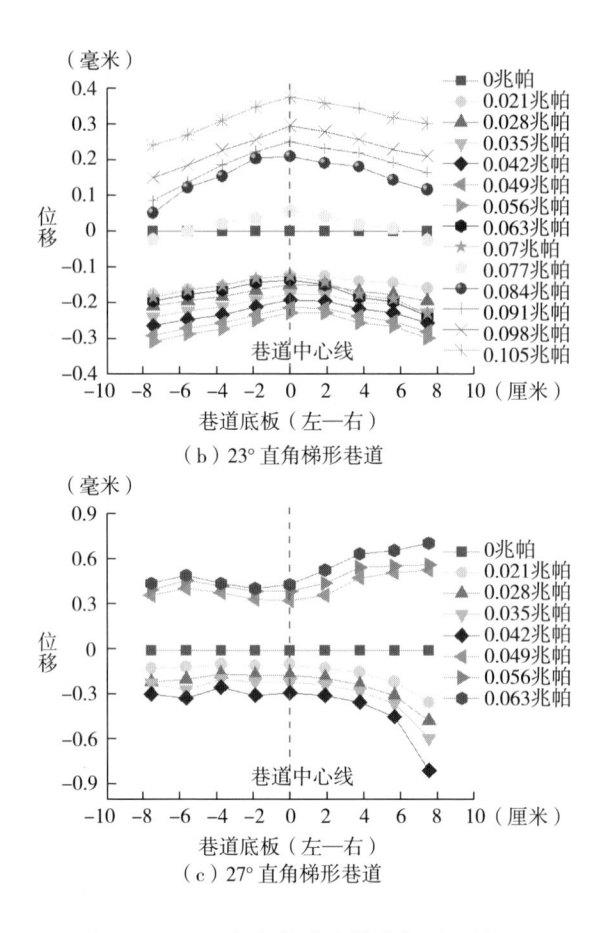

(c) 27°直角梯形巷道

图 4-23 不同倾角巷道底鼓演化图（续图）

图 4-24 为不同倾角倾斜煤层巷道底板围岩各测点位移云图，底板深部围岩变形趋势与浅部围岩的变形基本一致，均呈现非对称分布特征，巷道底板右侧变形大于左侧。随着顶板围岩深度的增加，巷道底板的变形越小。当倾角为 18°、23°、27°时，巷道底板围岩由浅部到深部，巷道底板右侧的变形量分别为 1.0~0.1 毫米、0.71~0.1 毫米、0.59~0.1 毫米，底板左侧的变形量分别为 0.43~0.05 毫米、0.52~0.05 毫米、0.72~0.05 毫米。

5. 尖角处表面位移

图 4-25 为不同倾角倾斜煤层巷道尖角处表面位移，在较低荷载作用下，巷道尖角处位移变化曲线均呈线性下降，且下沉趋势相似，右侧的尖

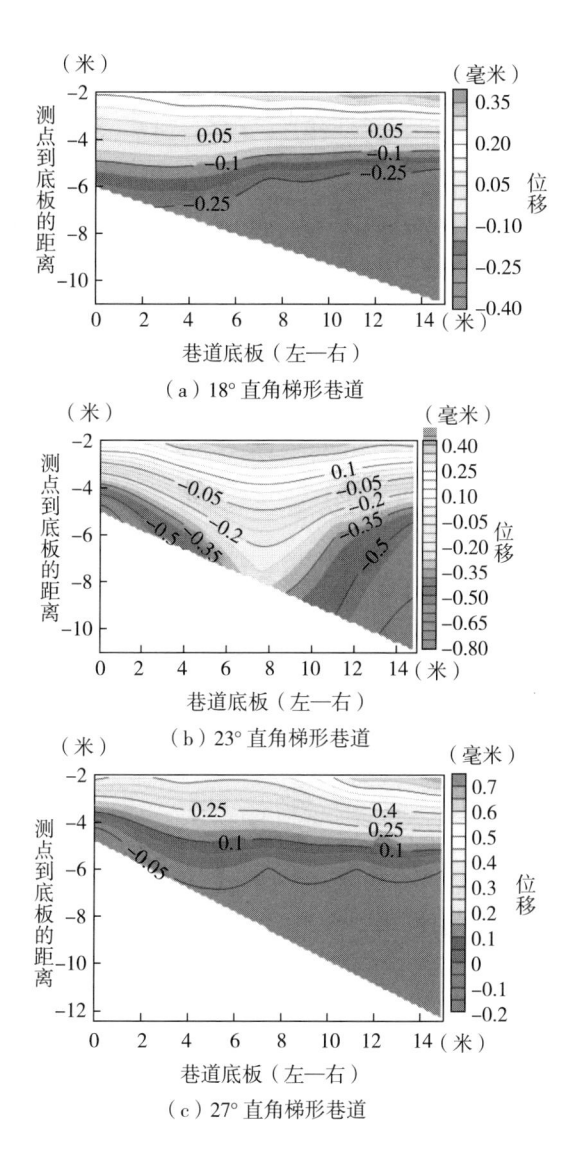

图 4-24 不同倾角巷道底板各测点位移云图

角位移大于左侧，呈现非对称分布特征，此时巷道顶板两尖角处出现裂隙，底板两尖角处比较稳定，没有发生较大破坏。当荷载增加到 0.035 兆帕时，巷道尖角处位移迅速加快，顶板两尖角处开始出现局部垮落，底板两尖角处也逐渐出现裂隙。随着荷载的增加，巷道尖角处位移越大，直到巷道完全

(a) 18°直角梯形巷道

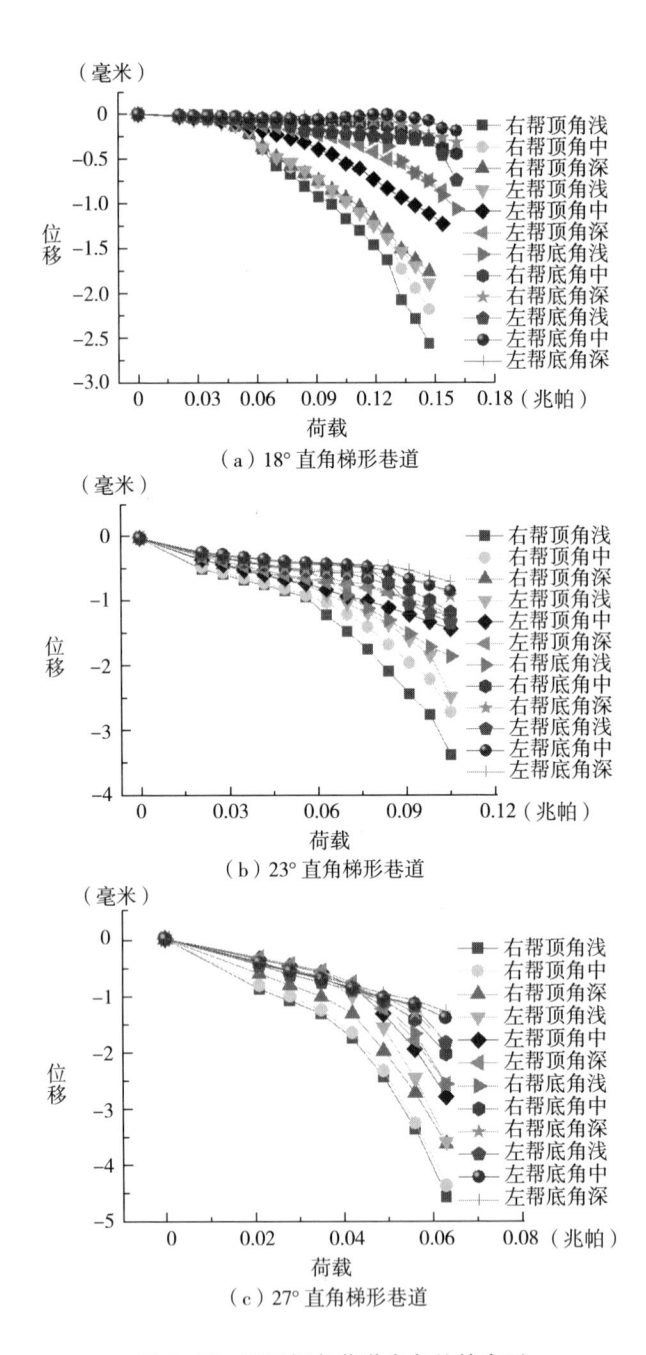

(b) 23°直角梯形巷道

(c) 27°直角梯形巷道

图 4-25 不同倾角巷道尖角处的变形

破坏。最终巷道各尖角变形破坏大小依次为：右帮顶角>左帮顶角>右帮底角>左帮底角。当倾角为18°、23°和27°时，巷道右帮顶角位移峰值为2.56毫米、3.36毫米、4.60毫米，左帮顶角位移峰值为1.89毫米、2.50毫米、3.60毫米，右帮底角位移峰值为1.04毫米、1.83毫米、2.60毫米，左帮底角位移峰值为0.74毫米、1.30毫米、1.84毫米。随着煤层倾角的增大，巷道尖角处的位移越大，非对称变形越明显，即巷道围岩右侧的变形比左侧越大。

二、不同断面形状巷道围岩变形规律

1. 巷道内部位移的变化规律分析

图4-26为倾角23°直角梯形巷道、矩形巷道和直墙拱形巷道内部位移随荷载的变化曲线，当荷载较小时，巷道围岩内部位移变化较小，没有发生

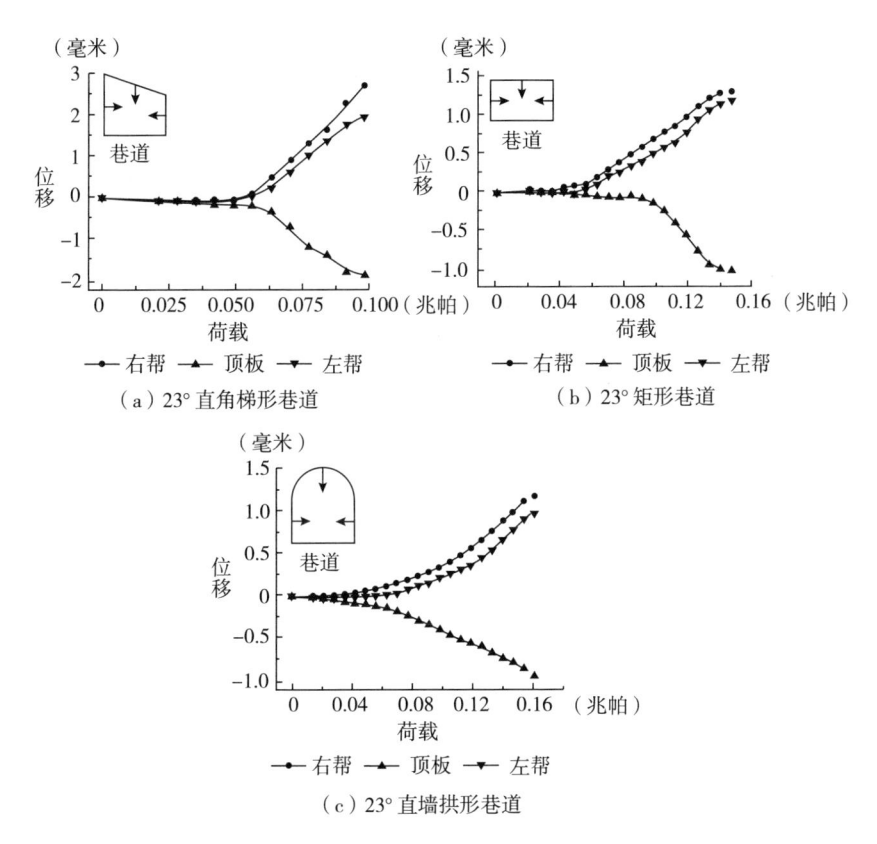

图4-26 不同断面形状巷道内部位移随荷载的变化曲线

较大破坏。当荷载增加到0.35兆帕时，巷道两帮内部变形大于顶板，且右帮变形大于左帮，呈现非对称分布特征。直角梯形、矩形、直墙拱形右帮内部位移分别为2.63毫米、1.97毫米、1.82毫米，左帮内部位移分别为1.94毫米、1.18毫米、1.01毫米，顶板内部位移分别为1.83毫米、1.09毫米、0.95毫米。由此可知，直角梯形巷道的位移最大，其次为矩形巷道，最小为直墙拱形巷道。

2. 两帮表面位移的变化规律分析

图4-27为倾角23°直角梯形巷道、矩形巷道和直墙拱形巷道两帮变形的演化图，在较低荷载作用下，巷道两帮变形较小，处于压实阶段。当荷载增加到0.07兆帕，巷道两帮的位移迅速增大，右帮的变形大于左帮，且呈现非对称分布特征，此时直角梯形巷道两帮及尖角处开始出现裂隙，矩形和直墙拱形巷道两帮出现细小裂隙。随着荷载的增加，巷道两帮的位移增大，最终直角梯形巷道两帮严重片帮，其中直角梯形巷道左右两帮最大位移分别为1.9毫米、2.1毫米，而矩形和直墙拱形巷道两帮裂隙扩展，其中矩形巷道左右两帮最大位移分别为1.6毫米、1.8毫米，直墙拱形巷道左右两帮最大位移分别为1.5毫米、1.6毫米。由此可知直角梯形巷道两帮位移最大，其次为矩形巷道，最小为直墙拱形巷道。

(a) 23°直角梯形巷道左帮

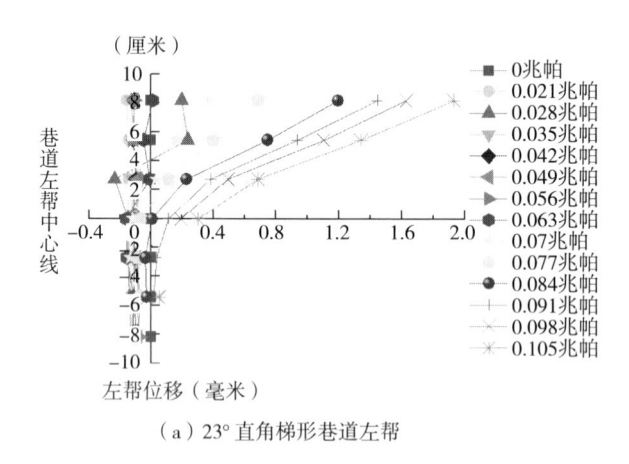

图4-27 不同断面形状巷道两帮加载演化图

（b）23°直角梯形巷道右帮

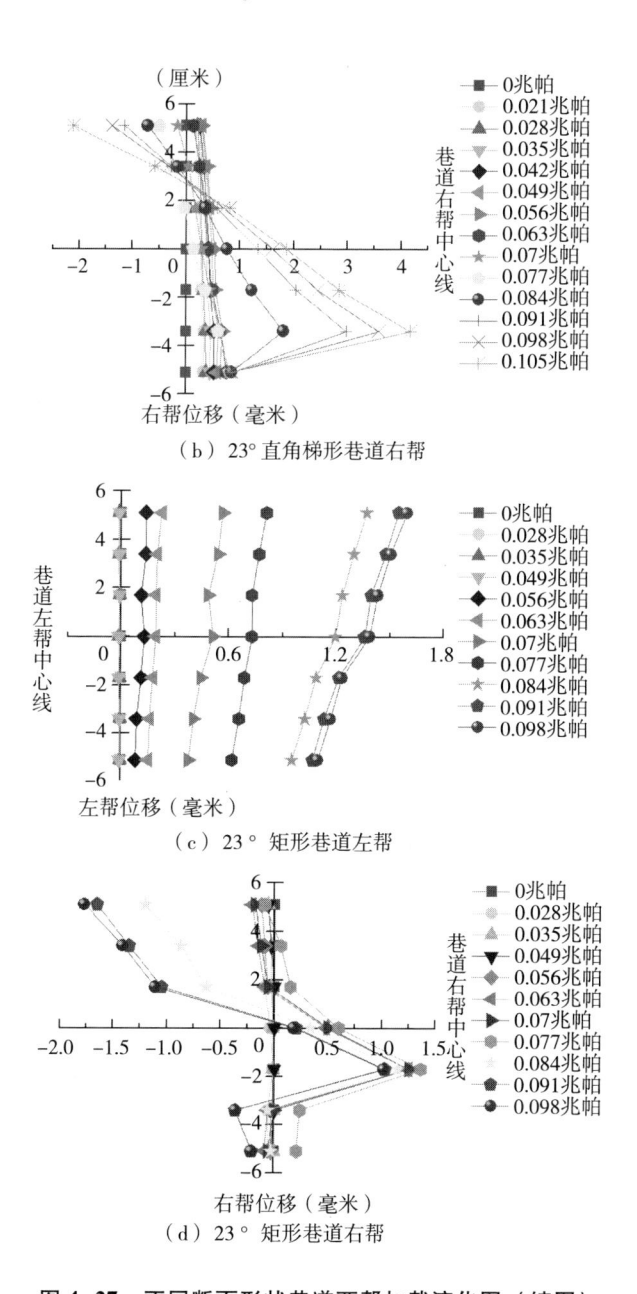

（c）23°矩形巷道左帮

（d）23°矩形巷道右帮

图 4-27 不同断面形状巷道两帮加载演化图（续图）

113

(e) 23°直墙拱形巷道左帮

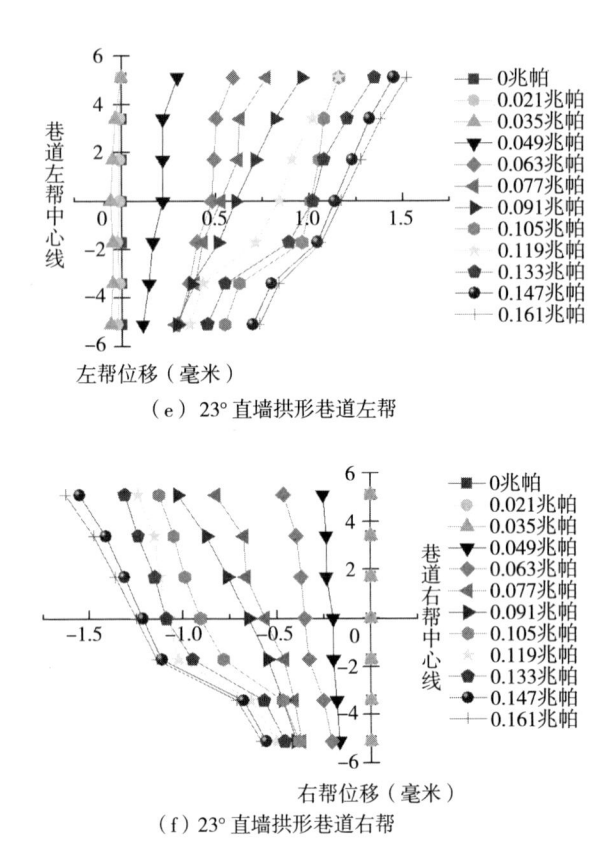

(f) 23°直墙拱形巷道右帮

图 4-27　不同断面形状巷道两帮加载演化图（续图）

图 4-28 为不同断面形状巷道两帮各测点位移云图，可知巷道两帮深部围岩变形趋势与浅部围岩基本一致，均呈现非对称分布特征，即巷道右帮的变形大于左帮，随着巷道两帮水平方向围岩深度的增加，巷道两帮的变形越小。当巷道断面形状为直角梯形、矩形、直墙拱形时，巷道两帮围岩由浅部到深部，巷道右帮变形量分别为 2.1~0.5 毫米、1.80~0.1 毫米、1.60~0.1 毫米，左帮变形量分别为 1.93~0.3 毫米、1.60~0.3 毫米、1.50~0.3 毫米。

3. 顶板表面位移的变化规律分析

图 4-29 为倾角 23°直角梯形巷道、矩形巷道和直墙拱形巷道顶板离层的演化图，在较低荷载作用下，顶板变形较小，处于压实阶段。当荷载增加到 0.063 兆帕时，顶板开始出现裂隙，且顶板右侧变形大于左侧，呈现

非对称分布特征。随着荷载的增加，直角梯形巷道顶板离层，巷道中部及右侧没有数据，说明顶板中部和右侧变形较大，导致测点损坏，顶板右侧的变形破坏大于左侧，而矩形巷道和直墙拱形巷道顶板变形较小，围岩比较稳定，没有发生较大破坏。由此可知，直角梯形巷道顶板表面变形最大，其次为矩形巷道和直墙拱形巷道。

(a) 23°直角梯形巷道左帮

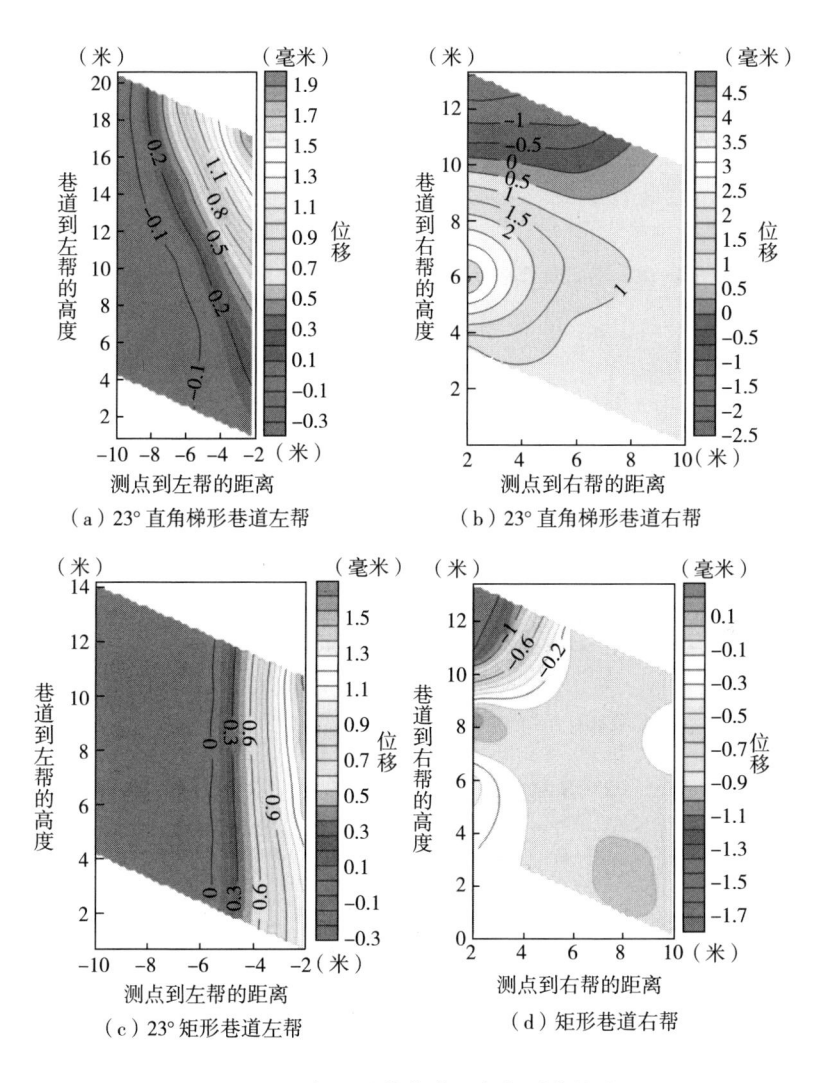

(b) 23°直角梯形巷道右帮

(c) 23°矩形巷道左帮

(d) 矩形巷道右帮

图 4-28 不同断面形状巷道两帮各测点位移云图

（e）23°直墙拱形巷道左帮　　　　（f）23°直墙拱形巷道右帮

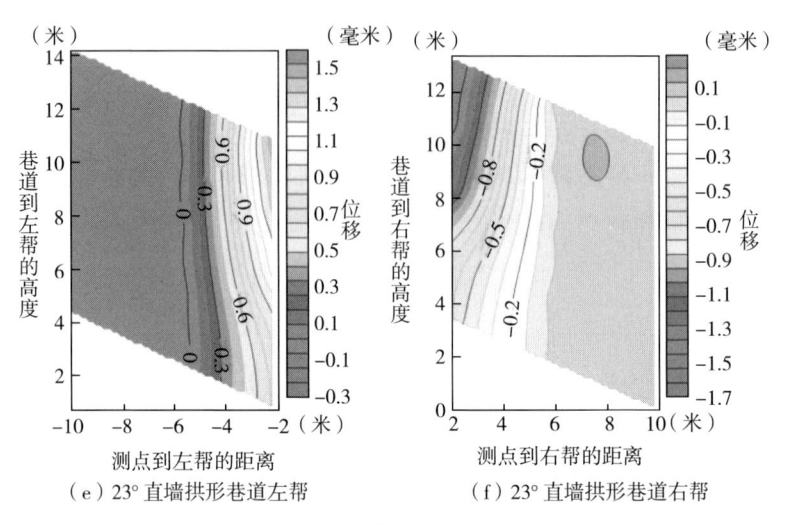

图 4-28　不同断面形状巷道两帮各测点位移云图（续图）

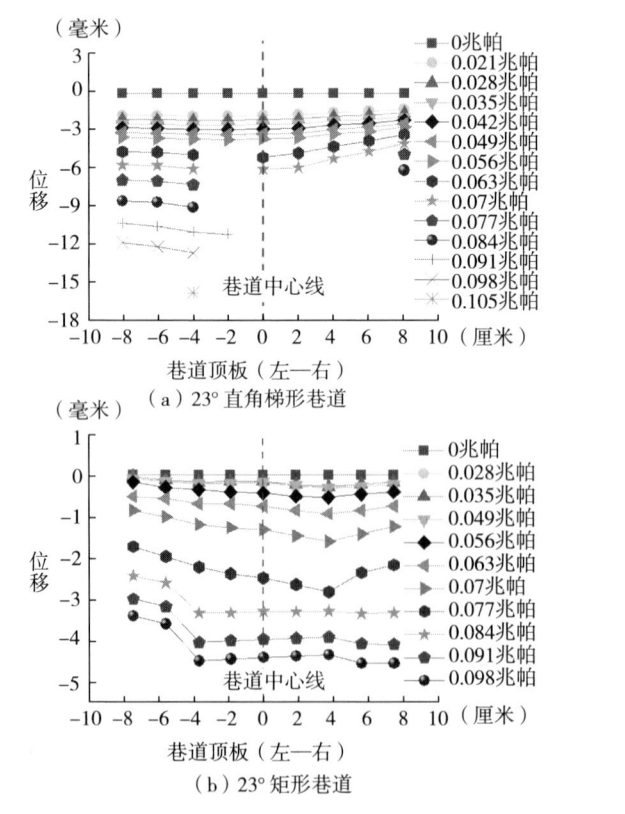

（a）23°直角梯形巷道

（b）23°矩形巷道

图 4-29　不同断面形状巷道顶板离层演化图

(c) 23°直墙拱形巷道

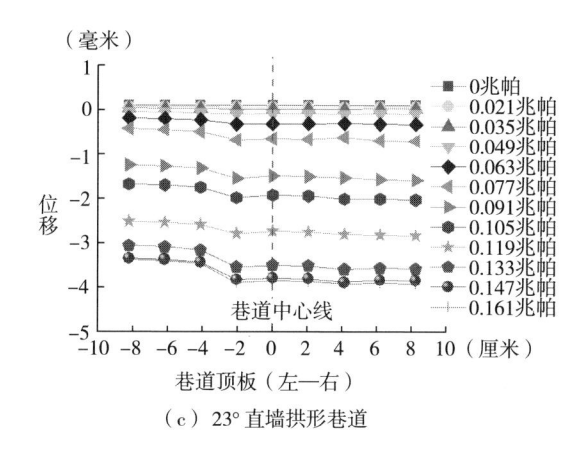

图 4-29 不同断面形状巷道顶板离层演化图（续图）

图 4-30 为倾角 23°直角梯形巷道、矩形巷道和直墙拱形巷道顶板各测点位移云图，从图中可以看出，倾斜煤层巷道顶板深部围岩变形趋势与浅部基本一致，均呈现非对称分布特征，即巷道顶板右侧的最大变形量大于左侧，随着顶板围岩深度的增加，顶板的变形越小。其中直角梯形巷道顶板变形最大值为 2.77 毫米，矩形巷道顶板变形最大值为 2.11 毫米，直墙拱形巷道顶板变形最大值为 2.01 毫米。由此可知，直角梯形巷道顶板离层最大，其次为矩形巷道，最小为直墙拱形巷道，说明对直角梯形巷道顶板变形的控制最为关键。

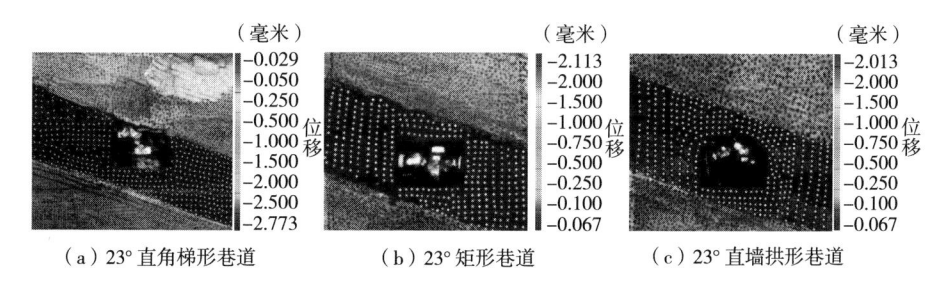

（a）23°直角梯形巷道　　（b）23°矩形巷道　　（c）23°直墙拱形巷道

图 4-30 不同断面形状巷道顶板各测点位移云图

4. 底板表面位移的变化规律分析

图 4-31 为倾角 23°直角梯形巷道、矩形巷道和直墙拱形巷道底鼓演化

图，在较低荷载作用下，底板变形较小，处于压实阶段。当荷载增加到 0.07 兆帕，直角梯形巷道底板变形增加，且底板右侧变形大于左侧，呈现非对称分布特征。随着荷载的增加，巷道底板开始出现裂隙。随着荷载的持续增加，巷道底板裂隙扩展，最终巷道底板呈现轻微底鼓，其中直角梯形巷道底板左右两侧位移的最大值分别为 0.52 毫米、0.71 毫米。当荷载增加到 0.077 兆帕，矩形巷道和直墙拱形巷道底板的变形迅速增加，底板

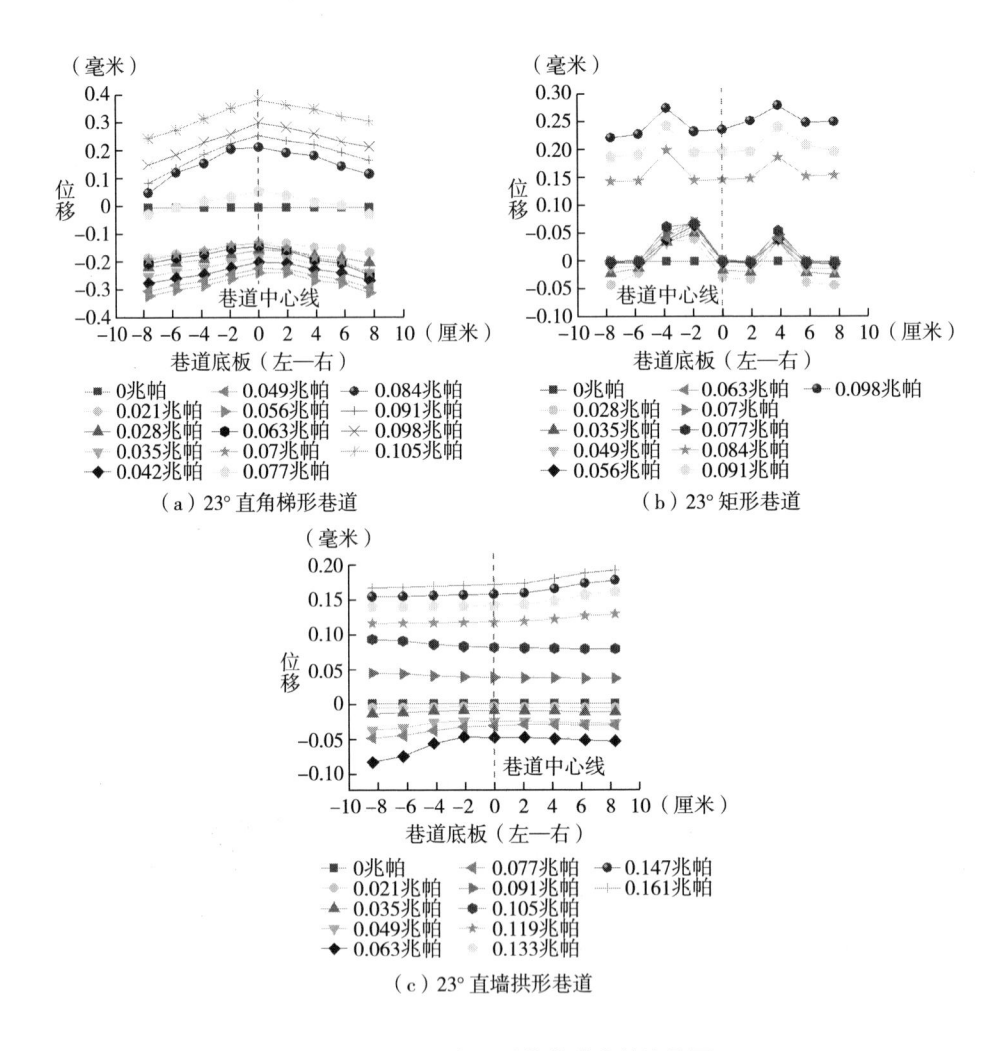

图 4-31 不同断面形状巷道底鼓演化图

也开始出现裂隙。随着荷载的增加，矩形巷道和直墙拱形巷道底板的变形达到最大值，底板裂隙扩展，没有出现底鼓现象。矩形巷道和直墙拱形巷道底板右侧最大位移分别为 0.24 毫米、0.26 毫米，底板左侧最大位移分别为 0.19 毫米、0.22 毫米。由此可知，直角梯形巷道底板的变形最大，其次为矩形巷道，最小为直墙拱形巷道，说明对直角梯形巷道底板变形的控制最为关键。

图 4-32 为不同断面形状巷道底板各测点位移云图，底板深部围岩变形趋势与浅部基本一致，均呈现非对称分布特征，即底板左侧的变形大于右侧。随着巷道底板深度的增加，底板的变形越小。当巷道断面形状为倾角 23°直角梯形、矩形、直墙拱形时，巷道底板围岩由浅部到深部，巷道底板右侧的变形量分别为 0.71~0.1 毫米、0.26~0.1 毫米、0.22~0.1 毫米，巷道底板左侧的变形量分别为 0.52~0.05 毫米、0.22~0.05 毫米、0.19~0.05 毫米。

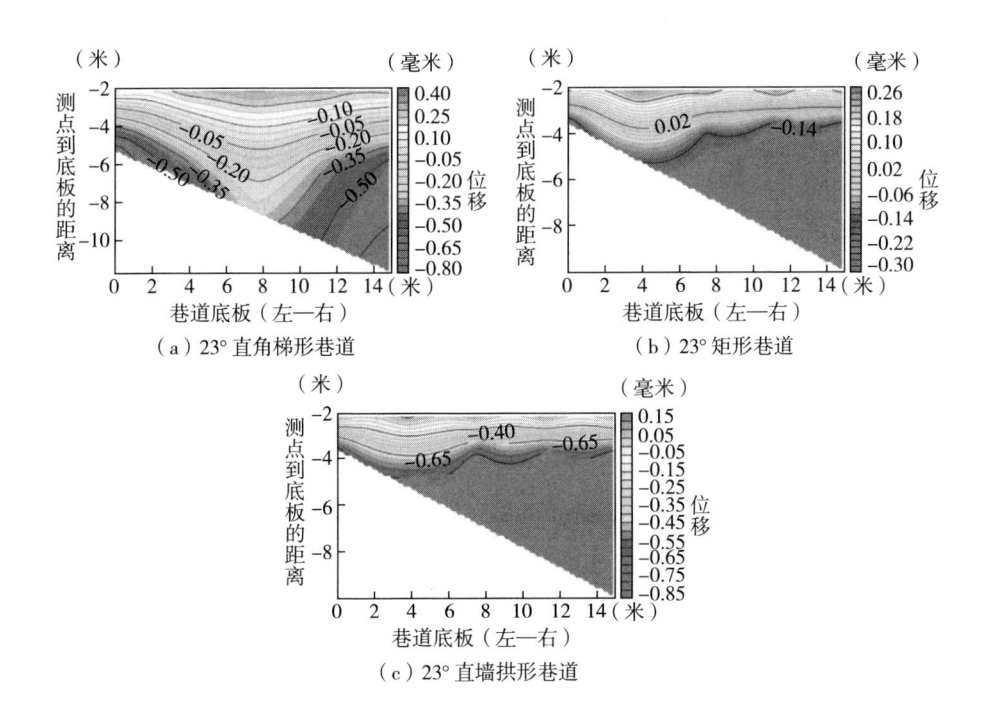

(a) 23°直角梯形巷道

(b) 23°矩形巷道

(c) 23°直墙拱形巷道

图 4-32 不同断面形状巷道底板各测点位移云图

5. 尖角处表面位移

图 4-33 为不同断面形状倾斜煤层巷道尖角处位移随荷载增加的分布规律，在较低荷载作用下，巷道尖角处位移变化曲线均呈线性下降，巷道顶板两尖角处位移大于底板两尖角处，且右侧尖角位移大于左侧，呈现非对称分布特征，此时直角梯形巷道顶板两尖角处出现裂隙。当荷载增加到 0.035 兆帕时，巷道尖角处位移迅速增加，直角梯形巷道顶板两尖角处局部垮落，巷道底板两尖角处出现裂隙，而矩形巷道和直墙拱形巷道尖角处

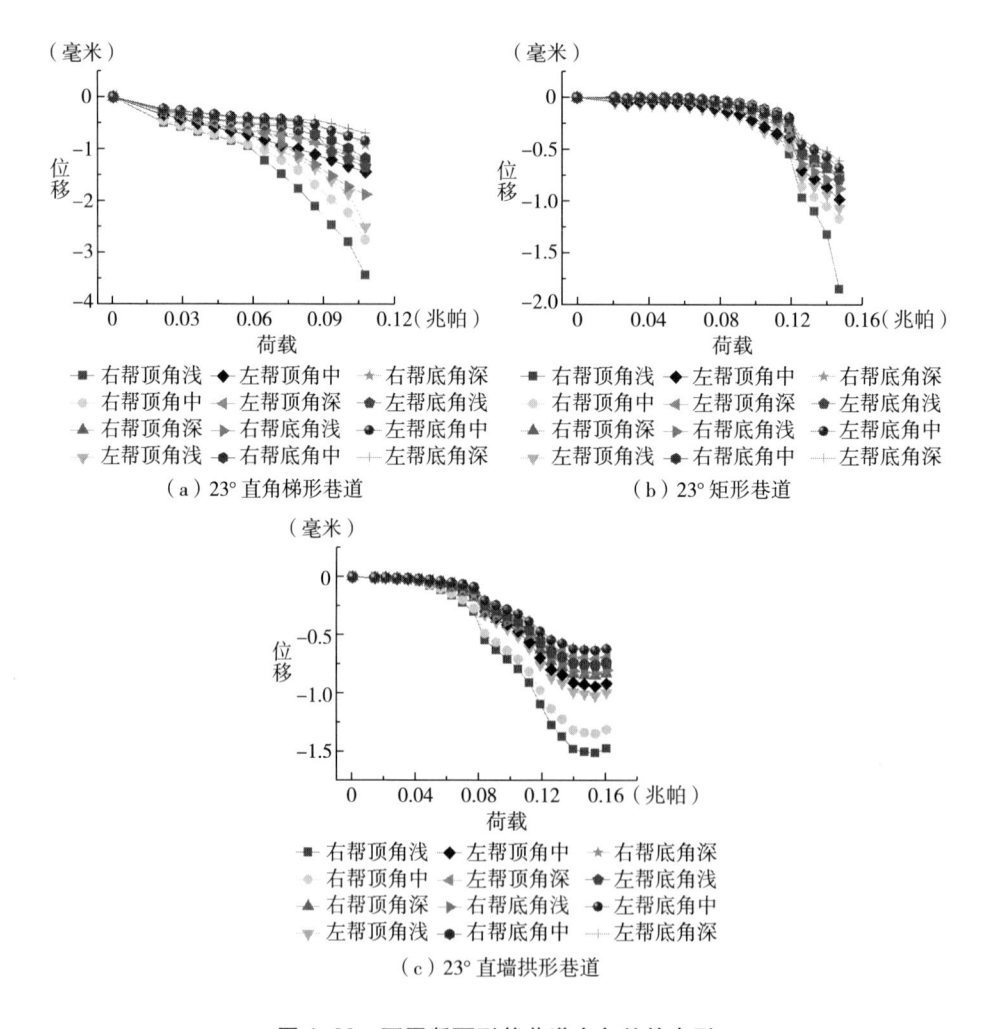

（a）23°直角梯形巷道

（b）23°矩形巷道

（c）23°直墙拱形巷道

图 4-33 不同断面形状巷道尖角处的变形

出现细小裂隙。随着荷载的增加，尖角处位移越大，最终巷道各尖角变形破坏大小依次为：右帮顶角>左帮顶角>右帮底角>左帮底角。倾角23°直角梯形巷道、矩形巷道、直墙拱形巷道右帮顶角位移峰值分别为3.36毫米、1.86毫米、1.48毫米，左帮顶角位移峰值分别为2.50毫米、1.06毫米、1.00毫米，右帮底角位移峰值分别为1.64毫米、0.88毫米、0.80毫米，左帮底角位移峰值分别为1.30毫米、0.80毫米、0.74毫米。由此可知，直角梯形巷道尖角处位移最大。

第五节　巷道围岩裂隙场分布特征

巷道围岩的变形破坏特征是其破坏的最直接体现。随着载荷的增加，巷道围岩开始轻微变形，然后出现裂隙，裂隙扩展，直至局部断裂和整体破坏。

1. 18°直角梯形巷道围岩变形破坏

图4-34为煤层倾角18°直角梯形巷道围岩变形破坏，当荷载达到0.063兆帕时，巷道围岩应力集中达到最大值，左帮顶角及两帮出现裂隙，左帮表面上侧围岩出现垮落，右帮轻微鼓出，如图4-34（a）所示。当荷载增加到0.077兆帕时，左帮表面20厘米鼓起，右帮表面15厘米处出现细长裂隙，沿着倾角方向扩展到右帮底板尖角处，巷道左帮上侧出现大量的细小裂隙，且左帮顶角处轻微垮落，右帮内部裂隙扩展，帮鼓加重，如图4-34（b）所示。从荷载增加到0.112兆帕开始，巷道顶板离层，两帮片帮，严重鼓出，底板出现裂隙，且两帮表面围岩剥落，尖角处破坏加重，如图4-34（c）所示。当荷载继续加载到0.160兆帕，顶板整体下沉，巷道表面中部断裂，离层破坏，呈现非对称贝雷帽形破坏。两帮表面围岩全部剥落，内部严重垮落，且右帮的帮鼓大于左帮，呈现非对称分布特征。巷道顶板两尖角处岩层垮落，底板裂隙扩展，向巷道内部延伸。如图4-34（d）所示。

（a）0.063兆帕　　（b）0.070兆帕　　（c）0.112兆帕　　（d）0.160兆帕

图4-34　18°直角梯形巷道围岩变形破坏

2. 23°直角梯形巷道围岩变形破坏

图 4-35 为煤层倾角 23°直角梯形巷道围岩变形破坏，当载荷达到 0.063 兆帕时，巷道围岩应力集中达到最大值，其围岩开始出现了较为明显裂隙，第一条细小裂隙出现在左帮的顶角处，细裂隙的长度为 20~40 毫米，且巷道左帮的顶角发生局部坍塌，如图 4-35（a）所示。当载荷达到 0.070 兆帕时，巷道围岩应力开始下降，巷道右帮、右帮顶角、顶板及底板的左侧出现裂隙，巷道左帮上侧出现细小裂隙。如图 4-35（b）所示。当载荷达到 0.112 兆帕时，巷道顶板两尖角处局部坍塌，巷道顶板开始离层，巷道左帮出现大主裂隙和许多小裂隙，巷道右帮轻微鼓出。如图 4-35（c）所示。随着荷载的增加，巷道浅部围岩变形扩展到深部。当荷载达到 0.160 兆帕时，巷道完全破坏，巷道顶板两尖角处大幅度垮落，右帮顶角的破坏大于左帮顶角处。巷道顶板离层加剧，其顶板变形破坏呈现非对称的贝雷帽形，底板裂隙加深，出现轻微底鼓，但巷道底板两尖角变形较小，两帮严重片帮，右帮的变形破坏大于左帮，呈现非对称分布特征，如图 4-35（d）所示。

（a）0.063兆帕　　（b）0.070兆帕　　（c）0.112兆帕　　（d）0.160兆帕

图 4-35　23°直角梯形巷道围岩变形破坏

3. 27°直角梯形巷道围岩变形破坏

图 4-36 为煤层倾角 27°直角梯形巷道围岩变形破坏，当荷载达到 0.049 兆帕时，巷道围岩应力集中达到最大值，左帮尖角出现裂隙，右帮顶角轻微垮落，没有出现较大破坏，如图 4-36（a）所示。当荷载增加到 0.056 兆帕，巷道围岩应力明显下降，巷道两帮片帮，轻微鼓出，顶板中部出现裂隙，如图 4-36（b）所示。当加载达 0.063 兆帕时，巷道围岩变形扩展到深部，顶板垮落，左帮裂隙增大，巷道表面左帮鼓出，右帮底角出现裂隙，底板出现裂隙，如图 4-36（c）所示。当荷载达到 0.077 兆帕，最终顶板垮落，两帮严重破坏，底板裂隙扩展，向巷道内部延伸，且巷道

右帮的破坏大于左帮，如图 4-36（d）所示。

（a）0.049兆帕　　（b）0.056兆帕　　（c）0.063兆帕　　（d）0.077兆帕

图 4-36　27°直角梯形巷道围岩变形破坏

4. 23°矩形巷道围岩变形破坏

图 4-37 为煤层倾角 23°矩形巷道围岩变形破坏，当荷载较小（0.028 兆帕）时，巷道围岩基本稳定，只发生很小的变形，如图 4-37（a）所示。随着荷载的持续增加，当荷载达到 0.042 兆帕时，顶板的右侧和底板的左侧出现裂隙，此时没有发生较大破坏，如图 4-37（b）所示。当荷载增加到 0.06 兆帕时，顶板和底板的裂隙扩展向巷道内部延伸。当荷载增加到 0.07 兆帕时，顶板和底板离层，裂隙增大，两帮稳定性较好，没有发生较大破坏，如图 4-37（c）所示。当荷载继续加载到 0.08 兆帕时，顶板整体下沉、垮落，巷道围岩完全破坏，如图 4-37（d）所示。

（a）0.028兆帕　　（b）0.042兆帕　　（c）0.07兆帕　　（d）0.08兆帕

图 4-37　23°矩形巷道围岩变形破坏

5. 23°直墙拱形巷道围岩变形破坏

图 4-38 为煤层倾角 23°直墙拱形巷道变形破坏，巷道围岩在荷载（0.042 兆帕）较小时，巷道围岩基本稳定，只发生很小的变形，如图 4-38（a）所示。随着荷载的持续增加，当荷载达到 0.07 兆帕时，顶板的右侧出现裂隙。当荷载增加到 0.12 兆帕时，顶板裂隙扩展，底板的左侧出现裂隙，如图 4-38（b）所示。当荷载增加到 0.14 兆帕时，顶板和底板裂隙进一步扩展增大，且右帮和右帮的底角表面出现裂隙，左帮稳定性较好，没有发生较大破坏，如图 4-38（c）所示。当荷载继续加载到 0.160 兆帕

时，顶板整体下沉、垮落，巷道围岩完全破坏，如图 4-38（d）所示。

(a) 0.042兆帕　　(b) 0.012兆帕　　(c) 0.14兆帕　　(d) 0.161兆帕

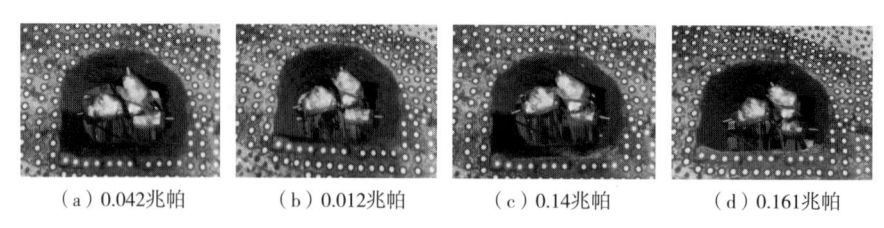

图 4-38　23°直墙拱形巷道围岩变形破坏

6. 巷道围岩裂隙场分布特征

如图 4-39 所示，巷道顶底板及两帮的裂隙场可分裂隙贯通区、裂隙发育区、微裂隙区三个区域，均呈现非对称类椭圆状分布特征。直角梯形巷道裂隙区分布面积最大，其次为矩形巷道，最小为直墙拱形巷道。巷道顶底板及两帮浅部的裂隙密度、裂隙张开度、裂隙贯通程度均大于深部。

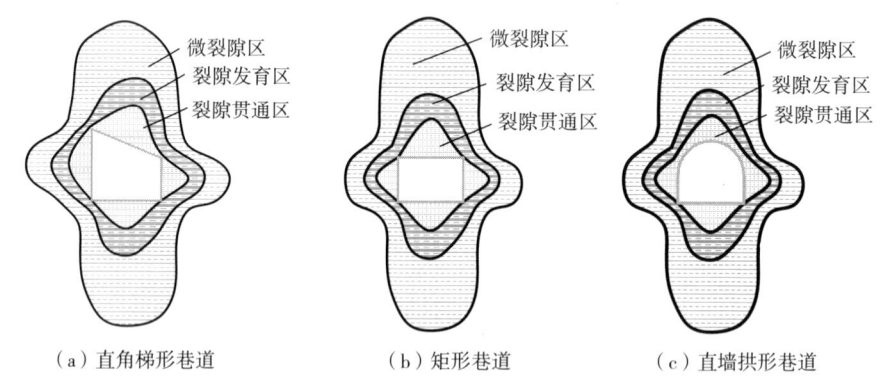

(a) 直角梯形巷道　　(b) 矩形巷道　　(c) 直墙拱形巷道

图 4-39　裂隙场分布形态

第六节　巷道围岩渐进性变形破坏

在荷载作用下，倾斜煤层中直角梯形巷道变形破坏最为严重，发生渐近性变形破坏，且呈现非对称特征。直角梯形巷道顶板尖角处容易出现应力集中，从而产生裂隙。随着载荷的增加，顶板、两帮和底板的应力集中也达到最大值。此时，顶板、底板和两帮出现裂隙，然后顶板轻微分离，两帮鼓出，底板轻微底鼓。随着载荷的不断增加，右帮应力集中由浅部转移到深部，则右帮变形扩展到深部。此时两帮出现片帮和轻微垮落，右帮变形破坏大于左帮，导致巷道自承能力下降，顶板有效长度增大，顶板离层加剧。顶板的变形又增加了两帮的压力，加剧了两帮的破坏。作为连接部分，尖角处应力状态继续恶化。最后，两帮的破坏延伸到深部，恶化了顶板的应力条件，顶板从下往上迅速坍塌，呈现非对称的贝雷帽形破坏。巷道两帮、顶板及顶板两个尖角处互相作用陷入巷道应力集中程度增加，强度降低，加剧破坏的恶性循环，直到巷道完全破坏，如图 4-40 所示。

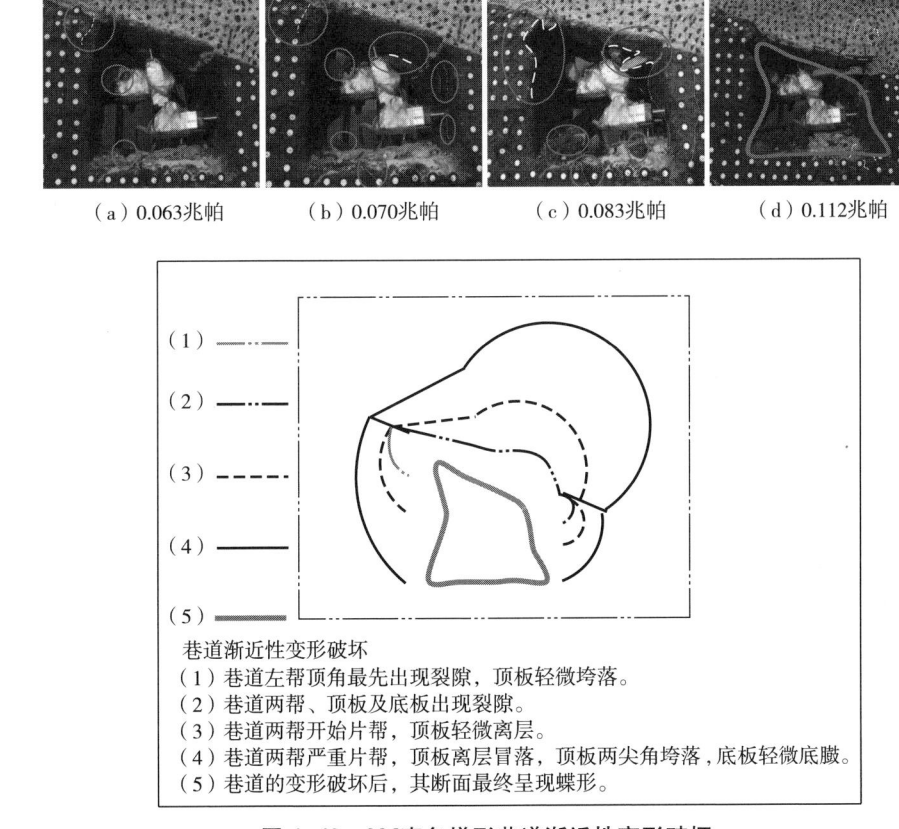

（a）0.063兆帕　　（b）0.070兆帕　　（c）0.083兆帕　　（d）0.112兆帕

巷道渐近性变形破坏
（1）巷道左帮顶角最先出现裂隙，顶板轻微垮落。
（2）巷道两帮、顶板及底板出现裂隙。
（3）巷道两帮开始片帮，顶板轻微离层。
（4）巷道两帮严重片帮，顶板离层冒落，顶板两尖角垮落，底板轻微底臌。
（5）巷道的变形破坏后，其断面最终呈现蝶形。

图 4-40　23°直角梯形巷道渐近性变形破坏

第七节　本章小结

本章在理论分析和数值模拟的基础上，根据相似理论，采用物理模拟试验系统，建立不同倾角及不同断面形状 5 个巷道相似物理模型，借助应力传感器及 DIC 变形监测技术，对倾斜煤层巷道围岩应力场、位移场及变形破坏特征进行分析，进一步分析巷道围岩应力分布及变形破坏规律，得到了倾斜煤层巷道围岩变形破坏机理，主要结论如下：

（1）倾斜煤层巷道围岩呈现非对称应力集中及变形破坏，且顶板上方应变场呈现非对称贝雷帽形应变局部化现象，直角梯形巷道的破坏最为严重。倾角越大，巷道的应力及变形越大。当倾角为 18°~27°时，直角梯形巷道左右两帮应力集中系数分别为 1.02~2.0、4.0~8.4，内部位移分别为 1.57~2.59 毫米，1.83~3.64 毫米。

（2）直角梯形巷道两帮片帮，严重鼓出，顶板呈非对称贝雷帽形破坏，巷道底板轻微底鼓，顶板两尖角严重垮落。倾角越大，巷道围岩非对称变形破坏越明显。但矩形巷道和直墙拱形巷道两帮没有发生较大破坏，顶板轻微下沉，底板出现裂隙，尖角处较为稳定。

（3）随着煤层上部荷载的增加，巷道围岩的应力集中逐渐增加，并向深部转移，导致巷道围岩的破坏由浅部延伸到深部，其深部围岩应力及变形规律与浅部相似，且随着围岩深度的增加，巷道围岩的变形减小。当倾角为 18°、23°、27°时，围岩由浅部到深部，巷道帮部最大变形量分别为 1.82~0.7 毫米、2.1~0.5 毫米、2.57~0.1 毫米。

（4）巷道顶底板及两帮裂隙场可分裂隙贯通区、裂隙发育区、微裂隙区三个区域，均呈现非对称类椭圆状分布特征。直角梯形巷道裂隙区分布面积最大，其次为矩形巷道，最小为直墙拱形巷道。直角梯形巷道高帮顶角位置首先出现沿煤层倾斜方向的裂隙，该裂隙的扩展作为巷道围岩渐进性变形破坏的诱发点，是巷道围岩稳定性控制的关键。

（5）明确了倾斜煤层巷道围岩渐进性变形破坏机理，即左帮顶角首先出现裂隙，随着荷载增加，两帮破坏增加，增大了顶板有效长度，导致顶板开始离层。顶板的下沉又增加了两帮的压力，加剧两帮的破坏，尖角处围岩开始垮落。最终巷道各部位相互作用，导致应力集中增加，强度减小，陷入恶性渐进破坏。

第五章
倾斜煤层巷道围岩主应力偏转效应与失稳分析

通过前述章节的分析发现，倾斜煤层直角梯形巷道围岩应力环境更为复杂，其非对称变形程度和控制难度升高。尤其是通过一系列相似物理模型试验发现，直角梯形巷道左帮顶角位置首先出现沿煤层倾斜方向的裂隙，该裂隙的扩展作为巷道围岩渐进性变形破坏的诱发点，是巷道围岩稳定性控制的关键。岩体力学性质具有显著的方向性，主应力方向与裂隙方向之间的空间位置关系对围岩承载能力和破坏模式影响显著。然而，鲜有针对倾斜煤层直角梯形巷道围岩应力传递路径时空演化特征及其主应力偏转效应与围岩失稳等宏观力学行为方面的量化研究，因此为了提高该类巷道围岩变形控制效果，从源头上遏制巷道围岩非对称渐进性变形破坏，本章采用弹性力学理论、结合数值模拟及相似物理模型试验等研究方法，从主应力偏转角度分析非对称应力大小和方向对巷道围岩稳定性的影响，揭示主应力偏转演化特征及其对围岩破坏的驱动效应。可通过优化主应力偏转轨迹提高围岩稳定性，为该类巷道围岩变形控制提供新思路。

第一节　巷道围岩主应力偏转效应分析

一、主应力偏转力学分析

巷道围岩由原岩应力状态过渡至揭露状态时，其主应力大小和方向均发生变化，导致巷道围岩原生裂隙发育程度升高，且裂隙岩体具有明显的各向异性，因此主应力偏转现象必然对巷道围岩稳定性产生重要影响。

由弹性力学可知任意一点的应力状态特征方程为[199]：

$$\begin{vmatrix} \sigma_x - \sigma_i & \tau_{xy} & \tau_{xz} \\ \tau_{yx} & \sigma_y - \sigma_i & \tau_{yz} \\ \tau_{zx} & \tau_{zy} & \sigma_z - \sigma_i \end{vmatrix} = 0 \tag{5-1}$$

式（5-1）中，σ_x、σ_y、σ_z、τ_{xy}、τ_{yx}、τ_{xz}、τ_{zx}、τ_{yz}、τ_{zy} 为单元体九个应力分量，单位为兆帕。

通过对式（5-1）进行求解，得出：

$$\sigma_i^3 - f_1 \sigma_i^2 + f_2 \sigma_i - f_3 = 0 \tag{5-2}$$

式（5-2）中，f_1、f_2、f_3 可表示为：

$$\begin{cases} f_1 = \sigma_x + \sigma_y + \sigma_z \\ f_2 = \sigma_x \sigma_y + \sigma_y \sigma_z + \sigma_z \sigma_x - \tau_{xy}^2 - \tau_{yz}^2 - \tau_z^2 \\ f_3 = \sigma_x \sigma_y \sigma_z - \sigma_x \tau_{yz}^2 - \sigma_y \tau_{zx}^2 - \sigma_z \tau_{xy}^2 + 2 \tau_{xy} \tau_{yz} \tau_{zx} \end{cases} \tag{5-3}$$

联立式（5-2）、式（5-3）可得：

$$\sigma_i = \frac{f_1}{3} + \sqrt{\frac{-4}{3}\left(f_2 - \frac{1}{3}f_1\right)} \cos\left(\frac{\varphi + 2k\pi}{3}\right), \quad k = 0, 1, 2 \tag{5-4}$$

式（5-4）中，φ 可表示为：

$$\varphi = \arccos \left\{ \frac{f_3 + 2\left(\dfrac{f_1}{3}\right)^2 - \dfrac{f_1 f_2}{3}}{3^4 \sqrt{-\left(f_2 - \dfrac{f_1}{3}\right)^8}} \right\} \tag{5-5}$$

将式（5-5）代入式（5-4）得主应力数值后，根据其大小排列 σ_1、σ_2、σ_3，对应的每一个主应力的方向余弦值分别为：

$$\begin{cases} n_i = \sqrt{\dfrac{(ba_1-ab_1)^2}{(cb_1-bc_1)^2+(ac_1-ca_1)^2+(ba_1-ab_1)^2}} \\ m_i = \dfrac{ac_1-ca_1}{ba_1-ab_1}n_i \\ l_i = \dfrac{cb_1-bc_1}{ba_1-ab_1}n_i \end{cases} \quad (5-6)$$

l_i、m_i、n_i 分别为最大主应力与 x 轴、y 轴、z 轴之间的方向余弦值，其中 a、b、c 可表示为：

$$\begin{cases} a=\sigma_x-\sigma_i, & a_1=\tau_{yx} \\ b=\tau_{xy}, & b_1=\sigma_y-\sigma_i \\ c=\tau_{xz}, & c_1=\tau_{yz} \end{cases} \quad (5-7)$$

由此可以得出各主应力沿 x 轴、y 轴、z 轴的分量为：

$$\begin{cases} \sigma_{iX}=\sigma_i l_i \\ \sigma_{iY}=\sigma_i m_i, \quad i=1,\ 2,\ 3 \\ \sigma_{iZ}=\sigma_i n_i \end{cases} \quad (5-8)$$

由以上分析可知，巷道围岩任意一点的应力张量 σ_{ij} 可以转化为主应力 σ_i，其中 α_i、β_i 和 γ_i 分别表示主应力张量 σ_{ij} 关于 x 轴、y 轴、z 轴的三个主方向余弦（l_i，m_i，n_i），则有：

$$\begin{bmatrix} \sigma_x-\sigma_i & \tau_{xy} & \tau_{xz} \\ \tau_{yx} & \sigma_y-\sigma_i & \tau_{yz} \\ \tau_{zx} & \tau_{zy} & \sigma_z-\sigma_i \end{bmatrix} \times \begin{bmatrix} \alpha_i \\ \beta_i \\ \gamma_i \end{bmatrix} = \begin{bmatrix} 0 \\ 0 \\ 0 \end{bmatrix} \quad (5-9)$$

主应力方向用其分别与坐标轴 x、y、z 的夹角（α，β，γ）表示，其中主应力方向向量的方位角 θ_i 是从北顺时针方向的水平角，倾角 σ_i 是水平面和主应力之间的倾斜角。

$$\begin{cases} |\theta_i| = \tan^{-1}|\cos\beta_i/\cos\alpha_i| \\ \delta_i = \tan^{-1}(|\cos\gamma_i|/\sqrt{\cos\alpha_i^2+\cos\beta_i^2}) \end{cases} \quad (5-10)$$

为了直观和准确地描述巷道围岩主应力方向的变化规律，引入赤平投影方法，可以将三维空间的几何要素反映在投影平面上，可清晰表示巷道围岩主应力的方位、角距关系及其偏转轨迹，其算法流程如图 5-1 所示。

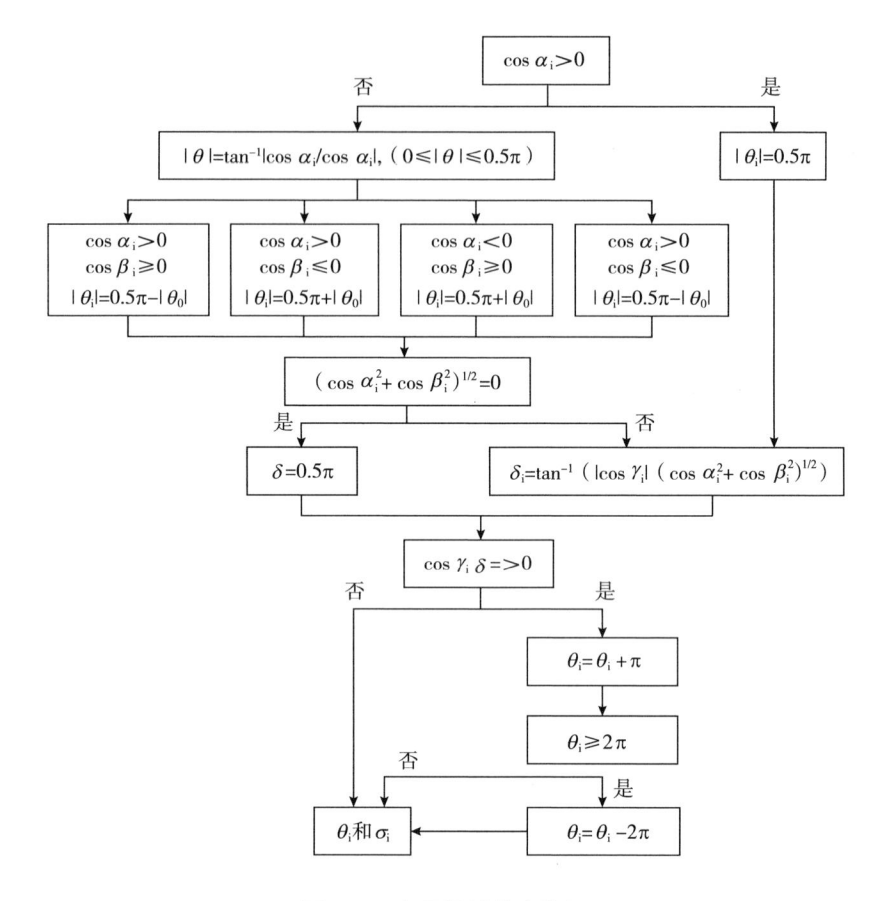

图 5-1 赤平投影算法流程

二、主应力演化规律

图 5-2 为煤层倾角 23°的直角梯形巷道在地应力 20 兆帕作用下顶板的应力分布规律。如图 5-2（a）所示，顶板最大主应力和 z 轴方向应力分量分布特征基本一致，由巷道左侧向右侧，顶板最大主应力和 z 轴方向应力分量呈现先增大后减小的趋势。顶板深部原岩应力位置最大主应力和 z 轴方向应力分量分别为 10.16 兆帕、25.12 兆帕，顶板悬露位置主应力和 z 轴方向应力分量分别为 0.52 兆帕、1.31 兆帕。由于顶板悬露位置处应力释放，因此顶板最大主应力和 z 轴方向应力分量在顶板中心位置处量值相近。

(a) 最大主应力和 z 轴方向应力分量　　(b) 最大主应力和 z 轴方向应力分量差异

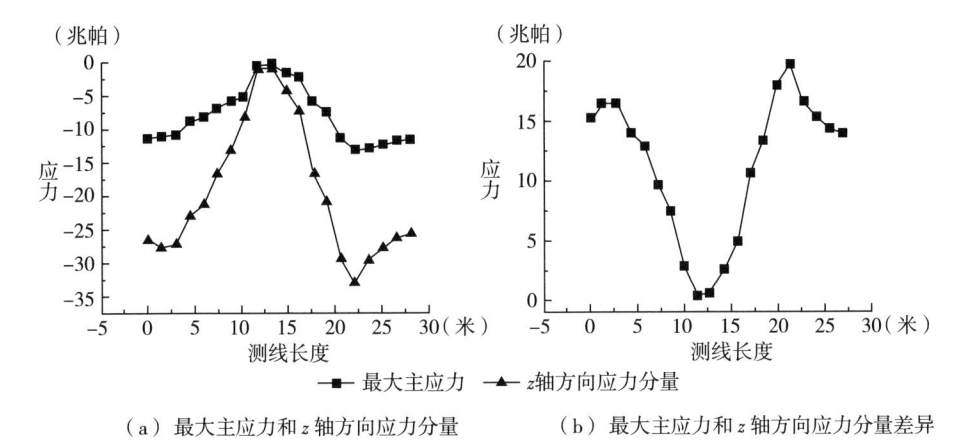

图 5-2　顶板应力分布规律

如图 5-2（b）所示，最大主应力和 z 轴方向应力分量的差值在顶板两侧浅部围岩达到峰值，以顶板为中心，应力分布曲线呈现非对称分布特征，左右两侧峰值分别为 18.32 兆帕、19.56 兆帕，在顶板中心位置附近达到极小值，其值为 0.12 兆帕。顶板最大主应力和 z 轴方向应力分量的量值差异由顶板中心向两边逐渐增大。由此可知，最大主应力与 z 轴方向应力分量存在差异，表明主应力发生偏转。

三、主应力矢量场分布特征

图 5-3 为直角梯形巷道围岩的剪应力场与主应力矢量场叠加分布云图，

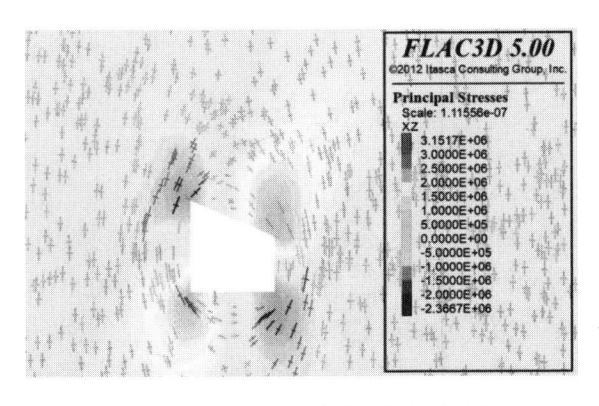

图 5-3　剪应力场与主应力矢量场分布特征

可知直角梯形巷道四个尖角处剪应力集中区域大小差异较大，呈现明显的非对称分布特征，且对应的主应力矢量场也呈现非对称分布特征，主要反映在主应力量值大小的不对称及主应力偏转角度的不对称上。

图 5-4 为直角梯形巷道顶底板、两帮的应力偏转角的分布规律。如图 5-4（a）所示，顶板主应力偏转角呈现明显的非对称分布特征，顶板左侧偏转角大于右侧偏转角，其值分别为 84.23°、58.45°，且顶板左侧的偏转角变化率明显大于右侧。

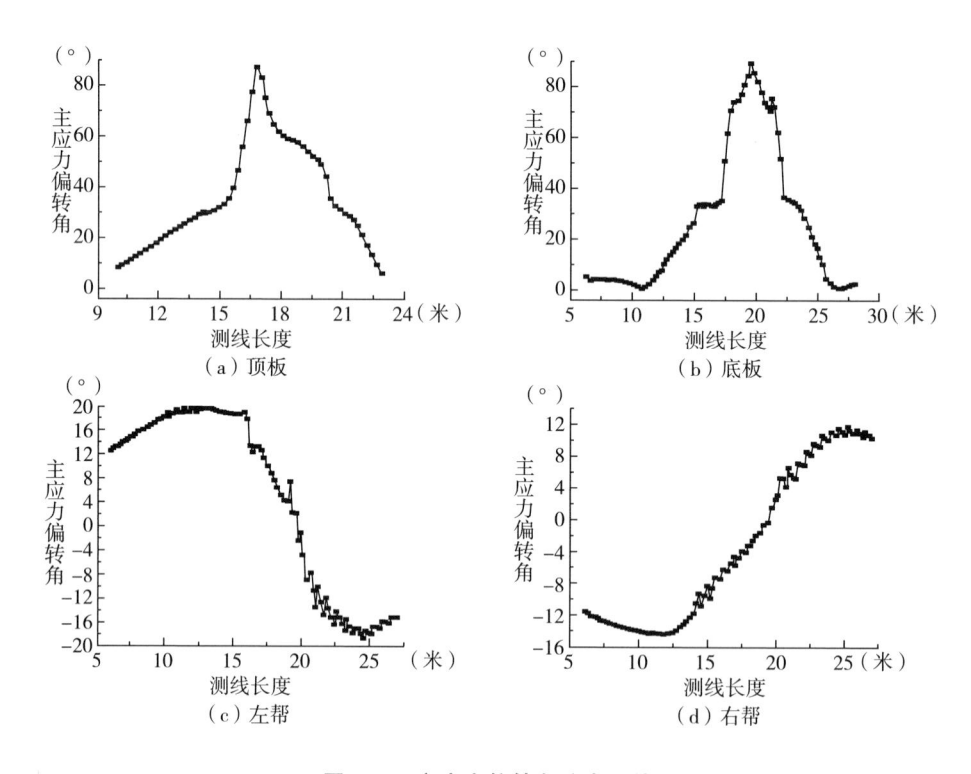

图 5-4 主应力偏转角分布规律

如图 5-4（b）所示，底板偏转角非对称程度相对较低，偏转角极值接近 90°。底板左侧偏转角变化率与右侧基本相等。对比图 5-4（a）和图 5-4（b）可以发现，主应力偏转角受到巷道空间结构的影响较大，由于直角梯形巷道的顶板为斜顶，导致主应力偏转角在斜顶的上下两端分布不均匀，呈现非对称分布特征，而直角梯形巷道的底板为水平底板，则底板上的应力偏转角受到巷道空间结构的影响较小。

如图 5-4（c）所示，巷道左帮应力偏转角的变化范围在 -20°～20°，相比顶底板的主应力偏转角较小，且左帮的偏转角基本上关于巷道中心呈对称分布。如图 5-4（d）所示，右帮侧应力偏转角的变化范围在 -16°～14°，右帮应力偏转角的变化范围小于左帮，这是由于巷道斜顶的影响，表明巷道围岩主应力矢量场具有结构敏感性，将在此章第三节进行详细解释。

第二节　巷道围岩应力传递路径时空演化特征

一、巷道围岩广义应力传递路径

巷道开挖后，巷道围岩主应力释放及转移，导致巷道围岩发生变形，使得巷道围岩广义应力路径发生改变。主应力偏转的实质是在应力增量中存在剪切分量。在主应力差作用下产生剪应力增量，造成主应力轴方向偏转。巷道围岩主应力大小和方向的变化是导致巷道围岩非对称变形破坏的根源。

通常将同时考虑主应力大小和方向变化的应力路径称作广义应力路径。为了考虑主应力偏转角对巷道围岩主应力传递路径的影响，采用 p、q、α 三个参数来描述平面问题中一点的应力状态及其传递路径[200,201]。

$$\begin{cases} p = \dfrac{\sigma_1 + \sigma_3}{2} = \dfrac{\sigma_x + \sigma_z}{2} \\ q = \dfrac{\sigma_1 - \sigma_3}{2} = \sqrt{\left(\dfrac{\sigma_x - \sigma_z}{2}\right)^2 + \tau_{xz}^2} \\ \alpha = \dfrac{1}{2}\arctan\left(\dfrac{2\tau_{xz}}{\sigma_z - \sigma_x}\right) \end{cases} \quad (5\text{-}11)$$

式（5-11）中，p 为平均压应力，q 为剪应力，α 为主应力偏转角。

图 5-5 为巷道围岩广义应力传递路径演化规律，其中 x 轴坐标为平均压应力 p，y 轴坐标为剪应力 q，z 轴坐标为主应力偏转角 α。图 5-5（a）和（b）分别为巷道顶板和底板的广义应力传递路径，可知巷道顶板中心

处主应力偏转角为90°，以顶板中心为起点向两侧偏转，主应力偏转角逐渐减小。顶板左侧和右侧偏转角变化率基本相等。由于直角梯形巷道的底板为水平底板，则底板上的应力偏转角受到巷道空间结构的影响较小。巷道底板中心处主应力偏转角为90°，以巷道底板中心为起点向两侧偏转，主应力偏转角逐渐减小。主应力偏转角的变化幅度直接影响巷道围岩平均压应力和剪应力分布规律。随着主应力偏转角变化幅度的增大，巷道围岩平均压应力和剪应力的应力集中程度均呈现先增大后减小的趋势。

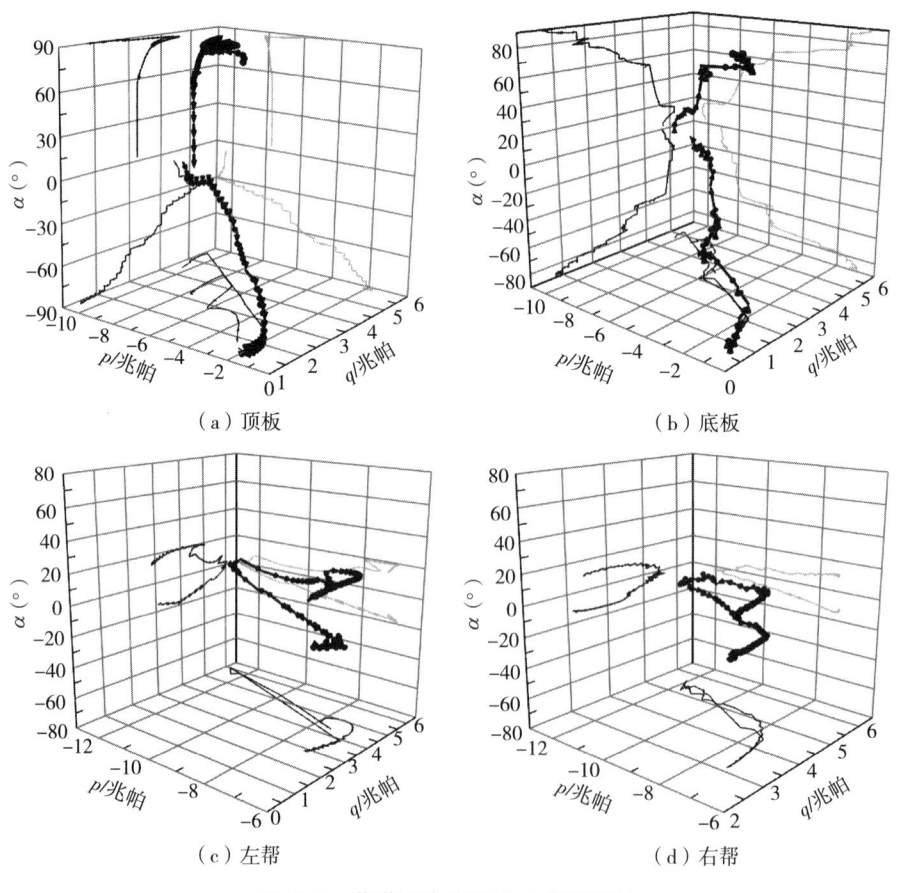

(a) 顶板

(b) 底板

(c) 左帮

(d) 右帮

图5-5 巷道围岩广义应力传递路径

图5-5（c）为巷道左帮的广义应力传递路径，可知左帮侧主应力偏转角的变化范围在-20°~20°，左帮主应力偏转角关于巷道中心呈对称分布，

但左帮顶板侧附近围岩相对于左帮底板处，应力矢量偏转区域较大。巷道左帮的主应力偏转传递路径呈对称分布，且剪应力 q 随着主应力偏转角变化幅度的增大而产生应力集中。

图 5-5（d）为巷道右帮的广义应力传递路径，可知右帮主应力偏转角的变化范围在 $-16°\sim14°$，比顶底板的主应力偏转角小。右帮主应力偏转角关于巷道中心呈对称分布，但右帮顶板侧附近围岩相对于右帮底板处，应力矢量偏转区域较大。当主应力偏转角大于 $0°$ 时，平均压应力 p 随着主应力偏转角的增大而增大，p 的极值是 -7 兆帕，剪应力 q 随着主应力偏转角的增大而增大，剪应力 q 的极值是 4.7 兆帕。剪应力 q 随着主应力偏转角变化幅度的增大而产生剪应力集中。

如图 5-6 所示，巷道围岩偏应力和主应力差变化趋势基本一致，顶底板偏应力和主应力差呈现非对称分布特征，在巷道浅部围岩区域产生应力集中，顶板左右两侧偏应力峰值分别为 9.25 兆帕、11.18 兆帕，主应力差的最大值分别为 3.53 兆帕、4.15 兆帕；底板左右两侧偏应力峰值分别为 10.34 兆帕、10.36 兆帕，主应力差的最大值分别为 3.98 兆帕、3.81 兆帕；左帮和右帮偏应力峰值分别为 11.27 兆帕、12.15 兆帕，主应力差的最大值分别为 4.03 兆帕、4.36 兆帕。在巷道临空面产生应力释放，而两帮自上而下，偏应力和主应力差呈现出先升高后降低的变化趋势，应力集中出现两帮的中心位置。

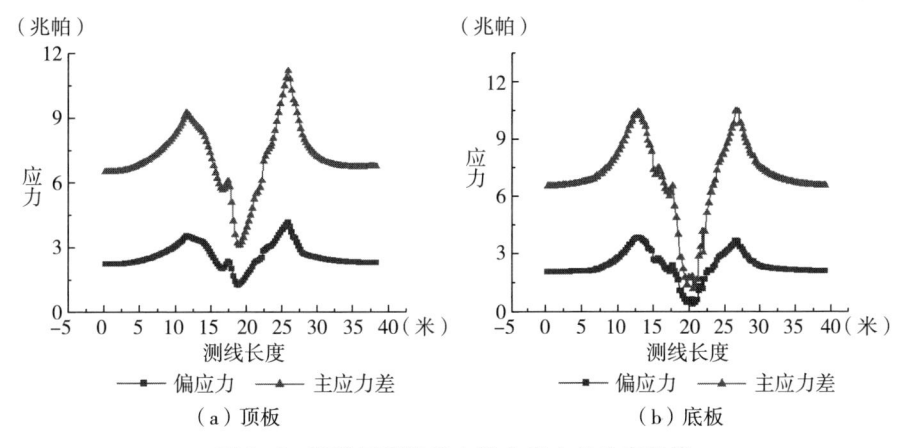

图 5-6 巷道围岩偏应力及主应力差分布规律

(c) 左帮 (d) 右帮

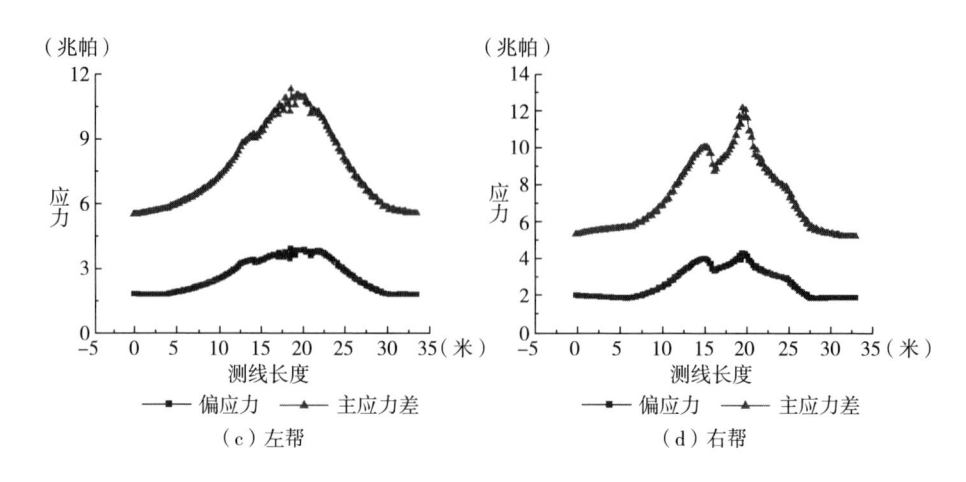

图 5-6 巷道围岩偏应力及主应力差分布规律（续图）

综上所述，巷道顶板和底板广义应力传递路径基本一致，受到主应力矢量场空间敏感性的影响，其非对称程度存在差异。顶底板主应力偏转角变化幅度大，其主应力偏转角呈现持续减小的趋势，p 呈现先增大后减小的变化趋势，q 则相反。受到巷道斜顶结构特性的影响，顶板主应力偏转角变化最剧烈位置并不位于顶板中心点。两帮广义应力路径几乎一致，受到主应力矢量场空间敏感性的影响，呈现非对称分布特征，其偏转角变化范围在 $-20°\sim20°$，p 和 q 最大值位于两帮中心位置附近，主应力方向的偏转与应力的集中、释放具有直接联系。左帮顶角的主应力偏转角和剪应力大于右帮顶角，导致左帮顶角首先发生剪切破坏。

二、巷道围岩主应力偏转轨迹

图 5-7 为煤层倾角 23°的直角梯形巷道在地应力 2.5~20 兆帕作用下主应力方向的赤平投影图，图中东西方向（90°~270°）为 x 轴方向，南北方向（0°~180°）为 z 轴方向，数据点颜色代表围岩弹塑性状态，蓝色数据点代表处于弹性状态，其他颜色数据点代表进入塑性状态。赤平投影图的中心代表主应力沿竖直方向，圆周代表主应力沿水平方向，径向刻度代表主应力的倾角，周向刻度代表主应力的方位角。赤平投影图 0°与 z 轴方向平行，代表北方，由 z 轴顺时针偏转，方位角逐渐增大。

(a) 地应力2.5兆帕

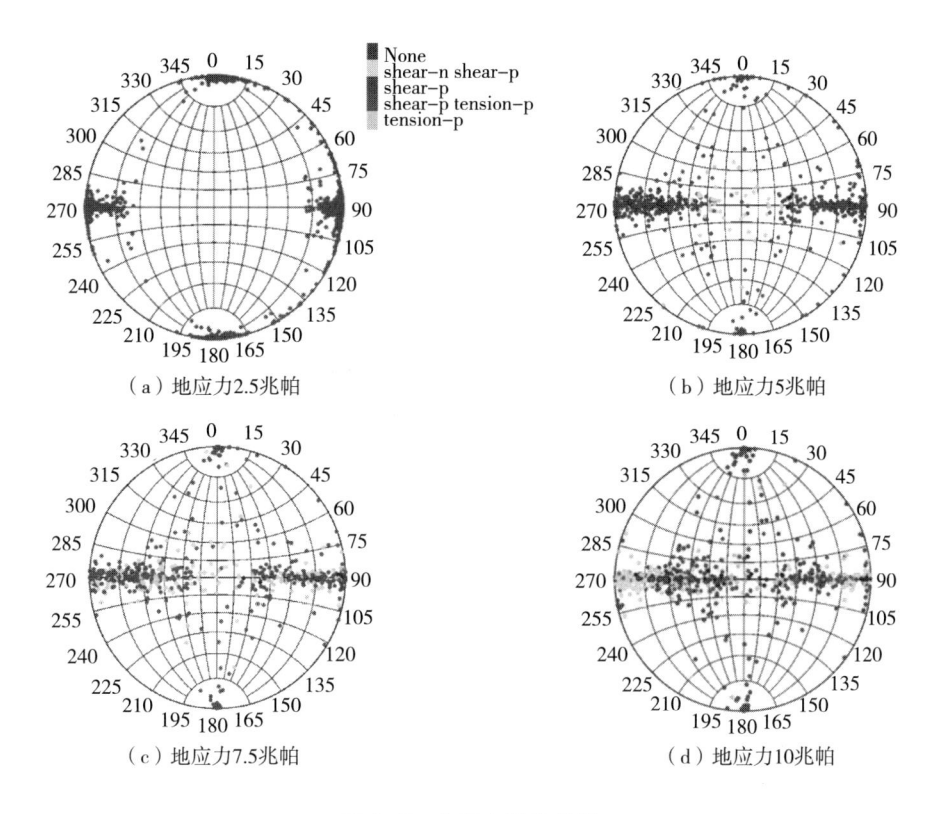

(b) 地应力5兆帕

(c) 地应力7.5兆帕

(d) 地应力10兆帕

图 5-7 主应力偏转轨迹

如图 5-7（a）所示，当地应力为 2.5 兆帕时，大部分数据点的最小主应力未发生偏转，集中在 0°、90°、180° 和 270° 四个方位角位置附近，对应巷道的原岩应力区，各岩体单元的最小主应力偏转角集中在 0°~20°。如图 5-7（b）所示，地应力为 5 兆帕时，巷道周围小部分区域发生拉伸和剪切破坏，最小主应力向巷道轴心方向倾斜，偏离初始水平方向。发生拉伸破坏区域的岩体单元的最小主应力偏转角集中在 45°~90°，而发生剪切破坏的区域的岩体单元的最小主应力偏转角集中在 0°~45°。如图 5-7（c）所示，随着地应力的增大，巷道围岩塑性区扩展，发生拉伸破坏区域的岩体单元的最小主应力偏转角减小 45° 左右，顶底板围岩最小主应力方向的最大偏转量为 90°，最小主应力最终偏转至垂直于顶底板临空面方向。如图 5-7（d）所示，弹性区主应力偏转幅度较小，受主应力影响程度低，而塑性区主应力偏转幅度增大，受主应力影响强烈。

三、主应力大小渐进演化特征

在煤层倾角23°的直角梯形巷道（地应力10兆帕）模型顶底板及两帮（$y=1.8$米）各布置了一条测线，监测巷道在开挖后围岩最大主应力的演化特征。

如图5-8所示，观察xoz平面的投影可以得出最大主应力呈非对称性分布特征。在原岩应力区域，巷道顶底板及两帮最大主应力均在y轴方向分量值为零，在z轴的分量远大于x轴分量。在应力升高区域内，巷道顶底板最大主应力沿x轴、z轴分量均增大，且巷道右侧应力峰值均大于左侧。在应力降低区域内，最大主应力在x轴、z轴的分量呈现递减趋势，直

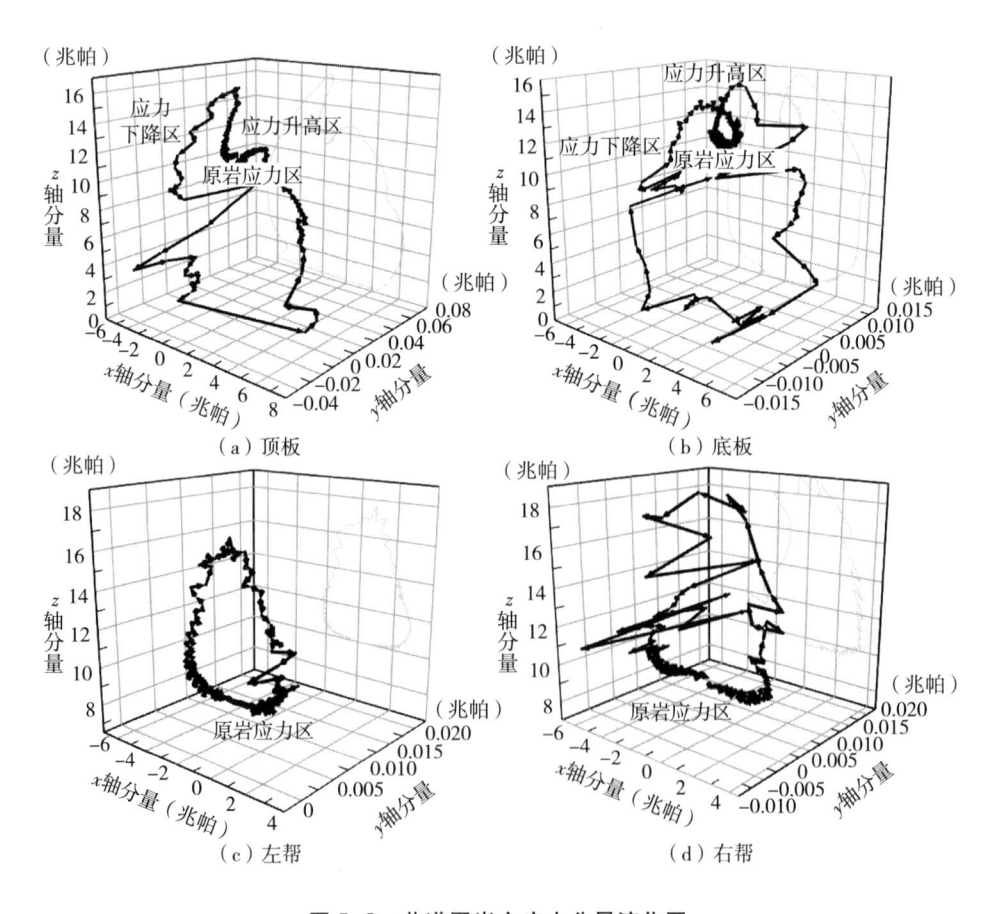

图5-8 巷道围岩主应力分量演化图

至到达巷道临空面,顶底板两个方向的分量均降至零。巷道两帮在应力升高区域内,最大主应力沿 z 轴分量均增大,沿 x 轴分量先增大后减小,且右帮应力峰值均大于左帮。巷道顶底板最大主应力非对称程度大于两帮。

如图 5-9 所示,在原岩应力区域,顶底板及两帮岩层最大主应力在 z 轴分量分别为 10.72 兆帕、11.82 兆帕、10.05 兆帕、10.32 兆帕,x 轴分量分别为 2.85 兆帕、2.72 兆帕、2.15 兆帕、2.25 兆帕。进入应力增高区后,顶底板及两帮最大主应力 z 轴分量峰值分别增至 16.14 兆帕、15.78 兆帕、17.86 兆帕、18.74 兆帕,增大幅度分别为 33.6%、25.1%、43.7%、44.9%;x 轴分量峰值分别增至 5.12 兆帕、4.84 兆帕、3.56 兆帕、3.84 兆帕,增大幅度分别为 44.3%、43.6%、39.6%、41.4%。顶底板进入应力

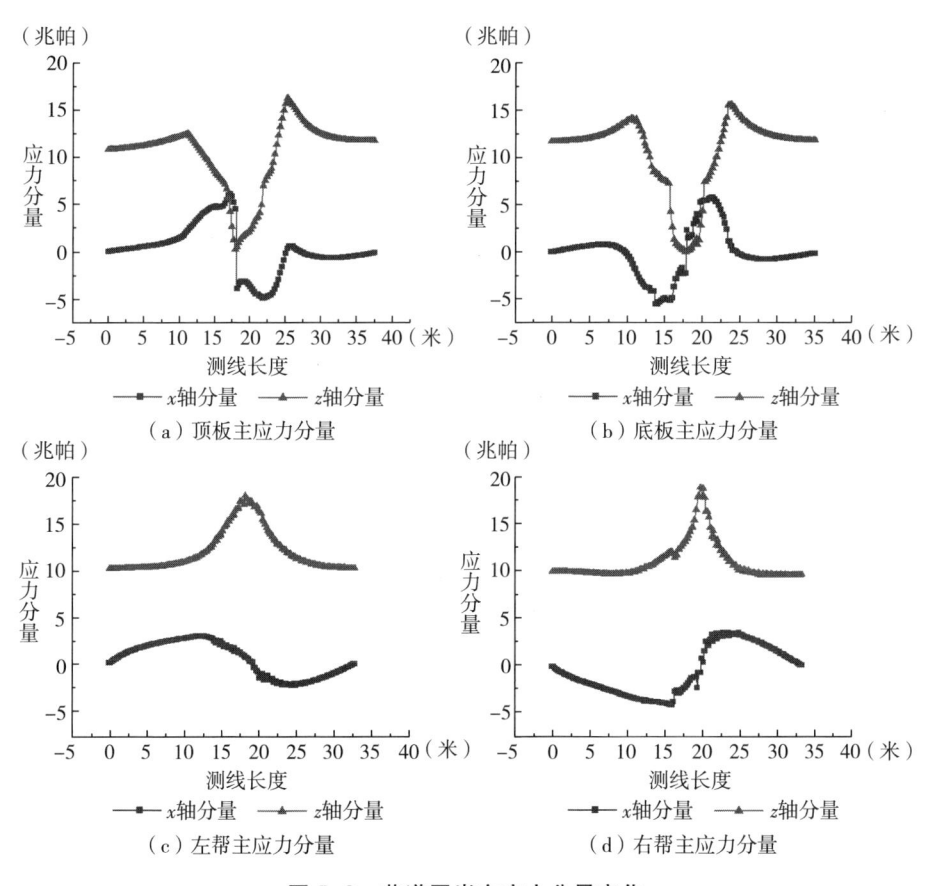

图 5-9 巷道围岩主应力分量变化

降低区后，最大主应力沿 x、z 轴分量不断减小，直至减小至零。顶底板的 x、z 轴分量由围岩浅部至深部呈现先增大后减小至原岩应力状态。

四、主应力方向偏转演化特征

如图 5-10 所示，巷道开挖后，巷道顶板及两帮最大主应力方向发生较大改变，顶底板及两帮最大主应力与 z 轴和 x 轴之间的夹角均呈非对称分布特征。由原岩应力区与至巷道的临空面，顶底板与 z 轴之间的夹角呈现持续增大的趋势，两帮与 z 轴之间的夹角呈现先增大后减小的趋势；顶板与 x 轴之间的夹角呈现持续减小的趋势，底板与 x 轴之间的夹角呈现持续增大的趋势，左帮与 x 轴之间的夹角呈现先增大后减小的趋势，右帮与 x 轴之间的夹角呈现先减小后增大的趋势。

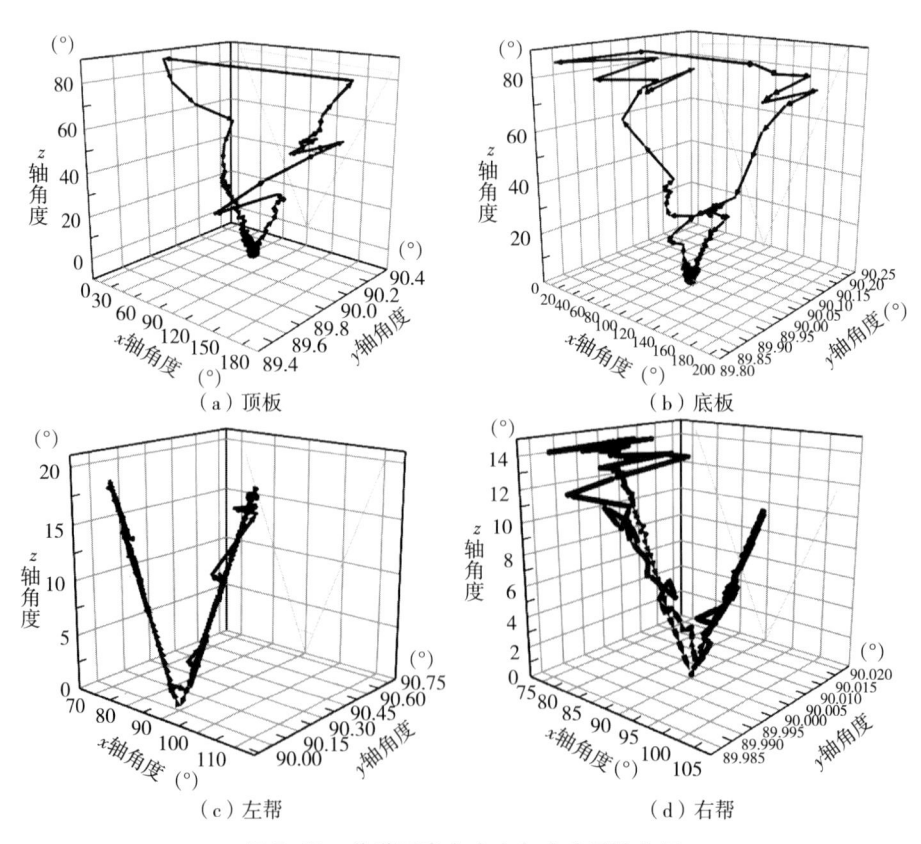

图 5-10 巷道围岩主应力角度分量演化图

第五章　倾斜煤层巷道围岩主应力偏转效应与失稳分析

如图 5-11 所示，当测点处于巷道的浅部围岩时，最大主应力与 x 轴和 z 轴之间夹角的变化呈现非对称特征，由巷道的临空面至原岩应力区，顶板、底板、左帮及右帮与 x 轴之间夹角先增大后减小，其值分别为由 92°上升至 187°、由 91°上升至 178°、由 91°上升至 109°、由 90°上升至 102°，顶板、底板、左帮及右帮与 z 轴之间夹角先增大后减小，其值分别为由 0°上升至 90°、由 0°上升至 85°、由 0°上升至 18°、由 0°上升至 14°，巷道围岩右左侧与 x 轴和 z 轴之间夹角峰值大于右侧。当测点处于深部围岩时，最大主应力与 x 轴、z 轴之间角度、峰值位置演化趋势基本保持稳定。

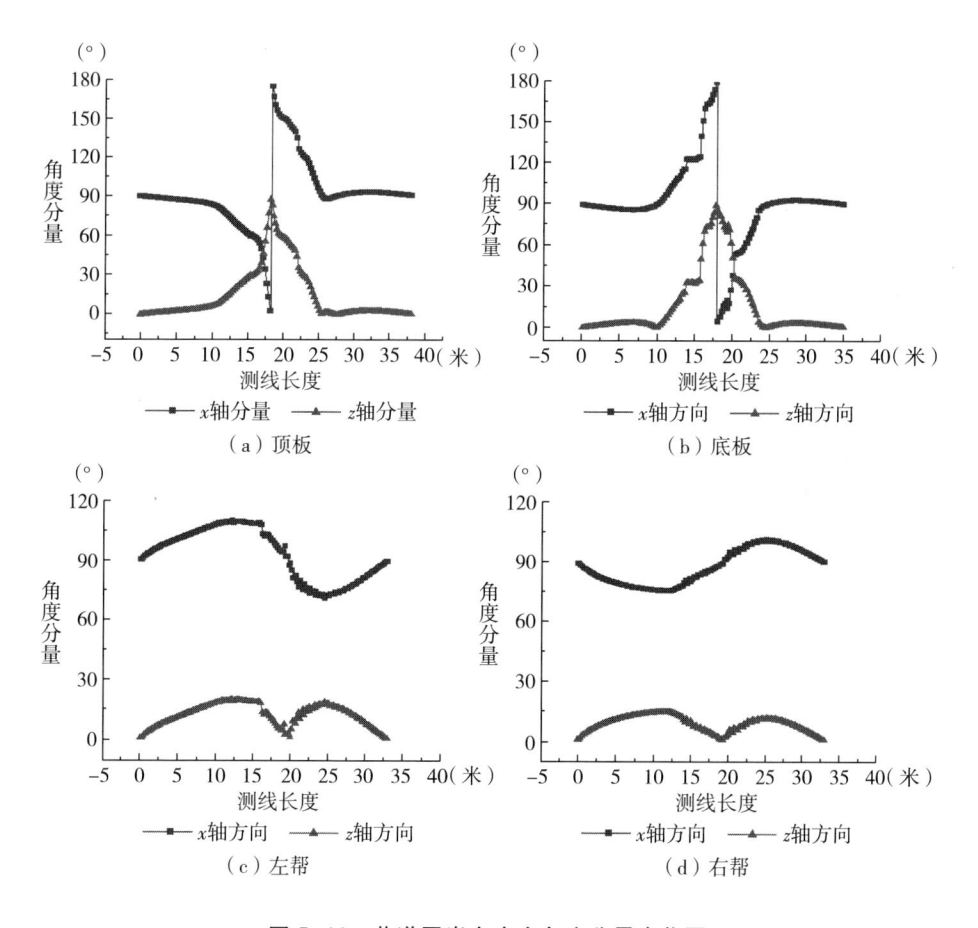

图 5-11　巷道围岩主应力角度分量变化图

第三节　巷道围岩主应力偏转影响因素分析

一、巷道断面形状对主应力偏转的影响

巷道开挖后，巷道作为特定的结构物影响着其主应力的分布特征。当巷道结构的形状特征发生改变时，巷道围岩主应力矢量场将发生变化，在特定的结构下表现出不同的主应力偏转特征，即主应力矢量场具有结构敏感性。

如图 5-12 所示，矩形、直墙拱形和直角梯形巷道主应力偏转矢量场及主应力偏转轨迹均呈现非对称分布特征，且存在差异。巷道开挖后其围岩原始应力的大小发生变化，且主应力方向也发生了偏转。虽然矩形巷道断面形状左右对称，但是受到煤层倾角效应的影响，其主应力矢量场同样呈现非对称分布特征，但其非对称程度较直角梯形巷道小。主应力大小及主应力方向的改变是一个渐变的过程，开挖面周围的主应力矢量由原先的竖直方向逐渐发生偏转，向巷道开挖面的轮廓线形状靠拢，表明巷道围岩主应力矢量场具有结构敏感性。

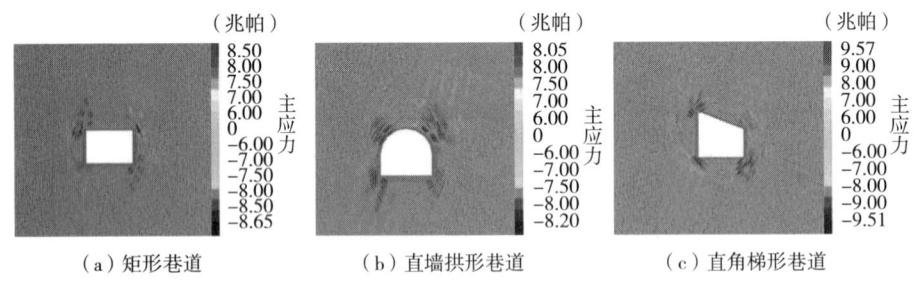

（a）矩形巷道　　（b）直墙拱形巷道　　（c）直角梯形巷道

图 5-12　不同断面形状巷道主应力矢量场

二、巷道围岩空间位置对主应力偏转的影响

巷道开挖后，巷道作为特定的空间体影响着巷道主应力的分布特征。巷道不同空间位置下表现出不同的主应力偏转特征，即主应力矢量场具有空间敏感性。

图 5-13 为倾角 23°的直角梯形巷道在地应力 10 兆帕作用下各空间区域对应的最小主应力偏转轨迹的赤平极射投影图，从图中可以看出，巷道

不同位置的最小主应力偏转角度具有明显的区域特征，巷道顶板主应力偏转角集中在30°~90°，且顶板左侧偏转角大于右侧。而巷道两帮的主应力偏转角集中在0°~30°。巷道不同部位对主应力偏转轨迹的影响异常敏感，4个尖角应力偏转幅度高于两帮。不同巷道空间对应的主应力偏转轨迹差异化程度显著，左帮最小主应力偏转角变化幅度大于右帮，巷道各部位偏转角变化幅度具有顶底板>尖角>两帮的变化规律，表明最小主应力矢量场具有空间敏感性。

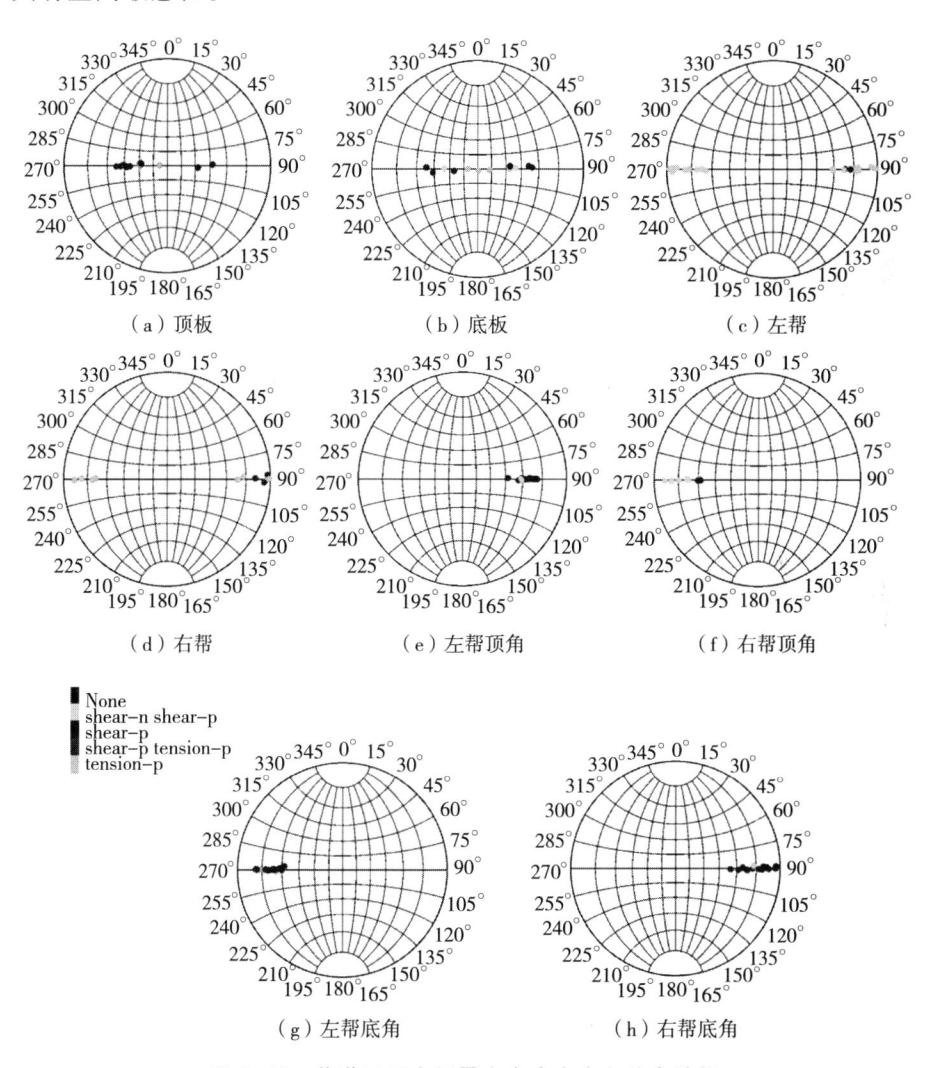

(a) 顶板　　(b) 底板　　(c) 左帮

(d) 右帮　　(e) 左帮顶角　　(f) 右帮顶角

(g) 左帮底角　　(h) 右帮底角

图 5-13　巷道不同空间最小主应力方向分布特征

图 5-14 为巷道围岩不同层位最小主应力方向分布特征，其中顶底板及两帮力学性质不同，顶板为泥岩，两帮和底板处于 4 层煤。由于细粒砂岩层位离巷道较远，几乎不受二次应力扰动的影响，大部分测点主应力偏转角度为 0°；中粒砂岩受到应力扰动程度较小，只有少数测点主应力方向发生了偏转，偏转角度最大为 18°；5 层煤大部分测点主应力偏转角度在 0°~32°；4 层煤相比于泥岩层位的围岩主应力偏转角度中位于 45°~90°的测点多。由此可知，巷道煤岩层位态升高，最小主应力偏转角度降低，表明围岩主应力矢量场具有空间敏感性。

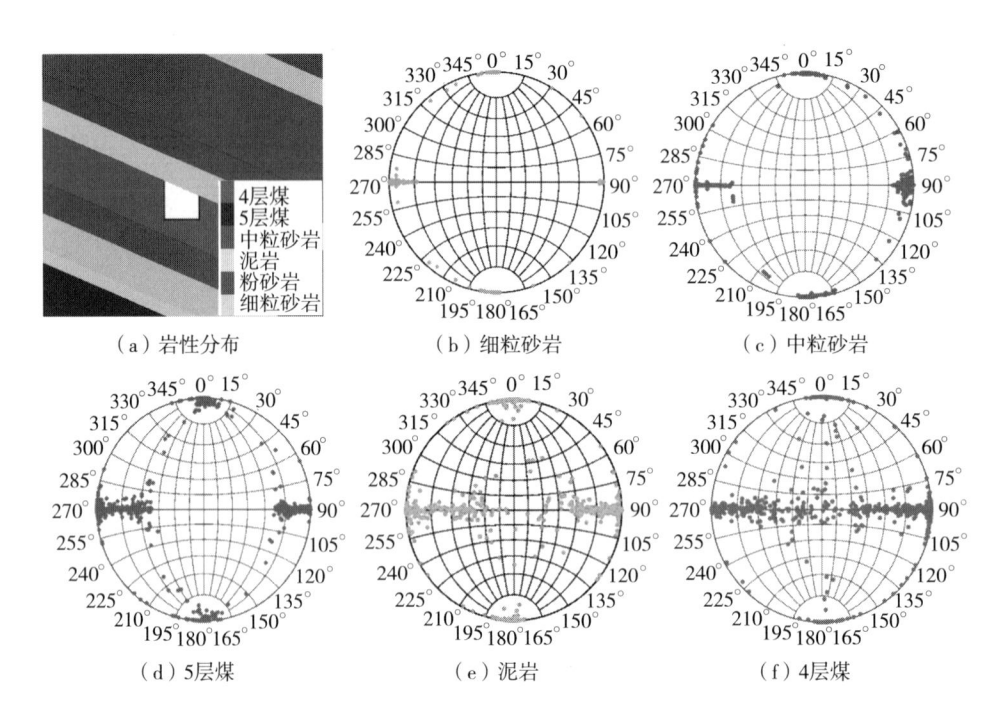

（a）岩性分布　　　　（b）细粒砂岩　　　　（c）中粒砂岩

（d）5层煤　　　　（e）泥岩　　　　（f）4层煤

图 5-14　巷道围岩不同层位最小主应力方向分布特征

三、地应力对主应力偏转的影响

图 5-15 为煤层倾角 23°的直角梯形巷道顶板在地应力 2.5~20 兆帕作用下的主应力方向的分布规律，如图 5-15（a）所示，顶板主应力偏转角呈非对称分布特征，其峰值位置出现顶板中心偏向左侧位置，由顶板中心

靠近左侧位置向两边逐渐减小。随着地应力的增大，顶板主应力偏转角增大。地应力由2.5兆帕增加到20兆帕时，偏转角最大增幅为25°。

（a）不同地应力下顶板主应力偏转角　　（b）不同地应力下顶板主应力偏转角极值

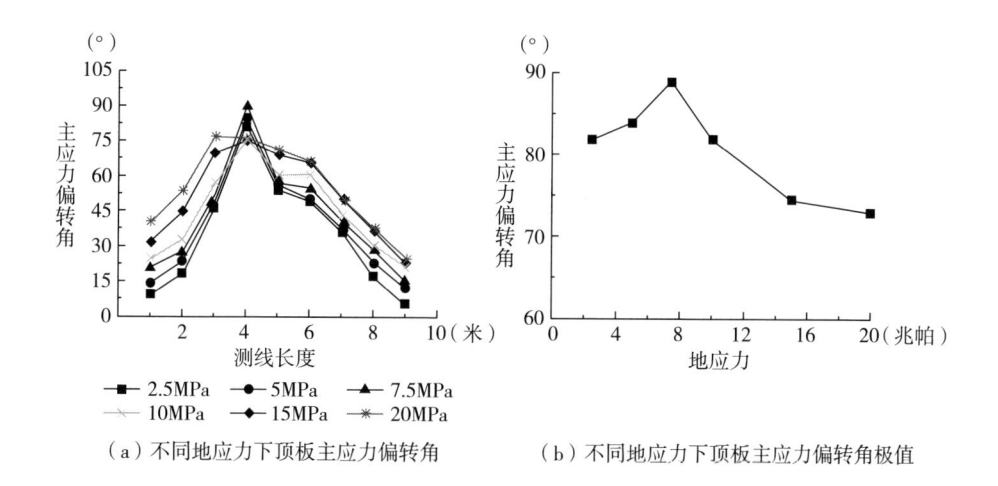

图 5-15　主应力方向分布特征

如图5-15（b）所示，随着地应力的增大，偏转角极值呈现先增大后减小的趋势。当地应力为2.5兆帕时，主应力偏转角为82.3°。当地应力为7.5兆帕时，主应力偏转角为89.5°。随着地应力的持续增加，主应力偏转角逐渐减小，在地应力为20兆帕时，主应力偏转角达到最小，最小为74.8°。由此可知，随着地应力的增大，顶板首先产生应力集中，主应力偏转角随之增大，当地应力增大到一定程度时，顶板发生破坏，应力释放，此时主应力偏转角将逐渐减小。

四、煤层倾角对主应力偏转的影响

如图5-16所示，煤层倾角分别为0°、18°、23°和27°的巷道顶板在地应力10兆帕作用下主应力矢量场的分布特征。由图5-16（a）可知，当倾角为0°时，顶板主应力偏转角关于顶板中心对称分布，呈对称拱形。由图5-16（b）可知，倾角为18°时，顶板偏转角呈现非对称分布特征，顶板中轴线左侧位置的主应力偏转角度较大，向两边逐渐减小，整体呈偏心拱状分布。由图5-16（c）可知，当倾角为23°时，顶板偏转角非对称分布特征更明显，主应力偏转角极值位于巷道中轴线左侧。由图5-16（d）可知，当倾角为27°时，顶板偏转角呈现非对称分布特征，偏转角极值距离顶板中轴线左侧距离增大。由此可知，随着倾角的增大，顶板主应力偏转角的非对称分布程度越明显，主应力偏转角极值位置距离巷道中轴线左侧位置越来越远。

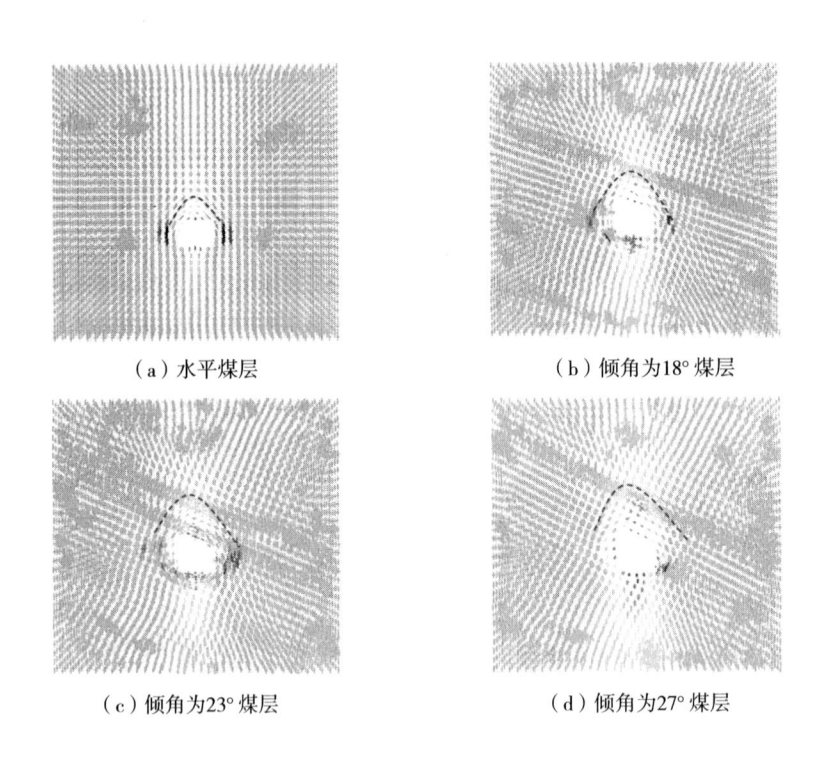

（a）水平煤层

（b）倾角为18°煤层

（c）倾角为23°煤层

（d）倾角为27°煤层

图5-16　不同倾角主应力矢量场分布特征

图5-17为煤层倾角0°、18°、23°和27°的巷道顶板在地应力10兆帕作用下的主应力偏转角分布曲线，从图5-17可以看出，当倾角为0°时，顶板主应力偏转角曲线关于巷道中轴线对称分布。随着煤层倾角的增大，顶板主应力偏转角极值位置朝着中轴线左侧偏转，巷道顶板两侧围岩的主应力偏转角均随着煤层倾角的增大而增大，倾角由0°增加到27°，最小主应力偏转角最大增幅为20°，而巷道顶板临空面中轴线右侧处围岩的主应力偏转角随着煤层倾角的增大而减小。

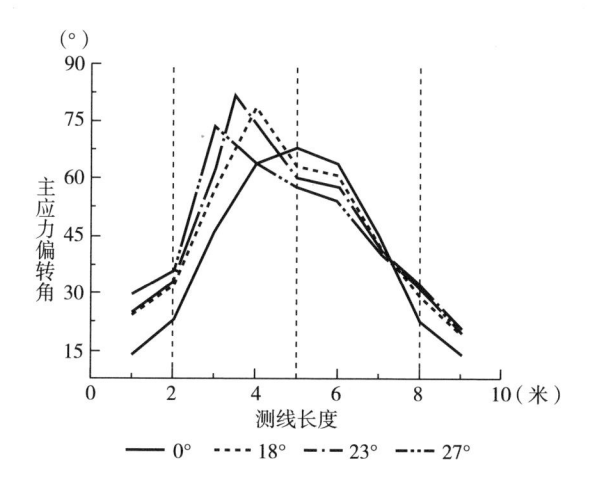

图 5-17 不同倾角顶板主应力偏转角分布

第四节　主应力偏转对巷道围岩失稳的驱动效应

一、巷道围岩主应变偏转分布规律

巷道不同区域围岩所处的应力环境与受载历程存在显著差异，这种差异性导致巷道不同区域的变形破坏特征与岩体结构的力学性态、力学行为等亦存在显著差异。受煤层倾角和断面形状的影响，顶板应力的传递路径存在较明显的非对称偏转特征。

在主应力轴偏转的同时也会伴随着主应变轴偏转的现象，主应变轴偏转是指主应变的方向相对于某一固定方向发生变化。前人的研究主要涉及主应力轴偏转问题，而对于主应变轴偏转问题关注较少，尤其是利用DIC测量方法对巷道围岩全场主应变轴偏转与围岩稳定性的研究较少[202]。

巷道不同区域的围岩所处的应力环境存在显著差异，这种差异性不仅体现在变形破坏特征上，还显著影响了岩体结构的力学性态和行为。受煤层倾角和断面形状的影响，顶板应力的传递路径呈现非对称偏转特征，这种非对称性对于理解和预测巷道围岩的稳定性具有重要意义。除了主应力轴的偏转，主应变轴的偏转也是一个重要的现象，它指的是主应变方向相对于某一固定方向的变化。虽然以往的研究主要集中在主应力轴的偏转问题上，但对主应变轴偏转的研究相对较少。尤其是利用数字图像相关性（DIC）测量方法来分析巷道围岩全场主应变轴偏转与围岩稳定性的关系，这是一个研究领域中的较新方向。探索主应变轴偏转与围岩稳定性之间的关系可以提供巷道设计和支护工作的新视角。例如，通过 DIC 技术全面监测巷道围岩的应变状态，可以更准确地预测围岩在不同应力条件下的响应，从而为巷道的稳定性提供更有效的支撑。此外，这种方法还可以揭示巷道围岩在受载过程中的动态变化，从而为矿山的安全运营提供重要信息。

总的来说，通过结合主应力轴和主应变轴的偏转分析，可以更全面地理解巷道围岩在不同工况下的行为，从而为巷道的设计、支护和稳定性评估提供更为科学的依据。这种方法可能还会推动矿业工程领域中相关技术的发展，如更先进的监测工具和分析方法，进而提高矿山的安全性和生产效率。

在材料力学中，微元体斜截面上的应变 ε_α 的极值被称为主应变 ε_0。当巷道围岩发生较大的不均匀变形时，此时 ε_0 可能会偏离坐标轴方向（$\gamma_{xy} \neq 0$），从而发生主应变轴偏转现象。ε_0 方向与 x 轴正方向之间的夹角被称为主应变轴偏转角 β_0，其表达式为[203]：

$$\beta_0 = \frac{1}{2}\arctan\frac{\gamma_{xy}}{\varepsilon_x - \varepsilon_y} \tag{5-12}$$

式（5-12）中，γ_{xy} 为剪切应变；ε_x 和 ε_y 分别为水平和竖直方向的线应变。根据式（5-12），通过 Python 语言编程改进 DIC 监测技术，可实现对巷道围岩主应变偏转的全场监测。

图 5-18 为不同荷载作用下的主应变偏转分布规律，其中长虚线代表最大主应变方向，短箭头代表最小主应变方向。受煤层倾角和巷道断面形状的影响，顶板岩层形成了较明显的非对称拱形应变传递包络特征。拱顶左侧的岩层载荷向左侧（高帮）煤岩体传递，右侧岩层载荷向右侧（低帮）煤岩体传递。随着荷载的增加，沿顶板自上而下，主应变拱顶逐渐向顶板中轴线位置靠近，主应变拱顶向高位岩层发展。拱顶位置的主应变偏转角接近 90°，可通过主应变偏转角来确定。

(a) 0.028兆帕　　(b) 0.049兆帕

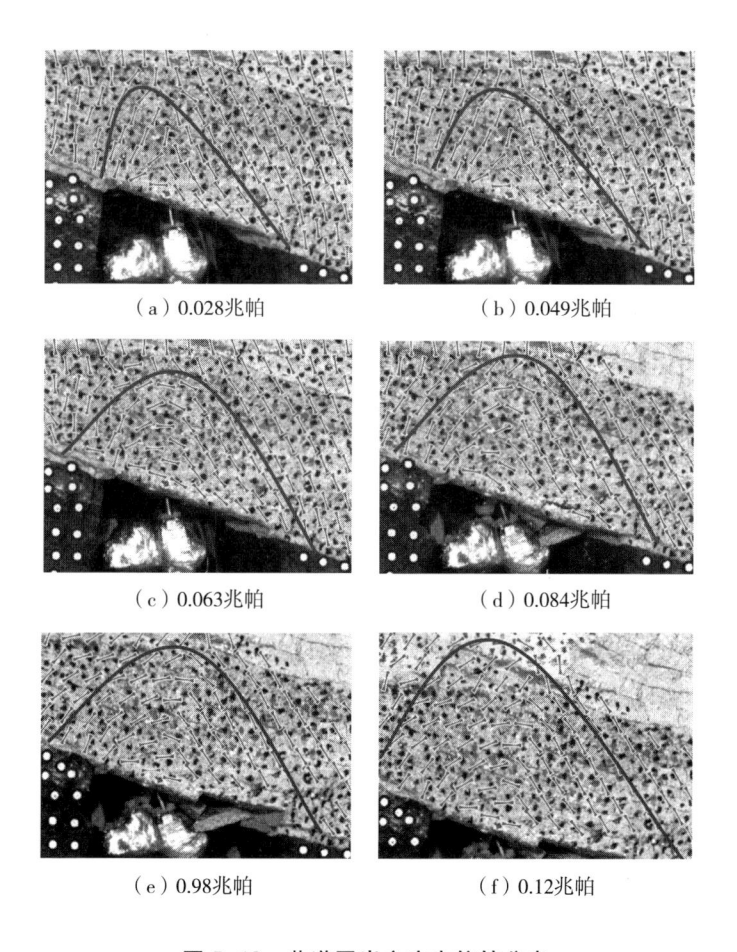

(c) 0.063兆帕　　(d) 0.084兆帕

(e) 0.98兆帕　　(f) 0.12兆帕

图 5-18　巷道围岩主应变偏转分布

在应变拱外部，巷道顶板应变的传递呈现为高位岩层载荷向主应变拱角煤岩体上转递，主应变方向朝两侧偏转。在应变拱内部，形成较明显的应变释放区，主应变值明显减小，方向亦发生明显变化，主应变偏转角极值较拱外大。顶板主应变偏转规律和主应力偏转规律基本一致，产生偏差的原因是可能受到 DIC 测量误差及岩土体非共轴特性的影响。

图 5-18 中描述的不同荷载作用下的主应变偏转分布规律，显示了顶板岩层在受到煤层倾角和巷道断面形状影响时，形成的非对称拱形应变传递特征是关键的观察点。这种非对称拱形特征表明，顶板岩层承受的载荷在不同方向上有着不同的传递路径，这对理解和预测巷道围岩的稳定性有着

重要的意义。随着荷载的增加，主应变拱顶的位置和形态发生变化，这反映了顶板岩层内应力和应变分布的动态性。特别是主应变拱顶位置的接近90°的偏转角提供了一个重要的指标，用于确定顶板岩层中的应力和应变分布，这一发现对于设计和实施有效的巷道支撑和稳定措施具有重要的指导意义。此外，应变拱外部和内部的主应变方向和值的变化揭示了顶板岩层内部应力和应变的复杂性。在应变拱外部，高位岩层载荷向主应变拱角煤岩体的传递表明了应力在巷道围岩中的传播路径。而在应变拱内部形成的应变释放区，显示了主应变值的明显减小和方向的显著变化，这可能与岩土体的非共轴特性有关。

通过对这些观察结果的分析，可以更好地理解巷道顶板岩层中应力和应变的分布和传递机制，从而为巷道围岩稳定性评估和支护设计提供科学依据。这些发现对于预防巷道围岩的变形和破坏具有重要的实际意义，特别是在倾斜煤层直角梯形巷道的环境中。此外，这些分析还指出了未来研究的方向，可能包括探索更精确的应变和应力测量技术，以及开发更有效的巷道支护方法。

二、考虑主应力偏转影响的巷道围岩稳定度

由以上分析可知，主应力偏转对巷道围岩破坏具有驱动作用，且主应力偏转角度越大，围岩稳定性越差。巷道围岩承载能力受控于加载方向与裂隙方向之间的空间位置关系，岩石力学理论表明受裂隙切割围岩的单轴抗压强度 R_{cf} 由式（5-13）确定[204]：

$$R_{cf} = \frac{2C_f}{(1-\tan\varphi_f \cot\alpha_f)\sin2\alpha_f} \tag{5-13}$$

式（5-13）中，C_f 为裂隙的内聚力，单位为兆帕；φ_f 为裂隙的内摩擦角，单位为°；α_f 为最大主应力方向与裂隙面外法线方向之间的夹角，单位为°。

完整围岩单轴抗压强度 R_c 由式（5-14）确定：

$$R_c = \frac{2C\cos\varphi}{1-\sin\varphi} \tag{5-14}$$

式（5-14）中，C 与 φ 分别为围岩的内聚力与内摩擦角。

当式（5-13）计算结果小于式（5-14）时，巷道围岩强度受到裂隙影响，发生劣化现象，巷道围岩稳定性降低。因此，基于主应力偏转效应提出了巷道围岩稳定度 F_s，用来表征考虑主应力偏转影响下巷道围岩的稳定程度，巷道围岩稳定度 F_s 的表达式如下：

$$F_s = \cos^2\alpha_f - \cot\varphi_f \sin\alpha_f \cos\alpha_f + \frac{C_f \cot\varphi_f (1-\sin\varphi)}{2C\cos\varphi} \tag{5-15}$$

当巷道围岩稳定度 F_s 大于 0 时，裂隙受主应力方向影响较小，对巷道围岩承载能力的影响较小；当巷道围岩稳定度 F_s 小于 0 时，巷道围岩稳定性受裂隙面外法线方向与最大主应力方向之间夹角的影响，进入强度劣化状态。

以巷道两帮煤体为例，通过式（5-15），改变裂隙的最大主应力方向与裂隙面外法线方向之间的夹角 α_f 计算得出巷道两帮巷道围岩稳定度受主应力方向变化的影响曲线。如图 5-19 所示，当 $\alpha_f < 54.5°$ 时，F_s 随着 α_f 的减小而增大；当 $\alpha_f > 54.5°$ 时，F_s 随着 α_f 的增大而增大。当 α_f 落于区间 [37.4°，72.3°] 时，巷道围岩稳定度小于 0，裂隙导致围岩承载能力降低，巷道围岩稳定性受 α_f 的影响，进入强度劣化状态。

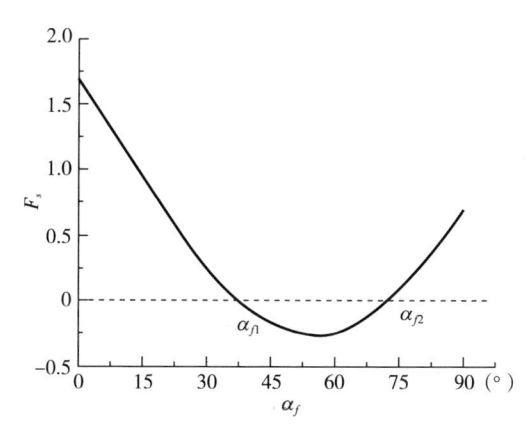

图 5-19 巷道围岩稳定度分布规律

三、倾斜煤层巷道围岩裂隙发育控制方法

倾斜煤层直角梯形巷道首先是高帮（左帮）顶角位置出现沿煤层倾斜

方向的裂隙，高帮顶角位置随之发生破坏（在4.5节相似物理模型试验中已得到验证）。高帮顶角作为巷道围岩渐进性变形破坏的诱发点，是倾斜煤层直角梯形巷道围岩稳定性控制的关键。

通过对式（5-15）分析可以知，当围岩力学性质一定时，巷道围岩稳定度 F_s 主要受最大主应力方向的影响，因此可通过调节主应力方向来控制巷道围岩裂隙发育对围岩承载能力的影响程度。以煤层倾角为23°的直角梯形巷道为例，其高帮顶角位置沿煤层倾斜方向的裂隙发育控制方程表达式如下：

$$\alpha_f = 90° - \alpha + \theta \tag{5-16}$$

式（5-16）中，α_f 为最大主应力方向与裂隙面外法线方向之间的夹角，单位为°；α 为主应力方向偏转角度，单位为°；θ 为倾斜煤层直角梯形巷道高帮顶角位置的裂隙相对水平面的角度，单位为°。

根据式（5-16）绘制裂隙发育控制曲线，如图5-20所示，当 α_f 在区间 [37.4°，72.3°] 时，主应力方向偏转角度为 [40.7°，75.6°]，此时，巷道围岩稳定度小于0，高帮顶角裂隙导致围岩承载能力降低，将该区间定义为围岩稳定性的主应力方向敏感区间。当主应力方向偏转角度为 [0，40.7°] 或 [75.6°，90°] 时，巷道围岩稳定度大于0，且当主应力方向偏转角度>75.6°时，主应力方向偏转角度越大，巷道围岩越稳定。当主应力方向偏转角度<40.7°时，主应力方向偏转角度越小，巷道围岩越稳定。

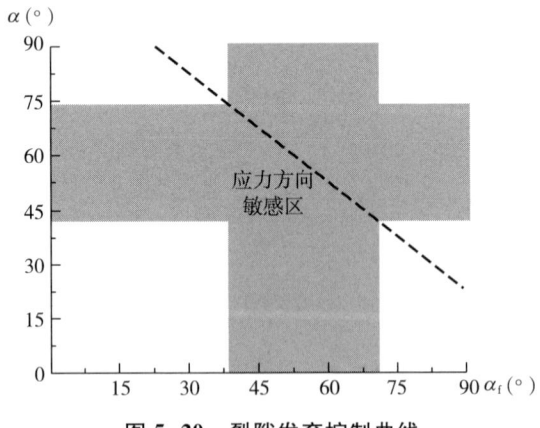

图 5-20 裂隙发育控制曲线

由第一节中图 5-4（a）可知，直角梯形巷道高帮顶角裂隙位置处的主应力偏转方向为 44°，由式（5-16）求出此处最大主应力方向与裂隙面外法线方向之间的夹角 α_f 为 69°，位于主应力方向敏感区间内，巷道围岩稳定度 F_s 为 -0.087，巷道围岩稳定性受裂隙面外法线方向与最大主应力方向之间夹角的影响，进入强度劣化状态。

锚杆支护可以将巷道开挖后因二次应力场形成出现的近表围岩二向应力状态恢复到三向应力状态，也就是通过锚杆支护增大径向应力 σ_ρ，改善围岩应力状态。锚杆支护不仅改变了巷道围岩应力的大小而且改变了主应力的偏转轨迹。由前述章节分析可知，巷道围岩任意一点的主应力偏转角的计算公式为：

$$\alpha = -\arctan\left(\frac{-\sqrt{4\tau_{\rho\theta}^2+\sigma_\theta^2-2\sigma_\theta\sigma_\rho+\sigma_\rho^2}-2(\sigma_\theta-\sigma_\rho)\cos^2\theta-4\tau_{\rho\theta}\sin\theta\cos\theta-\sigma_\rho+\sigma_\theta}{4\tau_{\rho\theta}\cos^2\theta+2\sin\theta(\sigma_\rho-\sigma_\theta)\cos\theta-2\tau_{\rho\theta}}\right)$$

(5-17)

为了验证上述假设的可行性，令巷道围岩切向应力、剪应力和方位角为 σ_θ、$\tau_{\rho\theta}$ 和 θ 为定值，通过改变径向应力 σ_ρ 绘制出主应力偏转角随径向应力增加的变化曲线，如图 5-21 所示。可以发现，随着径向应力的增加，主应力偏转角度降低，证明了锚杆支护可以改变巷道围岩的主应力偏转轨迹。因此可以通过在巷道高帮位置处布设锚杆，来改变主应力偏转轨迹，将主应力方向驱离方向敏感区，提高巷道围岩稳定度。锚杆支护角度是否会影响，以及如何影响主应力偏转轨迹，将在第六章进行系统研究。

在顶板特别是高帮顶角位置容易出现沿煤层倾斜方向的裂隙，导致围岩的渐进性变形破坏。这种裂隙的发生和发展，尤其是在高帮顶角位置，成为巷道围岩稳定性控制的关键因素。根据式（5-16）分析，可以了解到巷道围岩稳定性主要受最大主应力方向的影响。因此，通过调节主应力方向，可以在一定程度上控制巷道围岩裂隙发展对围岩承载能力的影响。这一点在倾斜煤层直角梯形巷道中表现得尤为明显。通过构建裂隙发育控制方程，可以明确主应力方向敏感区间。在这个区间内，围岩承载能力下降，围岩稳定性降低。锚杆支护作为一种有效的巷道围岩稳定化措施，不仅增大了径向应力，还改变了主应力的偏转轨迹。这种改变对于提高围岩的稳定性具有重要作用。通过在巷道高帮位置布设锚杆，可以有效地改变主应力偏转轨迹，将主应力方向驱离方向敏感区，从而提高巷道围岩的稳定度。

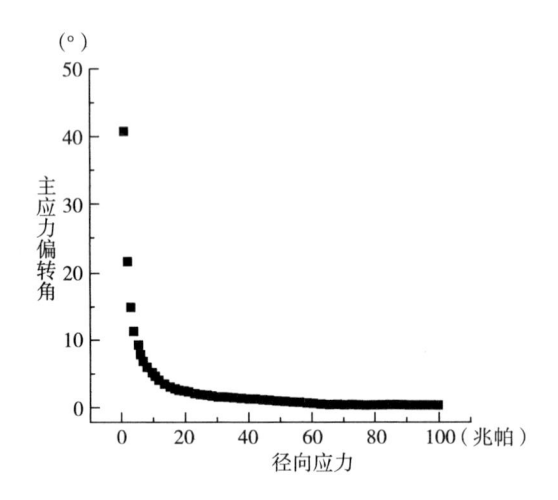

图 5-21 主应力偏转角变化曲线

锚杆支护角度对主应力偏转轨迹的影响，未来的研究将会深入探讨，这一研究将有助于优化锚杆支护设计，以更有效地控制巷道围岩的稳定性。这种综合分析和探讨对提高倾斜煤层直角梯形巷道的安全性和效率具有重要的实际意义，可以为矿业工程实践提供更为科学和精确的理论支持，为确保矿工安全和提高矿山生产效率提供重要指导。

第五节　本章小结

本章采用理论分析、数值模拟和相似物理模型试验等综合研究手段，对倾斜煤层直角梯形巷道围岩主应力偏转非对称特征进行研究，分析了主应力偏转下巷道围岩的力学特性、主应力分量—方向的传力路径、主应力矢量场影响因素及主应力偏转对巷道围岩稳定性的影响，揭示了主应力偏转演化特征及其对围岩破坏的驱动效应，并提出主应力偏转效应在巷道围岩控制中的应用方法。主要结论如下：

（1）倾斜煤层巷道围岩主应力矢量场演变的突出特点是：主应力量值

大幅度改变同时伴随主应力方向大角度偏转,呈现非对称分布特征,各区域差异化显著。受巷道斜顶影响,顶板主应力矢量场非对称程度大于底板,顶板左侧主应力偏转角变化幅度大于右侧,顶底板、左帮、右帮的主应力偏转角极值分别为 90°、20°、16°。

(2) 巷道围岩应力传递路径呈现非对称演化特征。随着主应力偏转角的增大,平均压应力呈现先增大后减小的趋势,剪应力则相反。主应力偏转轨迹呈现最小主应力偏离初始水平方向,向巷道轴心方向倾斜,最终偏转至垂直于顶底板临空面方向。巷道各区域主应力大小和方向偏转均呈现渐进性非对称演化特征,变化趋势具有差异性。左帮顶角的主应力偏转角和剪应力大于右帮顶角,左帮顶角首先发生剪切破坏。

(3) 通过分析巷道围岩主应力偏转影响因素,发现不同断面形状巷道应力偏转规律相似,但轨迹均不相同;主应力偏转角变化幅度呈现顶底板>尖角>两帮的变化规律;煤岩层位态升高,最小主应力偏转角度降低;随着地应力的增大,主应力偏转角先增大后减小;随着煤层倾角的增大,顶板主应力偏转角的非对称分布程度越明显,其极值位置朝着中轴线左侧迁移,煤层倾角从 0°增加到 27°,其主应力偏转角最大增幅为 20°。

(4) 通过 Python 语言编程改进了 DIC 监测技术,实现了巷道围岩全场主应变偏转轨迹的实时监测。试验结果表明,顶板岩层形成较明显的非对称拱形应变传递包络特征。主应变方向由应变拱顶朝两侧拱脚偏转,应变拱内部应变释放,主应变偏转角极值较拱外大。随着荷载的增加,主应变拱顶向右、向上迁移,验证了主应力偏转规律的正确性。

(5) 主应力偏转现象影响巷道围岩承载能力和破坏模式。考虑主应力偏转的影响,提出巷道围岩稳定度 F_s 表征巷道围岩稳定程度。当裂隙面外法线方向与主应力偏转角 α_f 为 37.4°~72.3°时,两帮裂隙发育,进入强度劣化状态。据此给出了巷道左帮尖角处裂隙发育控制方程,并划分了主应力方向敏感区 [40.7°, 75.6°],可通过在巷道左帮尖角处布设锚杆来改变应力偏转轨迹,将其驱离主应力方向敏感区,提高巷道围岩稳定度。

第六章
倾斜煤层直角梯形巷道围岩变形控制技术研究

前文研究了煤层倾角、巷道断面形状、地应力及主应力偏转效应对倾斜煤层巷道围岩渐进性非对称变形破坏的影响，其中直角梯形巷道变形破坏最为严重。在此基础上，根据普氏拱理论，本章考虑自稳平衡圈渐进成形发展过程，建立了倾斜煤层直角梯形巷道自稳平衡圈力学模型，不同于传统自稳平衡圈只考虑最终极限状态和应力大小，揭示了自稳平衡圈渐进成形演变特征。此外，基于平面弹性复变方法，建立了考虑主应力方向偏转的自稳平衡圈力学模型，分析了自稳平衡圈的边界应力状态，推导了自稳平衡圈失稳力学判据，改进了倾斜煤层巷道围岩稳定性控制方法，优化了巷道围岩非对称支护方案，并验证了支护方案的合理性、有效性。

第一节 自稳平衡圈力学模型

一、自稳平衡圈渐进成形的力学分析

巷道围岩自稳结构是客观存在的，对于巷道围岩来说，两帮和底板破坏对顶板的自组织平衡过程具有显著影响，"顶—帮—底"是一个相互作用的整体，巷道围岩自稳系统应该是一个围绕巷道临空面形成闭环具有强

承载能力的结构。基于倾斜煤层巷道围岩非对称应力分布及渐进性变形破坏特征，结合普氏拱理论和弹性力学，建立倾斜煤层直角梯形巷道围岩自稳结构力学模型。

在倾斜煤层巷道中，围岩的自稳结构表现出一种独特的动态平衡，这种平衡是由巷道围岩各部分之间的相互作用所形成的。在这种情况下，顶—帮—底相互作用构成了一个整体系统，其特点是围绕巷道临空面形成一个闭环结构，具有显著的承载能力。倾斜煤层巷道围岩的非对称应力分布和渐进性变形破坏特征，结合普氏拱理论和弹性力学，为建立围岩自稳结构力学模型提供了理论基础。例如，在考虑顶板失稳的情况下，由于巷道顶板受倾角的影响，顶板的变形呈现出向一侧偏斜的特征。这可以简化为一个沿煤层倾斜方向偏斜的抛物线形结构，类似于非对称偏心圆弧拱形。这种简化的模型有助于更准确地理解和预测顶板的变形行为，从而为巷道的稳定性提供了重要的理论支持。此外，考虑到两帮和底板的破坏对顶板自组织平衡过程的影响，可以进一步探讨如何通过巷道设计和支撑措施来减轻这些影响。例如，根据顶板失稳模型，可以优化巷道的支撑设计，以应对非对称的应力分布和渐进性的变形破坏。这可能涉及采用不同类型的支撑材料、改变支撑结构的布局，甚至是调整巷道的断面形状；进一步地，这一研究为未来的矿业工程实践提供了重要的指导，特别是在倾斜煤层的环境中。通过深入理解巷道围岩自稳结构的动态特性，可以更有效地预防巷道围岩的破坏，从而提高矿山的安全性和效率。此外，倾斜煤层直角梯形巷道围岩自稳结构力学模型也为未来的研究提供了新的方向，可能包括考虑更复杂的地质条件、不同的开采技术及先进的监测和分析方法。

1. 巷道顶板失稳

由于倾斜煤层巷道顶板受倾角影响，顶板的变形向左侧偏斜，则可将倾斜煤层直角梯形巷道顶板平衡圈的范围简化为沿煤层倾斜方向左侧偏斜的抛物线形，即为非对称偏心圆弧拱形。在巷道的侧壁处，沿与侧壁夹角为 θ 的方向产生两个滑动面，如图 6-1 所示。根据普氏拱理论，顶板平衡圈最大高度 H 如式（6-1）所示：

$$H=\frac{L}{f}=\frac{a\cos\alpha+(b_1+b_2)\tan\theta}{2f} \tag{6-1}$$

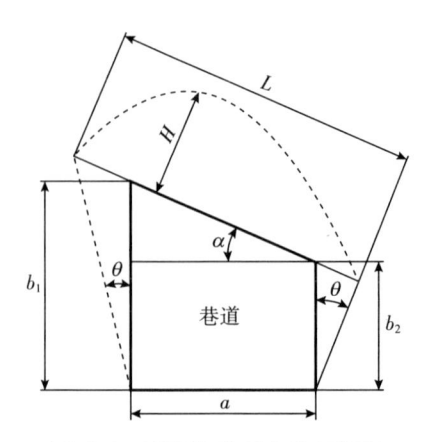

图 6-1 顶板失稳后自稳平衡圈

式（6-1）中，H 为顶板平衡圈的范围；L 为顶板破坏的长度；α 为岩层的倾角；a 为巷道的宽度；b_1 为左帮的高度；b_2 为右帮的高度；f 为顶板岩层的坚固性系数，取 2.3；φ 为两帮岩层的内摩擦角；c 为粘聚力；$\theta = 45° - \varphi/2$。

2. 巷道两帮失稳

如图 6-2 所示，当倾斜煤层直角梯形巷道两帮不稳定时，由于断面形状及煤层倾角的影响，两帮将出现非对称的塑性区，等效于增加了巷道宽度。根据断裂力学可知裂隙端部塑性区修正长度可取塑性区宽度的一半，则巷道有效宽度为：

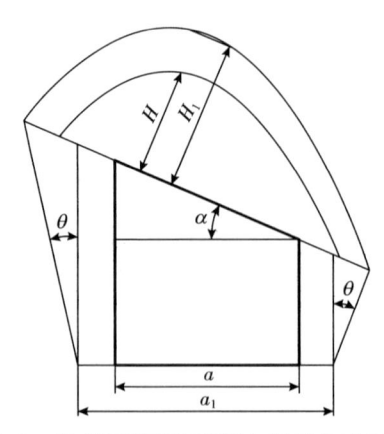

图 6-2 考虑两帮破坏顶板失稳后自稳平衡圈

$$a_1 = a + \frac{b_1+b_2}{4f_1} \quad (6-2)$$

式（6-2）中，f_1 为两帮岩层的坚固性系数，f_1 取 1.5。

将 a_1 代入式（6-1），可得考虑巷道两帮破坏的顶板自稳平衡圈的高度为：

$$H_1 = \frac{[4f_1 a+(b_1+b_2)]\cos\alpha + 4f_1(b_1+b_2)\tan\theta}{8ff_1} \quad (6-3)$$

3. 巷道底板失稳

以倾斜煤层巷道底板中心为圆心，外接圆半径为 R_1，内接圆半径为 r_1。将巷道的断面等效为圆形巷道简化计算巷道底板塑性区，如图 6-3 所示，则巷道底板塑性区 R_D 的半径为：

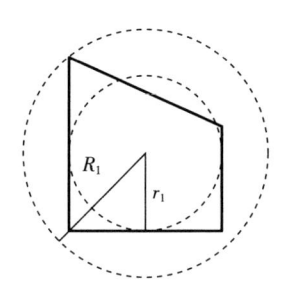

图 6-3 巷道底板塑性区

$$R_D = \frac{a}{4}\left(\frac{(P+c\cot\varphi)(1-\sin\varphi)}{c\cot\varphi}\right)^{\frac{1-\sin\varphi}{2\sin\varphi}} - \frac{a}{4} \quad (6-4)$$

式（6-4）中，P 为原岩应力。

底板破坏加剧两帮破坏，等效于增加了顶板悬露长度，导致顶板平衡圈高度增加，如图 6-4 所示。设两帮和底板坚固性系数相等，可得考虑底板破坏影响的巷道有效宽度 a_2 为：

$$a_2 = a + \frac{b_1+b_2+R_D}{2f_1} \quad (6-5)$$

则考虑巷道底板破坏影响的顶板平衡圈高度为：

$$H_2 = \frac{(2f_1 a+b_1+b_2+R_D)\cos\alpha + 2f_1(b_1+b_2)\tan\theta}{4ff_1} \quad (6-6)$$

式中，H_2 为考虑底板破坏的顶板平衡圈高度，单位为米。

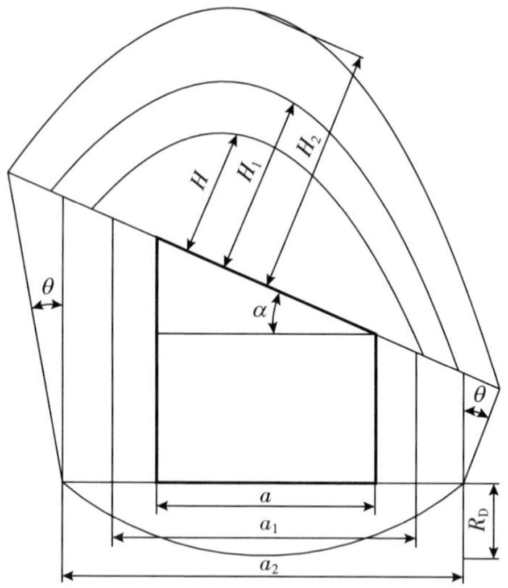

图 6-4　两帮及底板破坏后的自稳平衡圈

4. 巷道顶—帮—底相互影响分析

由以上分析可知，倾斜煤层巷道围岩在渐进性变形破坏过程中形成了一个围绕巷道临空面形成闭环的具有强承载能力的结构。

（1）当两帮稳定时，巷道宽度为 a，顶板平衡圈高度为 H。

（2）当两帮变形破坏时，巷道有效宽度增大，为 a_1，则顶板平衡圈高度增大，为 H_1。

（3）当底板变形破坏时，导致巷道有效高度增大 R_D，引起巷道有效宽度进一步增大，为 a_2，则顶板平衡圈高度增大，为 H_2。

如图 6-5 所示，巷道自稳过程中顶板平衡圈高度随巷道有效宽度的增大而增大，两帮的破坏相当于增加了巷道有效宽度。底板破坏相当于增加了两帮破坏宽度，进而增加了巷道有效宽度。最终顶板—两帮—底板相互作用，导致巷道围岩自稳后形成类椭圆形自稳平衡圈，其形成过程如图 6-5 所示。基于倾斜煤层巷道围岩渐进性变形破坏特征，巷道开挖后，在荷载的作用下，尖角（a 区域）会首先出现应力集中发生破坏，然后两帮及顶底板浅部围岩（b区域）发生破坏，随着荷载增加，两帮破坏深部围岩（c区域）、顶底板深部围岩（d区域）发生破坏，直到巷道外边界上的应力不超过围岩的极限强度则破坏停止。

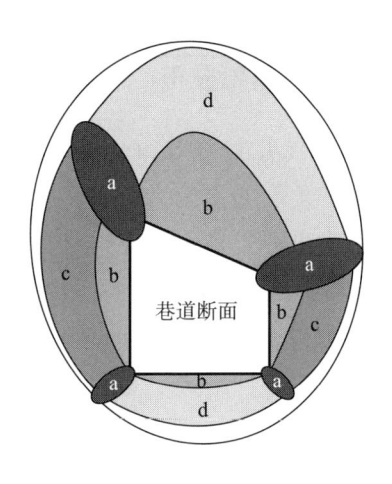

图 6-5　自稳平衡圈形成示意图

特别是在倾斜煤层巷道的情况下，围岩的渐进性变形破坏过程中的相互作用对巷道的稳定性有着显著影响。这种相互作用表现为顶板、两帮和底板之间的动态关系，直接影响巷道的有效宽度和高度。从分析中可以看出，当两帮稳定时，巷道的宽度和顶板平衡圈的高度呈现一种基础状态。然而，当两帮和底板发生变形破坏时，巷道的有效宽度和顶板平衡圈的高度会相应增大。这种变化是由于两帮的破坏导致了有效宽度的增加，而底板的破坏进一步加剧了这一现象。因此，顶板—两帮—底板之间的相互作用导致了巷道围岩在自稳后形成类椭圆形的自稳平衡圈。进一步的分析表明，在荷载作用下，巷道围岩的变形破坏过程呈现从尖角区域到两帮及顶底板浅部，再到深部围岩的渐进性发展。这种变形破坏过程反映了围岩在不同区域的应力集中和极限强度。只有当巷道外边界上的应力不超过围岩的极限强度时，破坏才会停止。

这一发现为矿业工程师提供了关于巷道围岩稳定性的重要信息，特别是在设计和评估倾斜煤层巷道的支撑系统时。理解巷道围岩自稳平衡圈的形成过程和特征，可以帮助工程师更好地设计防止围岩破坏的措施，从而提高矿山的安全性和效率。此外，这一理论也为未来的研究提供了新的思路，可能涉及更复杂的地质条件下的巷道稳定性分析，以及开发更先进的监测和支撑技术。

二、自稳平衡圈形态数值模拟分析

巷道开挖后，其悬露围岩剪应力增加，导致主应力轴方向发生偏转，则围岩切向应力随不同偏转角度的主应力矢量变化而升高，最终形成自稳平衡圈。主应力轴偏转后巷道围岩最大主应力沿自稳平衡圈边界应力迹线传递，当最大主应力 σ_1 大于初始应力 σ_1^0 时，则巷道围岩形成自稳平衡圈。因此，可用最大主应力变化程度表征巷道围岩自稳平衡圈形成过程，其形成指标 A_c 为：

$$A_c = \frac{\sigma_1 - \sigma_1^0}{\sigma_1^0} \tag{6-7}$$

式（6-7）中，σ_1 为主应力轴偏转后的最大主应力，单位为兆帕；σ_1^0 为初始应力状态下最大主应力，单位为兆帕。

开挖作业导致围岩的剪应力增加，从而引起主应力轴方向的偏转，这种偏转对围岩的稳定性产生显著影响。通过分析主应力轴的偏转及其对围岩切向应力的影响，可以预测并优化巷道围岩的自稳平衡圈，从而提高巷道的安全性和效率。巷道围岩的自稳平衡圈是由主应力变化引起的，其形成过程可以通过最大主应力变化程度来表征。采用数值模拟技术，特别是结合 fish 语言编程，可以有效地模拟并展示巷道围岩自稳平衡圈的分布特征。这种数值模拟方法不仅直观地反映出自稳平衡圈的形态演化特征，还可以用于分析不同条件下的自稳平衡圈的适用性，如不同煤层倾角和巷道断面形状。

研究发现，不同倾角和断面形状的倾斜煤层巷道围岩自稳平衡圈的形态呈类椭圆形分布。这一发现表明，巷道断面形状和煤层倾角对自稳平衡圈形态的影响并不显著，自稳平衡圈的方向性具有一定的普适性。此外，数值模拟结果与理论计算的一致性为自稳平衡圈理论的应用提供了坚实的科学基础。进一步的研究可以集中在不同地质条件和开采技术下的自稳平衡圈特性，以及如何利用这些知识来优化矿山设计和运营。例如，考虑到不同煤层倾角和断面形状的巷道围岩在荷载作用下的反应，可以发展更加精确和高效的支护策略，以提高矿山安全性和生产效率。

根据巷道围岩自稳平衡圈形成指标计算公式，采用 fish 语言编程，数值模拟计算可得自稳平衡圈的分布特征，直观地反映出巷道自稳平衡圈的形态演化特征。采用数值模拟对不同煤层倾角（18°~27°）、不同断面形状巷道（直角梯形、矩形、直墙拱形）条件下巷道围岩自稳平衡圈的适用性进行分析。

当荷载达到 10 兆帕时，倾斜煤层巷道围岩变形破坏后的自稳平衡圈形态分布如图 6-6 所示，从图中可以看出，不同倾角、不同断面形状倾斜煤层巷道围岩自稳平衡圈的形态均呈类椭圆形分布。随着断面形状的变化，巷道围岩自稳平衡圈的范围呈现：直角梯形>矩形>直墙拱形。其中倾角为 23°的直角梯形巷道自稳平衡圈的数值模拟结果与理论计算基本一致。巷道断面形状、煤层倾角均对自稳平衡圈形态无显著影响，自稳平衡圈方向性具有普适性。

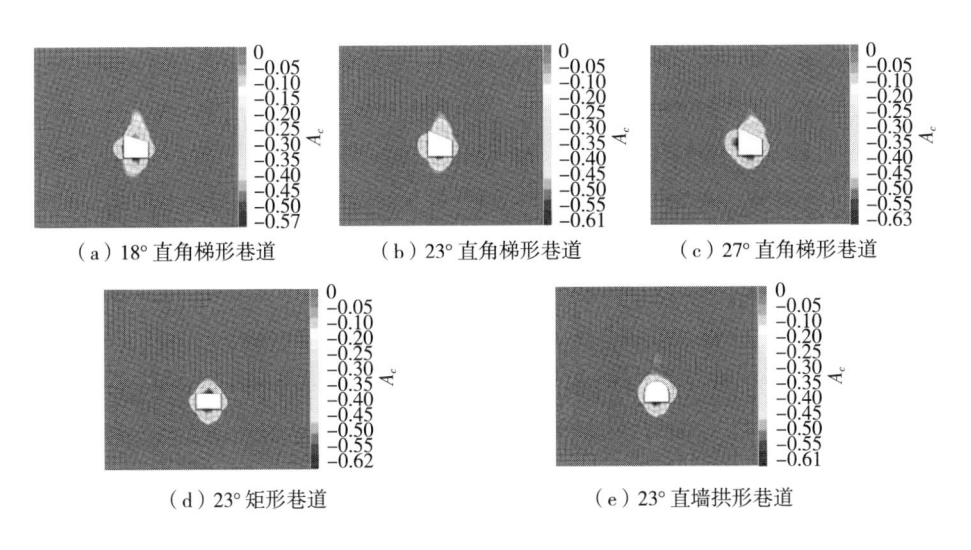

(a) 18°直角梯形巷道　　(b) 23°直角梯形巷道　　(c) 27°直角梯形巷道

(d) 23°矩形巷道　　(e) 23°直墙拱形巷道

图 6-6　倾斜煤层巷道围岩自稳平衡圈的形态

三、自稳平衡圈形态演变试验监测

利用公式 $\sigma=E\varepsilon$，可以从 DIC 测得的应变场计算出巷道围岩的应力场，其中弹性模量 E 是测点所在层位的岩层弹性模量，ε 是 DIC 测点的应变。将得到的应力与从常规测力传感器获得的数据进行比较，如图 6-7 所示，可以看出，使用不同仪器测量获得的不同位置的应力曲线显示出相似的趋势。DIC 的非接触测量技术计算的应力通常大于微型土压力盒测量的应力，这可能是由于微型土压力盒的安装方位引起的。尽管存在误差，但通过与微型土压力盒的监测结果进行比较，证明了使用 DIC 技术进行非接触测量的可行性。

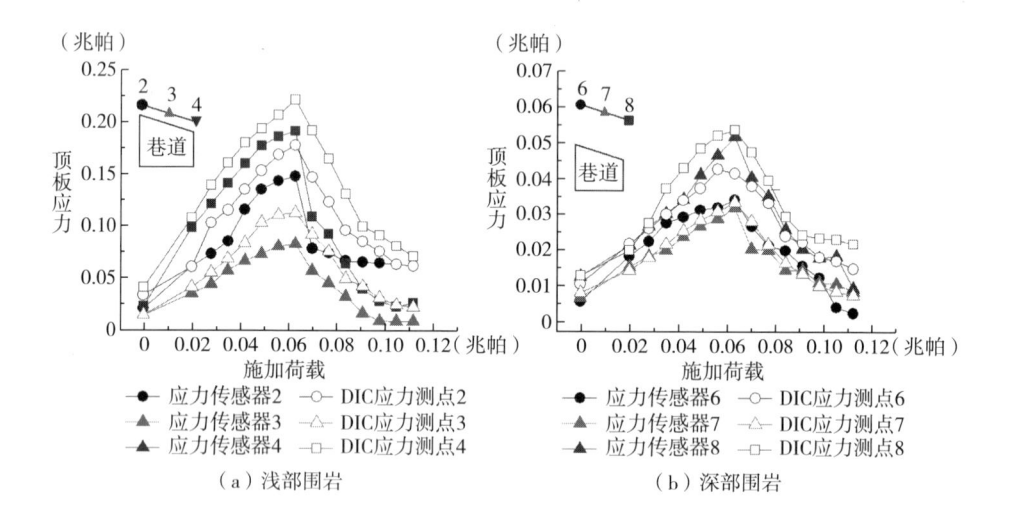

图 6-7 DIC 计算应力与应力传感器监测对比

根据上述公式，通过 DIC 软件的 Python 接口进行编程自定义监测，实现对巷道围岩自稳平衡圈的实时监测，直观展示了自稳平衡圈的演化特征。如图 6-8 所示，当施加载荷为 0.028 兆帕时，巷道开挖后顶板产生能量释放，形成自稳平衡圈。随着荷载的增加，巷道自稳平衡圈范围不断增大。但是由于岩层的分层特性，处于顶板一定范围内的岩层属于硬岩，自稳平衡圈受到硬岩的承载特性，难以向上继续演化。直到施加荷载为 0.098 兆帕和 0.120 兆帕时，巷道顶板自稳平衡圈向上逐渐发育，形成半椭圆形。相似物理模型试验结果与数值模拟和理论分析结果吻合度较高，验证了巷道围岩自稳平衡圈理论的可靠性。

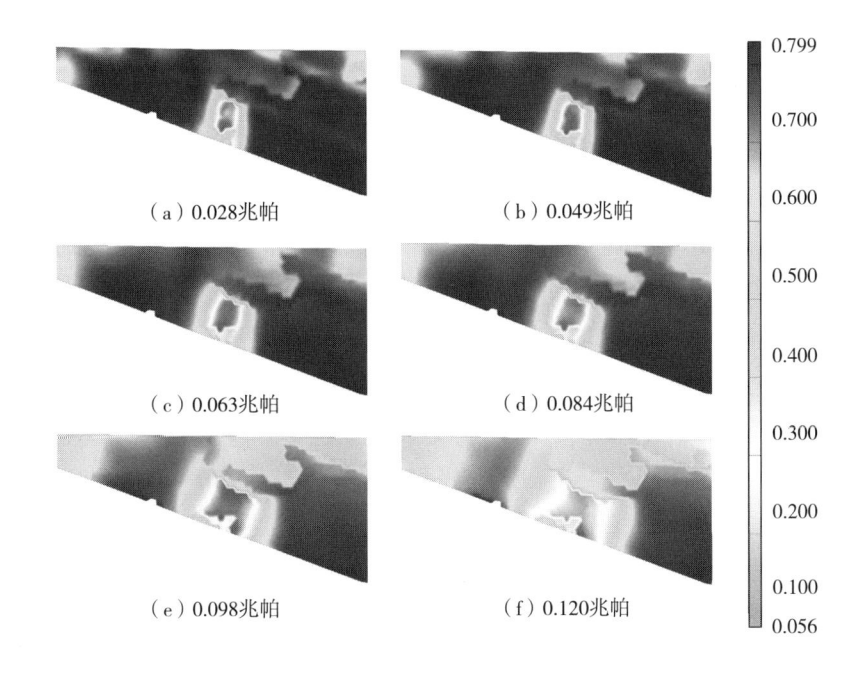

(a) 0.028兆帕　　(b) 0.049兆帕
(c) 0.063兆帕　　(d) 0.084兆帕
(e) 0.098兆帕　　(f) 0.120兆帕

图 6-8　不同荷载下巷道自稳平衡圈演化特征

进一步地，通过使用 DIC 软件的 Python 接口进行自定义编程监测，可以实现对巷道围岩自稳平衡圈的实时监测。这种方法不仅提供了自稳平衡圈演化特征的直观展示，而且揭示了巷道围岩在不同荷载条件下的应力变化。实验结果显示，随着施加载荷的增加，自稳平衡圈的范围不断扩大。但是，由于岩层的分层特性和硬岩的承载特性，自稳平衡圈的演化受到了一定的限制。这一研究表明，通过结合 DIC 技术和传统测力方法，可以更准确地理解和预测巷道围岩在不同工况下的应力状态和变形特征。此外，通过对巷道围岩自稳平衡圈理论的验证，增强了理论的可靠性，为矿业工程设计和施工提供了科学依据。这种综合应用不仅提高了测量的准确性，还为矿业工程中巷道围岩稳定性的评估和控制提供了重要的技术支持。

第二节　考虑主应力方向偏转的自稳平衡圈稳定性分析

一、自稳平衡圈边界应力解析

由于倾斜煤层巷道自稳平衡圈边界类似椭圆，则可将其等效为椭圆进行力学分析，首先令椭圆的长、短半轴分别为 a 和 b，其中长轴与竖直方向的夹角为 φ。自稳平衡圈内外区域分别为 S、L，边界线为 Γ，自稳平衡圈边界应力计算模型如图6-9（a）所示，上下边界的面力为 P，则左右边界面力为 λP，自稳平衡圈内边界受均匀压力 q 作用。

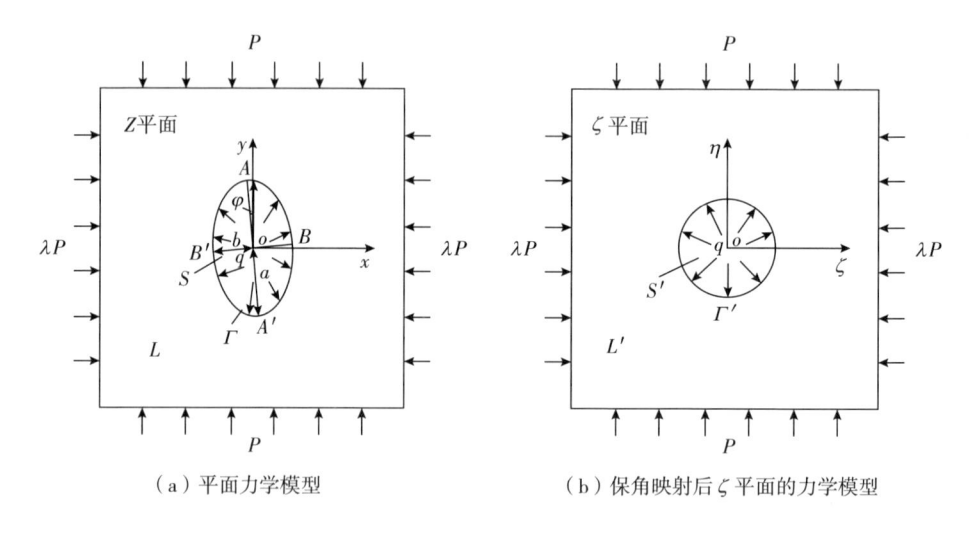

（a）平面力学模型　　　　（b）保角映射后 ζ 平面的力学模型

图6-9　倾斜煤层巷道围岩自稳平衡圈力学模型

现将 Z 平面椭圆外域保角映射到 ζ 平面的单位圆外域，如图6-9（b）所示，ζ 平面的单位圆内域和外域分别为 S'、L'，单位圆曲线为 Γ'，则映射函数表达式为：

$$z=\omega(\zeta)=R\left(\zeta+\frac{m}{\zeta}\right) \tag{6-8}$$

式（6-8）中，m 和 R 均为实数，$R=(a+b)/2$，$m=(a-b)/(a+b)$，$0\leqslant$

$m \leqslant 1$。

根据复变函数及弹性力学理论,Z平面单洞围岩任意一点应力分布可用ζ平面的复位势函数$\varphi(\zeta)$和$\psi(\zeta)$,其表达式为:

$$\begin{cases} \varphi(\zeta)=\dfrac{1}{8\pi(1-v)}(\overline{f_x}+i\overline{f_y})\ln\zeta+\alpha\omega(\zeta)+\varphi_0(\zeta) \\ \psi(\zeta)=-\dfrac{3-4v}{8\pi(1-v)}(\overline{f_x}-i\overline{f_y})\ln\zeta+(\alpha'+i\beta')\omega(\zeta)+\psi_0(\zeta) \\ \alpha=\dfrac{1}{4}P(1+\lambda), \quad \alpha'-i\beta'=-\dfrac{1}{2}P(1-\lambda)e^{-2i\varphi} \\ \alpha'+i\beta'=-\dfrac{1}{2}P(1+\lambda)e^{2i\varphi} \end{cases} \quad (6\text{-}9)$$

式(6-9)中,v为泊松比,$\overline{f_x}$和$\overline{f_y}$为边界Γ'上x轴和y轴方向的面力之和;复变函数$\varphi_0(\zeta)$和$\psi_0(\zeta)$为ζ平面单位圆内的解析函数,运用Canchy积分得出$\varphi_0(\zeta)$和$\psi_0(\zeta)$的基本公式:

$$\begin{cases} \varphi_0(\zeta)=-\dfrac{1}{2\pi i}\int_L\dfrac{f_0(\sigma)\mathrm{d}\sigma}{\sigma-\zeta} \\ \psi_0(\zeta)=-\dfrac{1}{2\pi i}\int_L\dfrac{f_0(\sigma)\mathrm{d}\sigma}{\sigma-\zeta}-\zeta\dfrac{1+m\zeta^2}{\zeta^2-m}\varphi'_0(\zeta) \end{cases} \quad (6\text{-}10)$$

式(6-10)中,σ为ζ平面在Γ'上的取值,$f_0(\sigma)$可表示为:

$$f_0(\sigma)=i\int(\overline{f_x}+i\overline{f_y})\mathrm{d}s-\dfrac{f_x+if_y}{2\pi}\ln\sigma-\dfrac{1}{8\pi(1-v)}(f_x-if_y)\dfrac{\sigma\omega(\sigma)}{\overline{\omega'(\sigma)}}-2\alpha\omega(\sigma)-$$

$$(\alpha'-i\beta')\overline{\omega'(\sigma)} \quad (6\text{-}11)$$

式(6-11)中,f_x和f_y为孔口边界处面力主矢量的2个分量,巷道的边界上$f_x=f_y=0$。

基于复变函数及保角变换理论,Z平面孔洞的应力在ζ平面上的复变函数表示为:

$$\begin{cases} \sigma_\rho+\sigma_\theta=4\mathrm{Re}\Phi(\zeta) \\ \sigma_\rho-\sigma_\theta+2i\tau_{\rho\theta}=\dfrac{2\zeta^2}{\rho^2\omega'(\zeta)}[\overline{\omega'(\zeta)\times\Phi'(\zeta)}+\omega'(\zeta)\Psi(\zeta)] \end{cases} \quad (6\text{-}12)$$

式(6-12)中,σ_ρ、σ_θ和$\tau_{\rho\theta}$分别为映射后ζ平面内任一点的径向

应力、切向应力和剪应力，ρ 为映射后 ζ 平面圆孔的半径，$\rho=1$，$\zeta=\rho e^{i\theta}$，Re [ ] 为复数实部。而复变函数 $\Phi(\zeta)$ 和 $\Psi(\zeta)$ 的表达式为：

$$\begin{cases}\Phi(\zeta)=\dfrac{\varphi'(\zeta)}{\omega'(\zeta)}, & \Psi(\zeta)=\dfrac{\psi'(\zeta)}{\omega'(\zeta)}\end{cases} \tag{6-13}$$

由图 6-9 可知，复变函数的应力边界条件为：

$$i\int(\overline{f_x}+i\overline{f_y})\mathrm{d}s=-qR\left(\zeta+\dfrac{m}{\zeta}\right) \tag{6-14}$$

则有 $f_0(\sigma)$ 式得：

$$f_0(\sigma)=-qR\left(\sigma+\dfrac{m}{\sigma}\right)+\dfrac{P(1+\lambda)R}{4}\left[\sigma+\dfrac{\sigma^2+m}{\sigma(1-m\sigma^2)}\right]+\dfrac{P(1-\lambda)R}{2\sigma}e^{2i\varphi} \tag{6-15}$$

将式（6-10）、式（6-15）代入式（6-9）可得复位势函数 $\varphi(\zeta)$ 和 $\psi(\zeta)$ 的表达式：

$$\varphi(\zeta)=-\dfrac{P(1+\lambda)R}{4}\zeta-\dfrac{qRm}{\zeta}+\dfrac{P(1+\lambda)Rm}{4\zeta}+\dfrac{P(1-\lambda)R}{2\zeta}e^{2i\varphi} \tag{6-16}$$

$$\psi(\zeta)=-\dfrac{P(1-\lambda)R\zeta}{2}e^{-2i\varphi}-\dfrac{qR}{\zeta}+\dfrac{P(1+\lambda)R}{4}-\left[\dfrac{1}{\zeta}+\dfrac{(1+m^2)\zeta}{\zeta^2-m}\right]-\dfrac{(1+m\zeta^2)R}{4\zeta(\zeta^2-m)}-$$
$$[4qm-P(1+\lambda)m-2P(1-\lambda)e^{2i\varphi}] \tag{6-17}$$

若将 ζ 平面任意一点用极坐标 $\zeta=\rho e^{i\theta}$ 表示，将复位势函数 $\varphi(\zeta)$ 和 $\psi(\zeta)$ 表达式代入式（6-13），结合式（6-12）可得：

$$\sigma_\rho+\sigma_\theta=-\dfrac{1}{\rho^4+m^2-2m\rho^2\cos(2\varphi-2\theta)}\times$$
$$\left\{\begin{matrix}[P(1+\lambda)(m^2-\rho^4)-4qm^2-2P(1-\lambda)]\\ [\rho^2\cos(2\varphi-2\theta)-m\cos(2\varphi-2\theta)]\end{matrix}\right\} \tag{6-18}$$

$$\sigma_\rho-\sigma_\theta+2i\tau_{\rho\theta}=\dfrac{2[\cos(2\theta)+2i\sin\theta\cos\theta]}{R\rho^2[1-m(\cos(2\theta)+2i\sin\theta\cos\theta)]}\times$$
$$\left[R\left(\dfrac{1}{\cos\theta+i\sin\theta}+m(\cos\theta+i\sin\theta)\right)\Phi'(\cos\theta+i\sin\theta)+\right.$$
$$\left.R\left(1-\dfrac{m}{\cos(2\theta)+2i\sin\theta\cos\theta}\right)\Psi(\cos\theta+i\sin\theta)\right] \tag{6-19}$$

式（6-18）、式（6-19）可简化为：

$$\begin{cases}\sigma_\rho+\sigma_\theta=A_1\\ \sigma_\theta-\sigma_\rho+2i\tau_{\rho\theta}=A_2\end{cases} \tag{6-20}$$

现在把 A_2 的实部与虚部分开，令 $A_2=A_3+iA_4$，可求得自稳平衡圈边界上任意一点应力分量为：

$$\begin{cases} \sigma_\rho = \dfrac{A_1-A_3}{2} \\[4pt] \sigma_\theta = \dfrac{A_1+A_3}{2} \\[4pt] \tau_{\rho\theta} = \dfrac{A_4}{2} \end{cases} \qquad (6-21)$$

在自稳平衡圈边界上，$\rho=1$ 且边界条件 $\sigma_\rho=-q$，则自稳平衡圈边界的切向应力 σ_θ 为：

$$\sigma_\theta = \frac{-\{P(1+\lambda)(m^2-1)-q(3m^2-1)-2P(1-\lambda)[\cos(2\varphi-2\theta)-m\cos(2\varphi-2\theta)]\}}{1+m^2-2m\cos(2\varphi-2\theta)} \qquad (6-22)$$

通过倾斜煤层巷道自稳平衡圈边界力学解析可知，当 $\varphi\neq 0$ 且 $q=0$ 时，可以得到倾斜角度为 φ 的自稳平衡圈边界在无支护情况下任意一点的切向应力 σ_θ 为：

$$\sigma_\theta = \frac{-\{2P(1-\lambda)(m-1)\cos(2\varphi-2\theta)+(1+\lambda)(m+1)\}}{1+m^2-2m\cos(2\varphi-2\theta)} \qquad (6-23)$$

将 $m=(a-b)/(a+b)$ 代入公式，并设 $a=kb$，其中 k 为应力椭圆的轴比（$k>0$，且 $k\neq 1$），则自稳平衡圈边界的切向应力 σ_θ 为：

$$\sigma_\theta = \frac{-P\{(1-\lambda)(k+1)^2\cos(2\varphi-2\theta)+[(\lambda-1)k^2-\lambda+1]\cos(2\varphi-2\theta)+2k(1+\lambda)\}}{k^2\cos(2\varphi-2\theta)-k^2-\cos(2\varphi-2\theta)-1} \qquad (6-24)$$

对式（6-24）两边 θ 求导，得出当 $\varphi-\theta=0°$ 时，$90°$、$180°$、$270°$ 可以取极值，将其分别代入式（6-24），得出应力椭圆的应力极值 $\sigma_{\theta L}$ 和 $\sigma_{\theta S}$ 分别：

$$\sigma_{\theta L} = (2k+1-\lambda)P_0 \qquad (6-25)$$

$$\sigma_{\theta S} = \frac{2\lambda+k\lambda-k}{k}P_0 \qquad (6-26)$$

σ_1，σ_3 分别为巷道围岩自稳平衡圈边界上任意一点的最大主应力和最小主应力：

$$\begin{cases} \sigma_1 = \dfrac{\sigma_\rho + \sigma_\theta}{2} + \dfrac{1}{2}\sqrt{(\sigma_\rho - \sigma_\theta)^2 + 4\tau_{\rho\theta}^2} \\ \sigma_3 = \dfrac{\sigma_\rho + \sigma_\theta}{2} - \dfrac{1}{2}\sqrt{(\sigma_\rho - \sigma_\theta)^2 + 4\tau_{\rho\theta}^2} \end{cases} \quad (6-27)$$

基于莫尔—库仑强度准则和任意一点的极限主应力，以极限主应力 σ_1 和 σ_3 来表示的莫尔—库仑强度准则，则极限平衡条件为：

$$\sigma_1 = 2C\dfrac{\cos\varphi}{1-\sin\varphi} + \dfrac{1+\sin\varphi}{1-\sin\varphi}\sigma_3 \quad (6-28)$$

式（6-28）中，C 为弹塑性介质的内聚力；φ 为弹塑性介质的内摩擦角。

将式（6-20）和式（6-21）代入式（6-27），结合式（6-28）可得自稳平衡圈边界应力 σ_θ 表达式为：

$$\sigma_\theta = -2C\dfrac{\cos\varphi}{2\sin\varphi} + \dfrac{1}{2}\sqrt{A_3^2 + 4A_4^2} + \left(\dfrac{1+\sin\varphi}{2\sin\varphi}\right)\left(\dfrac{1}{2}\sqrt{A_3^2 + 4A_4^2}\right) - \dfrac{A_1 - A_3}{2} \quad (6-29)$$

当等式成立时，表明自稳平衡圈边界处于临界应力状态，一旦 σ_θ 增大，则巷道围岩自稳平衡圈失稳。

二、自稳平衡圈渐进演变特征

当 $\varphi = 23°$ 且 $q = 0$ 时，可求得倾斜角度为 $23°$ 的煤层巷道在无支护情况下自稳平衡圈边界应力 σ_θ 的解析解为：

$$\sigma_\theta = \dfrac{-\{2P(1-\lambda)(m-1)\cos(46°-2\theta) + (1+\lambda)(m+1)\}}{1+m^2 - 2m\cos(46°-2\theta)} \quad (6-30)$$

如图 6-10 所示，分析不同轴比条件下侧压系数 $\lambda = 1$ 和 $\lambda = 2$ 时的自稳平衡圈边界上切向应力集中系数分布特征，其中轴比 $k = 0.1$，0.5，2，4，8。随着轴比的增加，双向等压（$\lambda = 1$）及双向不等压（$\lambda = 2$）巷道围岩受力均发生转变，转变的规律基本相似，当 $k<1$ 时，顶底板岩层受压大于两帮；当 $k>1$ 时，顶底板岩层受压小于两帮。进一步对比分析图 6-10（a）和图 6-10（b），当 $k=4$ 和 $k=8$ 时，双向不等压巷道自稳平衡圈边界应力反而小于双向等压巷道自稳平衡圈，主要原因是双向不等压巷道自稳平衡圈的轴比与侧压系数更为接近。因此，当 $|k-\lambda|/k$ 越小，则自稳平衡圈边界应力越均匀，且压力值也越小。

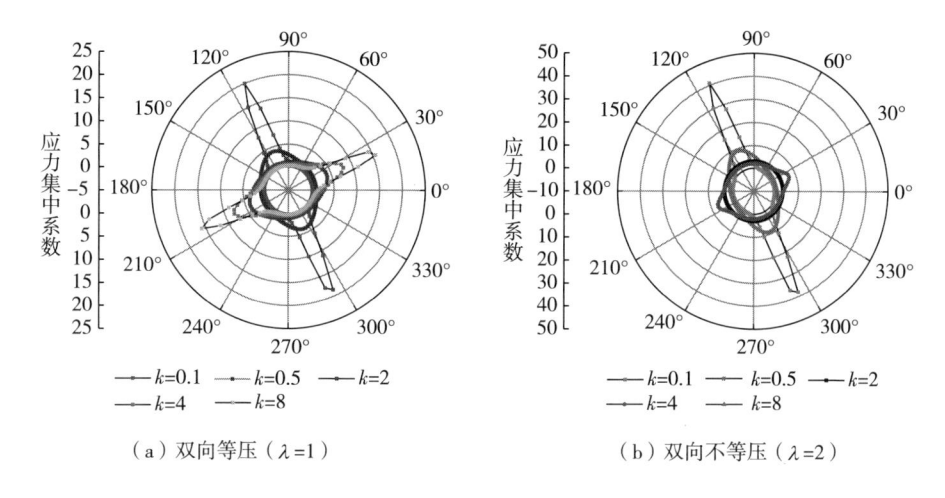

(a)双向等压（λ=1） (b)双向不等压（λ=2）

图 6-10 自稳平衡圈边界应力演化特征

如图 6-11 所示，分析不同侧压系数条件下轴比 $k=2$ 时自稳平衡圈边界上切向应力集中系数分布特征，其中侧压系数 $\lambda=0.1$，0.5，1.5，2，4，6，8。当 $k=2$ 时，随着 λ 的增加，顶底板由拉应力转变为压应力，两帮应力的转变与顶底板相反。

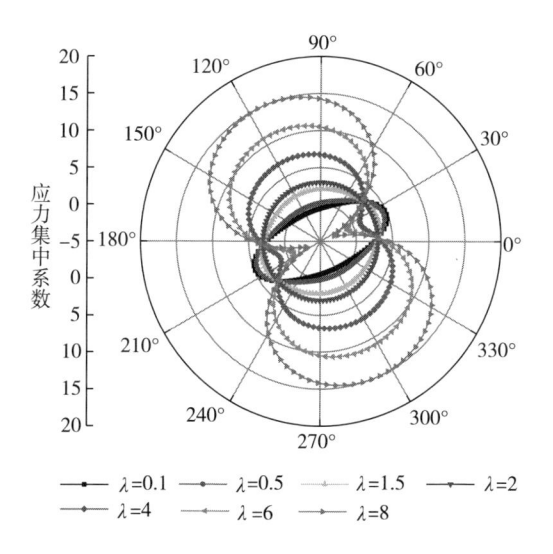

图 6-11 等轴比不同侧压条件下巷道自稳平衡圈边界应力分布特征

(1) 零应力（Ⅰ），当 $\lambda = k/(2+k)$ 时，自稳平衡圈 A 点和 A' 点的切向应力 $\sigma_{\theta L} = 0$，为零应力状态，如图 6-12（a）所示。

(2) 等应力（Ⅱ），当 $k = \lambda$ 时，自稳平衡圈边界上任意一点切向应力均相等且为压应力，为等应力状态，如图 6-12（b）所示。

(3) 压应力（Ⅲ），当 $(\lambda-1)/2k < \lambda$，$\lambda < k < 2\lambda/(1-\lambda)$ 时，自稳平衡圈边界切向应力极值点位于 A、A'、B、B' 点，且均为压应力，如图 6-12（c）、图 6-12（d）所示。

(4) 弱拉应力（Ⅳ），当 $\lambda < (R/P+1)/(2+k)$ 时，自稳平衡圈边界切向应力极大值点 $\sigma_{\theta L}$ 小于抗拉强度 R，为弱拉应力状态。当 $k < (\lambda-1)/2$，$k > 2\lambda/(1-\lambda)$ 时，自稳平衡圈边界上切向应力极值点位于 A、A'、B、B' 点，且均为拉应力，如图 6-12（e）、图 6-12（f）所示。

综上所述，可以将自稳平衡圈边界受力状态等级分为 4 种：零应力（Ⅰ）、等应力（Ⅱ）、压应力（Ⅲ）和弱拉应力（Ⅳ）。为了控制巷道围岩变形破坏，其围岩处于零应力（Ⅰ）状态是最有利的，但巷道高度远大于其宽度，难以满足实现的条件，为了避免拉应力的出现，可取等应力状态（Ⅱ）为自稳平衡圈理想受力状态等级。

三、自稳平衡圈方向性形成机制

为了研究倾斜煤层巷道自稳平衡圈的方向性，可通过改变式（6-24）中自稳平衡圈主应力方向偏转角度进行分析，得出巷道围岩自稳平衡圈及其边界应力形态均会发生一定程度的偏转，其偏转后的应力是与侧压系数、断面轴比及主应力偏转角相关的函数。当自稳平衡圈边界上每一点的极坐标角度因主应力方向偏转而发生改变时，则巷道围岩自稳平衡圈边界应力形态整体会发生偏转。

通过改变主应力方向的偏转角度 φ，固定其他计算参数不变，得到不同主应力方向下的自稳平衡圈边界应力分布图，并将其与初始主应力方向的自稳平衡圈边界应力分布图进行对比，如图 6-13 所示，当其他计算参数不变时，主应力方向的偏转角度 φ 后，随着主应力方向的偏转角度 φ 的增加，自稳平衡圈应力边界及展布形态发生偏转，两者偏转角度基本相等，边界应力极大值位置也发生改变，自稳平衡圈具有显著的方向性。

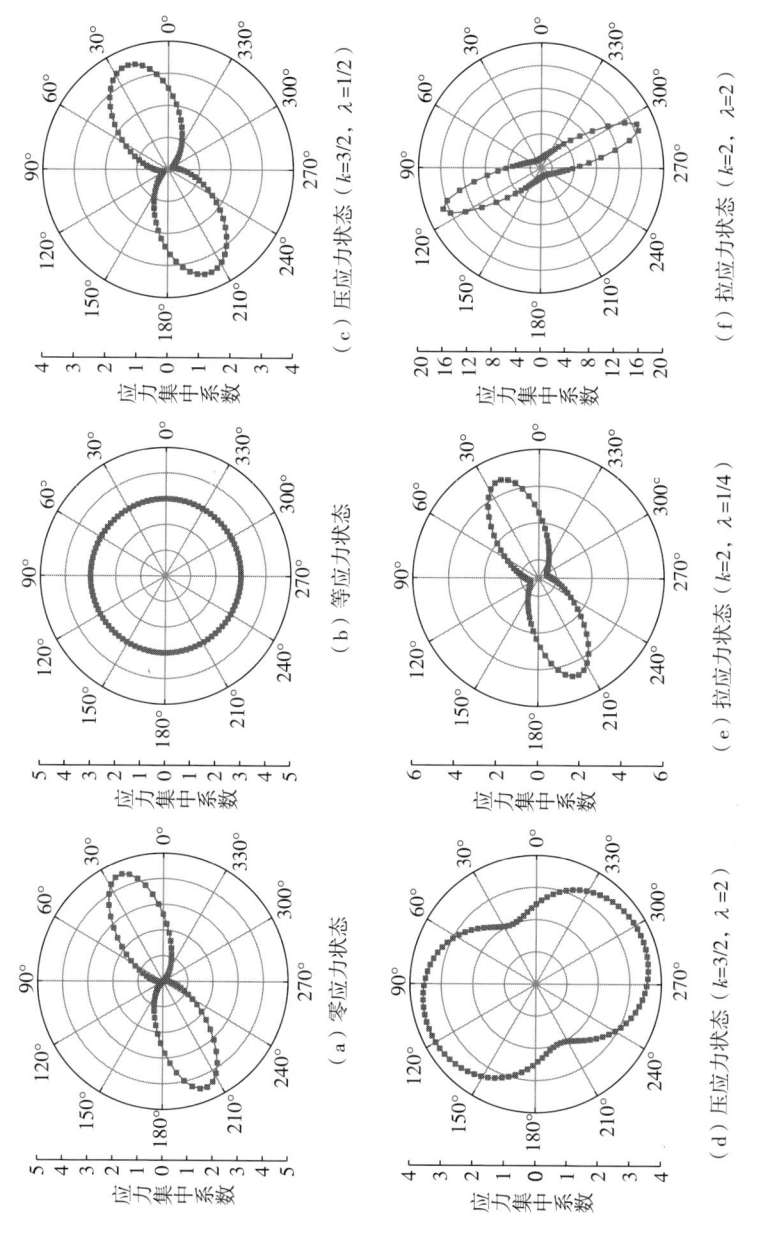

第六章 倾斜煤层直角梯形巷道围岩变形控制技术研究

(a) 零应力状态
(b) 等应力状态
(c) 压应力状态（$k=3/2$，$\lambda=1/2$）
(d) 压应力状态（$k=3/2$，$\lambda=2$）
(e) 拉应力状态（$k=2$，$\lambda=1/4$）
(f) 拉应力状态（$k=2$，$\lambda=2$）

图 6-12 自稳平衡圈边界受力状态等级分类

173

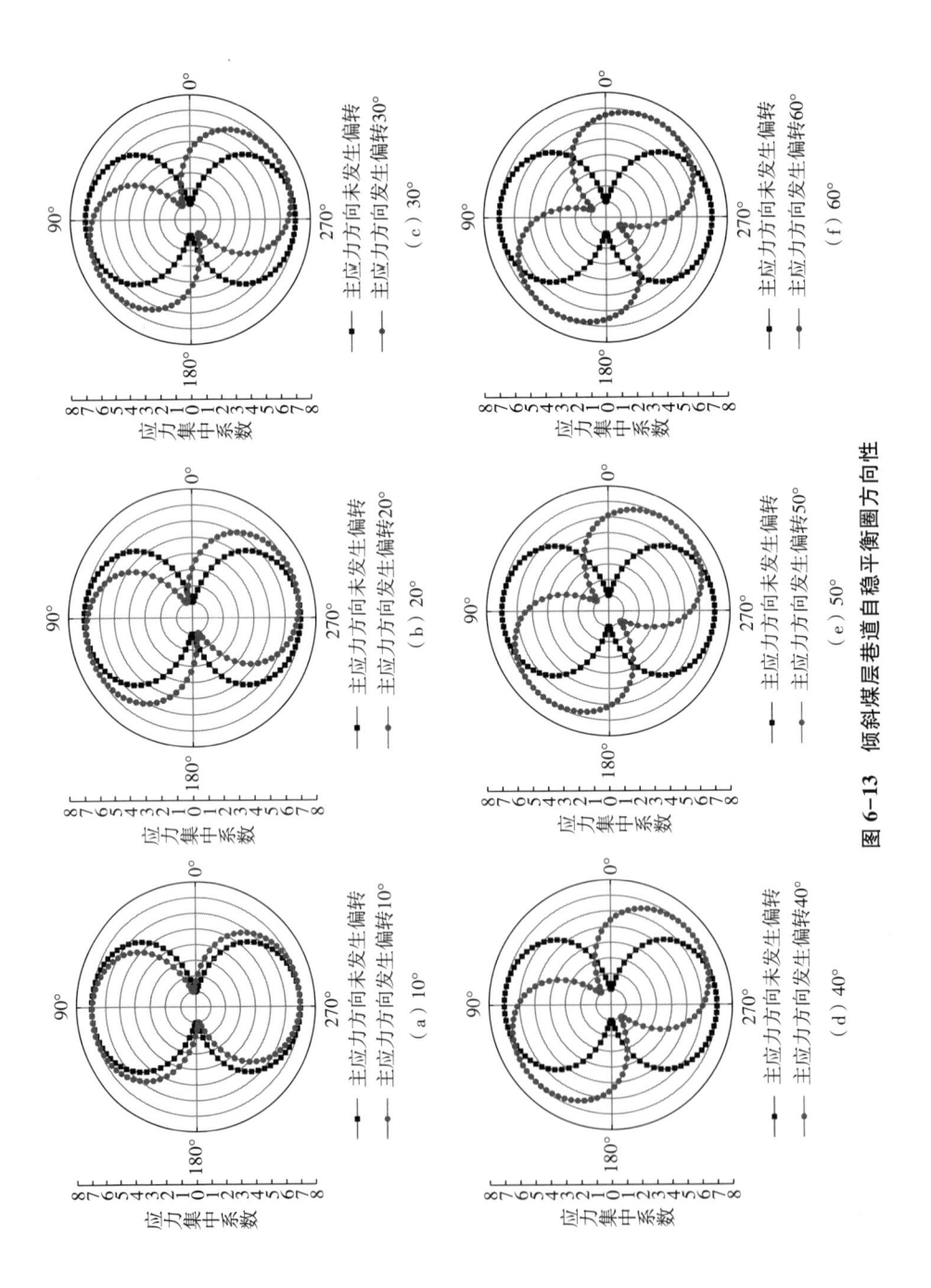

图 6-13 倾斜煤层巷道自稳平衡圈方向性

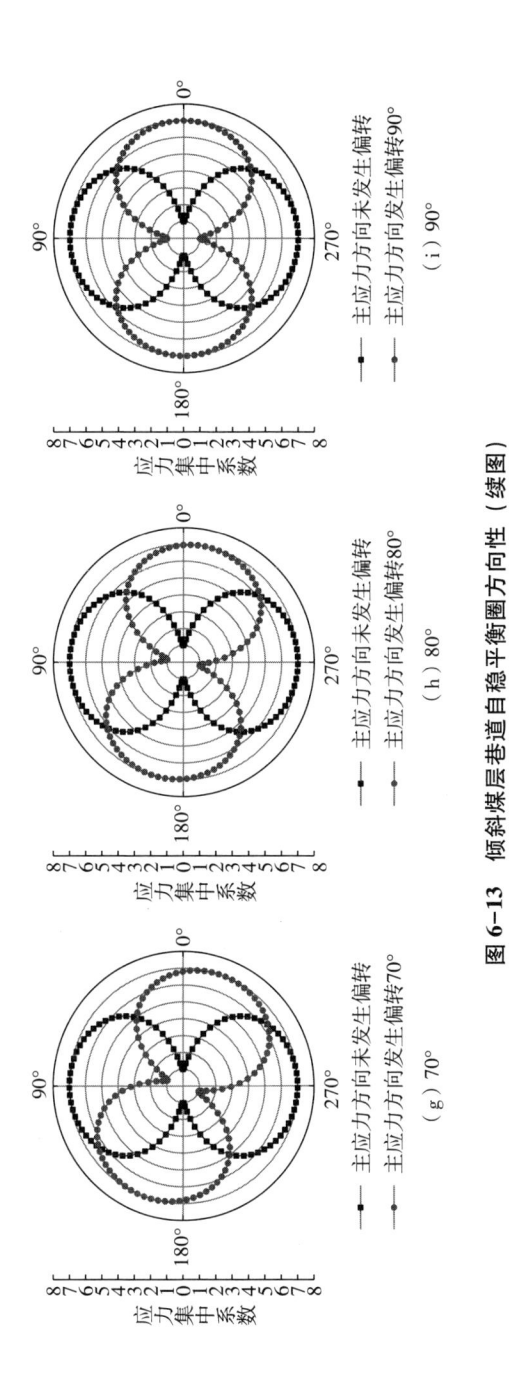

图 6-13 倾斜煤层巷道自稳平衡圈方向性（续图）

自稳平衡圈的方向性对巷道围岩的稳定性和应力分布有着直接影响。通过分析主应力方向偏转对自稳平衡圈及其边界应力形态的影响，可以深入理解和预测巷道围岩的行为。研究显示，自稳平衡圈边界上的极坐标角度随主应力方向的偏转而变化，导致整个自稳平衡圈边界应力形态发生偏转。这种偏转不仅受侧压系数、断面轴比及主应力偏转角的影响，还与巷道围岩的整体结构和材料特性有关。通过数值模拟，如 FLAC3D，可以更准确地预测和可视化不同偏转角度下的自稳平衡圈边界应力分布，从而为巷道设计提供科学依据。

为了分析巷道围岩变形量、塑性区形态与自稳平衡圈边界应力形态之间的联系，利用 FLAC3D 数值模拟得到了围岩主应力方向偏转 20°时的围岩塑性区分布形态及巷道位移云图。

由图 6-14 可以看出，巷道围岩位移云图整体呈现向左偏转的类椭圆形，塑性区形态呈现非对称分布特征，其中顶板左侧上方岩层、巷道左帮上部围岩塑性区尺寸较大，且与之对应的顶板左侧上方岩层的下沉量、巷道左帮上部围岩变形量也比巷道其他位置围岩变形量大。主应力方向偏转导致自稳平衡圈边界应力极大值分别位于巷道围岩不同位置，边界应力极大值位置为易破坏区域，且变形量相对较大。因此，自稳平衡圈方向性是导致巷道围岩出现非对称变形破坏的主要原因。

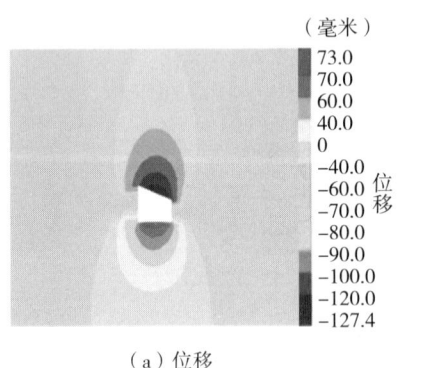

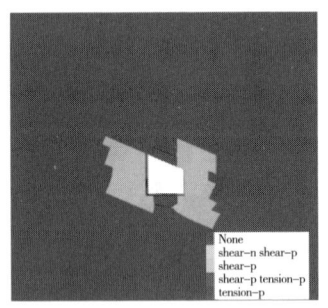

（a）位移　　　　　　　　　　（b）塑性区

图 6-14　主应力方向偏转 20°时巷道的位移及塑性区

数值模拟结果表明，当主应力方向偏转时，巷道围岩的位移和塑性区分布表现出明显的非对称特性。例如，顶板左侧上方岩层和巷道左帮上部围岩的塑性区尺寸较大，这些区域也是变形量较大的区域。这种非对称分布的原因是自稳平衡圈边界应力极大值的位置发生了变化，导致易破坏区域的形成。因此，理解和控制主应力方向的偏转对于保证巷道围岩的稳定性至关重要。在设计巷道支护时，应特别考虑主应力方向的偏转和自稳平衡圈的方向性，以及这些因素如何影响巷道围岩的应力分布和变形。此外，对位于自稳平衡圈边界应力极大值位置的易破坏区域，需要采取额外的加固措施，以减轻这些区域的变形和破坏。自稳平衡圈的方向性对巷道围岩的稳定性具有重要影响，其分析和控制对提高矿业工程设计的安全性和有效性至关重要。通过对自稳平衡圈方向性的深入研究，可以为矿业工程提供更为精确和可靠的设计指导，从而有效提高矿山的整体安全性能。

第三节　倾斜煤层巷道围岩稳定性控制方法

一、考虑主应力方向偏转的自稳平衡圈支护原理

基于巷道自稳平衡圈轴比与方向的演变特征，提出考虑主应力方向偏转的自稳平衡圈支护原理，即以自稳平衡圈内的岩体为巷道围岩变形的控制对象，其支护的目的是控制巷道自稳平衡圈的稳定性，促使巷道自稳平衡圈的轴比 k 等于侧压系数 λ 来确定巷道断面的几何形态和尺寸，此时巷道围岩处于较小应力状态。然而对于大多数巷道，受到工程实际情况等条件的约束无法使巷道断面理想化。

考虑主应力方向偏转的自稳平衡圈支护原理可以为现有的支护措施的解释提供新的视角，从理论上进行补充说明，从支护方法选择、巷道内断面设计等方面都有一定的启发：当巷道进行开挖产生自稳平衡圈后，可利用支护的方式促使巷道围岩自稳平衡圈朝着理想化发展，充分发挥围岩自承载能力。通过合理的支护使巷道围岩的 $|k-\lambda|/k$ 减小，降低受力状态等级，形成一定的应力承载结构，可以承受较高的外部载荷。主应力方向偏转导致自稳平衡圈边界应力极大值分别位于巷道围岩不同位置，边界应力

极大值位置为易破坏区域,且变形量相对较大,需要结合自稳平衡圈形态和边界应力极大值位置进行加长锚杆(索)支护。

特别是考虑到主应力方向偏转的影响,自稳平衡圈支护原理提供了一种创新的视角,用于优化巷道的支护策略。这一原理突出了利用巷道围岩自身的稳定性来减少外部支撑需求的重要性,从而提高整体的工程效率和安全性。自稳平衡圈的轴比与侧压系数的关系是确定巷道断面几何形态和尺寸的关键。理想状态下,轴比 k 等于侧压系数 λ,意味着巷道围岩处于较小的应力状态。然而,在实际工程实践中,达到这一理想状态往往是一项挑战,因此需要开发更为灵活和实用的支护方法。利用主应力方向偏转的自稳平衡圈支护原理,可以优化支护设计,特别是在易破坏区域和变形量较大的区域。例如,通过加长锚杆(索)的支护,可以有效地控制边界应力极大值位置的破坏,同时保持围岩的自承载能力。这种方法不仅减轻了外部支撑的需求,还有助于维持巷道的长期稳定性。此外,考虑到不同的地质条件和开挖方法,巷道围岩的自稳平衡圈可能会呈现不同的形态和特征。因此,支护方案的设计需要根据具体情况进行调整,以实现最佳的应力分布和稳定性。这可能包括巷道内断面的特定设计,以及支护方法的选择,如锚杆(索)的布置和尺寸。考虑主应力方向偏转的自稳平衡圈支护原理为巷道围岩稳定性的维护提供了一种新的理论框架和实践方法。通过这种方法,可以更有效地利用围岩自身的稳定性,减少对外部支撑的依赖,从而提高矿业工程的安全性和效率。同时,这种方法还为未来的研究和实践提供了新的方向,有助于进一步优化矿业工程设计和施工。

因此有必要验证支护是否能够改善巷道围岩自稳平衡圈的受力环境。为重点考察支护对巷道围岩自稳平衡圈的边界应力分布的影响,根据此章第二节自稳平衡圈边界应力分析可知,对自稳平衡圈的内边界施加的荷载为 q 时,在巷道围岩自稳平衡圈边界上,有 $\rho=1$ 且边界条件 $\sigma_\rho=-q$ 成立,其中 $m=(a-b)/(a+b)$,$a=kb$,则有自稳平衡圈边界的切向应力 σ_θ 为:

$$\sigma_\theta = \frac{P\{(k+1)(kq+2\lambda-q-2)\cos(2\varphi-2\theta)-k^2q+k(4q-2\lambda-2)k-q\}}{k^2\cos(2\varphi-2\theta)-k^2-\cos(2\varphi-2\theta)-1}$$

(6-31)

式(6-31)中,σ_θ 为自稳平衡圈的切向应力,单位为兆帕;φ 为主应力偏转角，单位为°；θ为自稳平衡圈的方位角，单位为°；P为垂直原岩应力，单位为兆帕；λ为侧压系数；q为自稳平衡圈内边界受均匀压力，单位为兆帕。

为验证支护能降低自稳平衡圈边界应力等级，将 $q=1$，$k=1.5$，$\lambda=2$ 代入式（6-31），得出支护前巷道围岩自稳平衡圈边界受力状态为压应力状态（Ⅲ），支护后为零应力状态（Ⅰ），如图6-15（a）所示。将 $q=1$，$k=1.5$，$\lambda=0.5$ 代入式（6-31），得出支护前巷道围岩自稳平衡圈边界受力状态为压应力状态（Ⅲ），支护后巷道围岩自稳平衡圈边界压应力明显减少，接近于零应力状态（Ⅰ），如图6-15（b）所示。由此，验证了支护可以有效改善巷道围岩自稳平衡圈的受力环境。

（a）$q=1$，$k=1.5$，$\lambda=2$

（b）$q=1$，$k=1.5$，$\lambda=0.5$

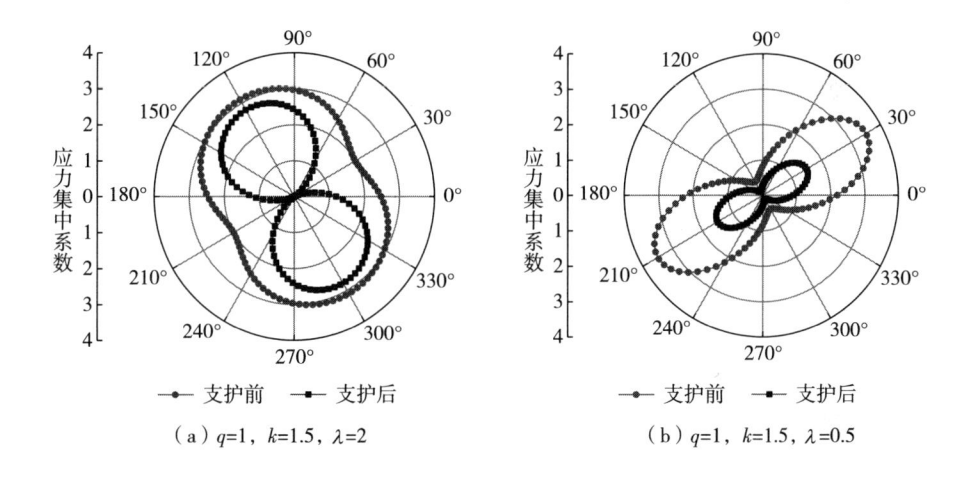

图6-15 巷道支护前后的自稳平衡圈边界受力状态

二、基于主应力偏转效应的锚杆支护参数优化

由上述章节可知，煤层倾角为23°的直角梯形巷道高帮（左帮）顶角的主应力方向敏感区为[40.7°，75.6°]。因此，可通过锚杆（索）支护，控制主应力偏转轨迹，将主应力方向偏转角度驱离主应力方向敏感区间，从而提高巷道围岩稳定度。但是锚杆支护角度是否会影响，如何影响主应力偏转轨迹需要进一步研究。

在巷道高帮顶角位置处布设锚杆，锚杆采用直径20毫米、长度2200毫米的螺纹钢锚杆，锚杆间距为800毫米，锚杆支护角度分别为0°~90°进行数值模拟试验，选取巷道高帮顶角位置处的岩体单元，对不同支护角度下主应力偏转角变化程度进行分析，如图6-16所示，需要特别指出锚杆支护角度为0°时，代表未支护时的主应力偏转角。随着锚杆支护角度的增加，主应力偏转角先减小后增加。当锚杆支护角度为20°时，对应力偏转轨迹改善作用最明显，应力偏转角由44.0°降低为24.1°。由式（5-20）和式（5-21）可知，此处最大主应力方向与裂隙面外法线方向之间的夹角为88.9°，巷道围岩稳定度为0.657，表明当高帮尖角处锚杆支护角度为20°时，可以有效控制主应力偏转轨迹，将主应力方向偏转角度驱离主应力方向敏感区间，改善巷道高帮顶角受力状态，为巷道支护参数的选取提供了理论依据。

考虑特定几何结构和应力条件下的煤层巷道。分析表明，煤层倾角为23°的直角梯形巷道在高帮顶角处的主应力方向敏感区域的特性对设计有效的支护方案至关重要。通过数值模拟试验，可以更准确地评估不同支护角度对主应力偏转轨迹的影响，进而优化支护设计，以提高巷道围岩的稳定性。

研究中使用的螺纹钢锚杆，长度和直径的选择，以及其间距的设置，均是基于对特定岩体单元主应力偏转角变化程度的分析。这种方法允许对锚杆支护角度的效果进行细致的评估，特别是当锚杆支护角度为20°时，对应力偏转轨迹的改善效果最为显著。根据锚杆支护角度对主应力偏转轨迹的重要影响，以及这一影响对巷道围岩稳定度的提升可以推断，在设计巷道支护结构时，不仅要考虑锚杆的物理属性和布局，还需要考虑其与岩体应力场的相互作用。这种综合考量将为巷道支护参数的选取提供更加科学和精确的理论依据。

进一步的研究应聚焦于探索不同岩体类型和不同矿井深度条件下的最优支护参数。此外，实际矿井条件下的实验验证，结合理论分析和数值模拟的结果，将有助于进一步精细化和个性化巷道支护方案的设计。这样不仅能提升矿井的安全性能，还能增加矿业工程设计的灵活性和适应性，为矿业工程的未来发展提供坚实的理论和实践基础。

(a) 不同锚杆支护角度下围岩稳定度

(b) 巷道支护前后主应力偏转角变化

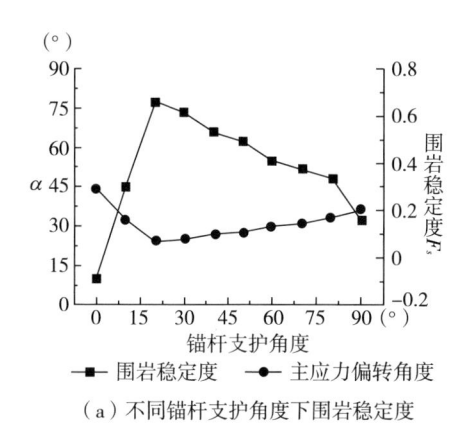

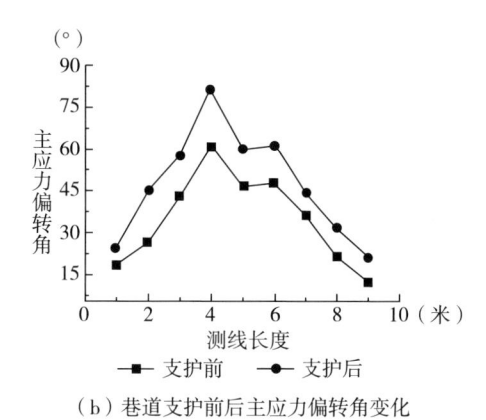

图 6-16 锚杆支护参数优化

三、巷道围岩变形的非对称支护原则

基于倾斜煤层巷道围岩非对称应力分布、渐进性非对称变形破坏及主应力偏转对围岩变形破坏的驱动效应，结合自稳平衡圈的支护原理，提出了可通过改善非对称应力集中及主应力偏转轨迹来控制围岩稳定性的支护原则，即"锚杆（索）向低帮倾斜布置，帮角弱化区加密加长支护"。如下所示：

一是锚杆（索）、金属网非对称联合支护，增加巷道围岩的稳定性。由于顶板呈现非对称的贝雷帽形变形破坏，则顶板锚杆和锚索采用倾斜安装，向右帮（低帮）倾斜布置。两帮由锚网和锚杆非对称支撑，由于右帮的应力集中和变形大于左帮，则在同一区域应适当增加锚杆安装密度。

二是加强巷道薄弱部位的支护，降低自稳平衡圈应力状态等级。由于巷道尖角部位的端部具有边界应力，必须及时补打锚杆，通过锚杆间应力扩散保证了顶板和两帮之间的内应力的有效联通，同时重视对底板软弱部位的支撑，使巷道顶部—两帮—底板之间构成闭环型的内应力扩散范围，并避免因局部区域承载不足而引起较大的巷道变形。

三是根据主应力偏转角度进行差异化支护，改善非对称变形破坏。主应力方向偏转导致自稳平衡圈形态及边界应力位置偏转，通过其形态范围、边界应力极大值位置及工程实践经验确定锚杆（索）的长度。将顶板锚索锚固自稳平衡圈外的坚硬岩层中，保证锚索能提供稳定和长期的悬吊力。

四是优化锚杆（索）安装角度，控制主应力偏转轨迹。基于主应力偏转对巷道围岩失稳的驱动效应,设计顶板左侧尖角的锚杆(索)向左侧倾斜,顶板右侧尖角的锚杆(索)向右侧倾斜,以加强对尖角处非对称应力集中和变形破坏的控制。

在矿业工程中,巷道的稳定性对于安全生产至关重要。针对倾斜煤层巷道的围岩稳定性问题,采用基于非对称应力分布和主应力偏转的支护策略,展现了对传统矿山支护理论的深入理解和创新。此策略的核心在于通过调整支护结构以适应围岩的非对称应力环境,从而有效控制围岩变形和稳定性。

通过非对称支护,如锚杆(索)和金属网的联合使用,可以有效地应对顶板的非对称变形,尤其是当顶板呈现类似贝雷帽的形变时。这种支护方式通过增加低帮侧的支撑强度,来平衡围岩的非对称压力,从而减少了巷道的不均匀沉降和变形。巷道薄弱部位的加固是防止围岩变形的关键。这包括及时补打锚杆来扩散应力,并对底板软弱部位进行特别加固。这种方法不仅减少了应力集中,还通过形成闭环型应力扩散路径,增强了整个巷道结构的稳定性。根据主应力偏转角度的差异化支护,是应对非对称变形的创新方法。这种策略通过优化锚杆(索)的长度和布置,以适应自稳平衡圈形态的变化和应力集中点的偏移,从而有效地控制了主应力偏转对围岩稳定性的负面影响。优化锚杆(索)安装角度以控制主应力偏转轨迹,是一种精细化的控制手段。通过调整锚杆(索)的布置,可以更加精确地对抗尖角处的非对称应力集中和变形破坏,从而提高整个巷道的稳定性。

总体来说,这种基于围岩非对称应力分布和主应力偏转的支护策略,不仅展现了对煤矿巷道围岩稳定性问题深入的理解,而且提供了一种更为精细和有效的解决方案。这种方法对提高矿山安全性、降低事故风险及提升矿山的经济效益具有重要的实际意义。通过这样的创新支护策略,矿山工程师可以更好地适应复杂的地下工程环境,为矿业安全生产提供坚实的技术支撑。

第四节 巷道非对称支护方案

一、支护参数的计算

1. 巷道锚杆参数计算

根据加固拱理论确定顶板锚杆的长度 L_R 的表达式:

$$L_R = L_{R1} + H + L_{R2} \tag{6-32}$$

式（6-32）中，L_R 为顶板锚杆长度，单位为米；L_{R1} 为顶板锚杆外露长度，单位为米；L_{R2} 为顶板锚杆锚固长度，取 0.55 米；H 为顶板自稳平衡圈的范围，单位为米。

根据工程类比法及相关规范，顶板锚杆外露长度 0.15 米，顶板锚杆锚固长度取 0.60 米，由此章第一节可知，主应力偏转后的顶板自稳平衡圈范围为 2.13 米，将各种参数代入式（6-32）计算得顶板锚杆的长度为 2.68 米，结合工程实践经验，实际顶板锚杆的长度取 2.70 米，顶板锚杆的排距为 0.80 米。巷道左右两帮锚杆的长度分别为：

$$L_{HS} = L_{S1} + R_H + L_{S2} \tag{6-33}$$

$$L_{LS} = L_{S1} + R_L + L_{S2} \tag{6-34}$$

式（6-33）、式（6-34）中，L_{HS} 是巷道左帮锚杆的长度，单位为米；L_{LS} 是巷道右帮锚杆的长度，单位为米；L_{S1} 为锚杆的外露长度，单位为米；L_{S2} 为锚杆的锚固长度，单位为米；R_H 和 R_L 分别为巷道左右两帮自稳平衡圈的范围，单位为米。

根据工程类比法及锚杆设计规范，两帮锚杆外露长度均为 0.15 米，顶板锚杆锚固长度取 0.45 米，由此章第一节可知，主应力偏转后的巷道左帮自稳平衡圈范围为 1.57 米，右帮自稳平衡圈为 1.24 米，将各种参数代入式（6-33）和式（6-34）得巷道左帮锚杆的长度为 2.17 米，巷道右帮锚杆的长度为 1.84 米，结合工程实践经验，实际巷道左帮锚杆的长度取 2.20 米，巷道右帮锚杆的长度取 2.00 米，两帮锚杆的排距为 0.80 米。

2. 锚索参数的确定

根据悬吊理论，锚索的长度公式为：

$$L_{MS} = L_{MS1} + L_{MS2} + L_{MS3} \tag{6-35}$$

式（6-35）中，L_{MS} 为顶板锚索长度，单位为米；L_{MS1} 为顶板锚索外露长度，单位为米；L_{MS2} 为顶板锚索有效长度，单位为米；L_{MS3} 为顶板锚索锚固长度，单位为米。

根据石炭井二矿区工程背景，锚索采用直径 15.24 毫米钢绞线锚索，巷道顶板距离上部坚硬岩层为 3.00 米，则锚索的有效长度取 3.00 米，锚索的外露长度取 0.25 米，锚索的锚固长度为 1.50 米，将各参数代入式

（6-35）可得巷道顶板锚索的长度为 4.75 米，根据工程类比法及相关规范，实际巷道顶板锚索长度取 5.00 米，锚索排距为 1.80 米。

二、支护方案

根据上述理论的计算结果及工程实际经验，设计非对称支护方案，如图 6-17 所示，具体支护参数如下所示：

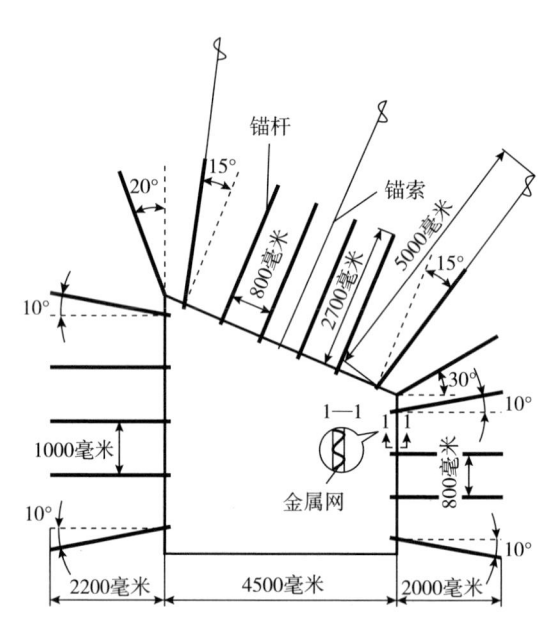

图 6-17 巷道非对称支护方案

（1）支护型式：锚杆、锚索、梁、金属网组合支护体系。

（2）顶板支护：全长锚固采用直径 20 毫米、长度 2700 毫米的螺纹钢锚杆。锚杆间距为 800 毫米×800 毫米。锚索采用直径为 15.24 毫米、长度为 5000 毫米的钢绞线，锚索间距为 1800 毫米×100 毫米。长度为 1200 毫米、孔径为 16 毫米的工字钢作为锚索的支撑梁。锚索长度为 2400 毫米，钢梯梁长 4.0 米，宽 50.0 毫米，金属网安装规格为 2.0 米×1.0 米。

（3）帮部支护：锚杆采用直径 20 毫米、左帮长度 2200 毫米、右帮长度 2000 毫米的螺纹钢锚杆。根据非对称支护原理，右帮加密。左帮和右帮的锚杆间距分别为 1000 毫米×800 毫米、800 毫米×800 毫米。金属网和钢梯梁采用与顶板支护方案相同的参数。

（4）局部加强支护：在相对于水平方向成10°角的巷道四个尖角附近安装一个螺纹钢锚杆，在左帮尖角处安装一个与竖直方向成20°角的螺纹钢锚杆，右帮尖角处安装一个与水平方向成30°角的螺纹钢锚杆。顶角锚杆施工工序为：钻机就位、成孔、清孔、杆体安放、注浆、二次注浆。顶角锚杆施工角度的标准偏差不得超过±3°。

巷道原支护方案采用锚网进行常规对称支护，本节设计的非对称支护方案，在顶板增加了锚索支护，增设了顶角锚杆，并优化了其安装角度，对巷道低帮进行加密支护，高帮锚杆进行加长支护。

第五节　数值模拟支护效果

一、支护模型建立

根据石炭井二矿区工程地质条件，建立煤层倾角23°直角梯形巷道数值计算模型，模型边界条件、破坏准则及煤岩层力学特征与第三章数值模型一致，模型的长、宽、高分别为36.0米、3.6米、33.0米，巷道宽度为4.5米，施加的荷载为10兆帕，进行非对称支护后的计算模型如图6-18所示，支护结构的具体参数如表6-1所示。

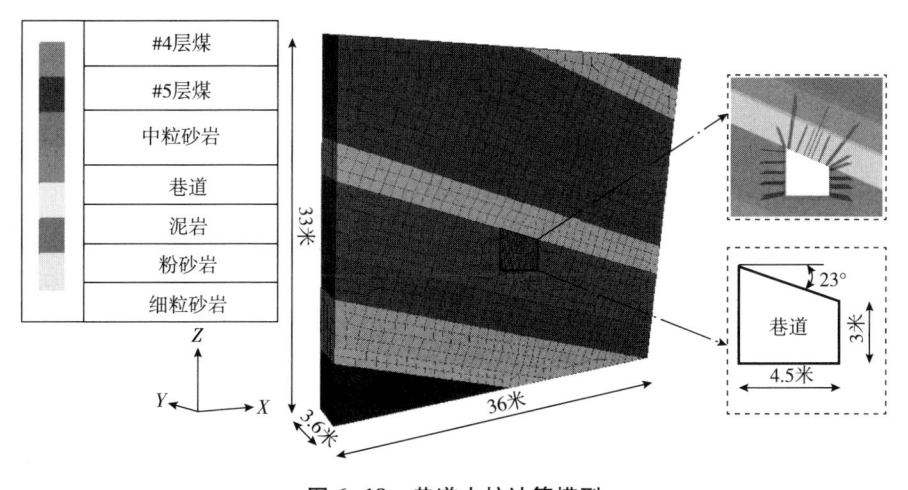

图6-18　巷道支护计算模型

表 6-1 支护体材料参数

支护体	弹性模量（吉帕）	抗拉强度（兆帕）	横截面积（平方米）	锚固剂粘结力（兆帕）	锚固剂刚度（牛/米）
顶锚杆	200	455	0.00125		
帮锚杆	210	370	0.000803		
锚杆锚固段				3.2	6×10^8
锚索	195	1860	0.000706		
锚索锚固段				3.2	6×10^8

二、支护效果分析

1. 巷道支护后围岩应力分布特征

图 6-19 为倾斜煤层巷道支护后竖直和剪应力云图，与巷道未支护时相比，巷道两帮、顶底板及尖角处的应力峰值及应力集中区的范围均减小，左右两帮及尖角处应力分布更均匀，且应力峰值差异降低。巷道右帮的应力集中系数从 1.573 降低为 1.152，左帮的应力集中系数从 1.512 降低为 1.125，两帮应力峰值降低了 30%，非对称应力集中降低了 45%，则两帮、顶底板及尖角处非对称应力分布状态得到改善。

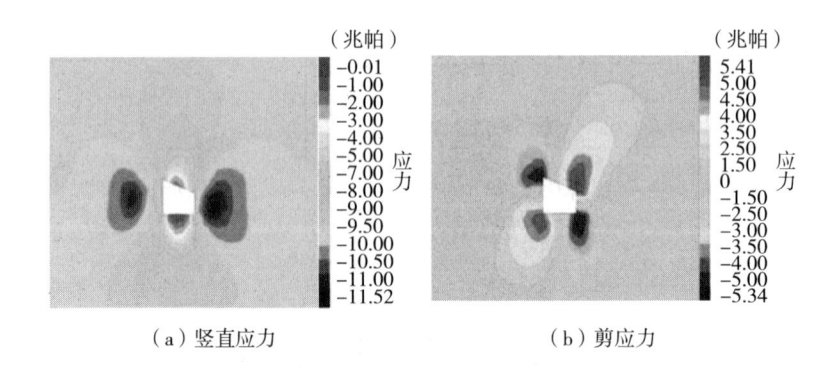

（a）竖直应力　　（b）剪应力

图 6-19　巷道支护后竖直应力和剪应力云图

支护后，巷道两帮、顶底板及尖角处的应力峰值明显减小。这表明支护措施成功地分散了地应力并减轻了围岩的应力集中。支护后，左右两帮及尖角处的应力分布更加均匀，应力集中区域的范围减小。这意味着巷道围岩的应力分布状态得到了改善，减轻了围岩的局部应力集中。倾斜煤层巷道的支护措施成功地改善了巷道围岩的应力分布特征。应力峰值减小、应力均匀性改善以及应力差异降低都有助于提高巷道的稳定性和安全性。这一支护效果验证了非对称支护方案在减轻地应力影响下的有效性，为类似工程中的支护设计提供了有力的依据。

2. 巷道支护后围岩变形特征

图 6-20 为支护后倾斜煤层巷道竖直和水平位移云图，与巷道未支护时相比，巷道顶板、底板及两帮的位移量均减小。巷道顶板最大位移从 127.4 毫米降为 44.0 毫米，底板最大位移从 73.0 毫米降为 28.2 毫米，右帮最大位移从 130.0 毫米降为 33.8 毫米，左帮最大位移从 110.0 毫米降为 31.1 毫米，则巷道顶板、底板及两帮的变形得到明显改善，提高巷道围岩的稳定性。

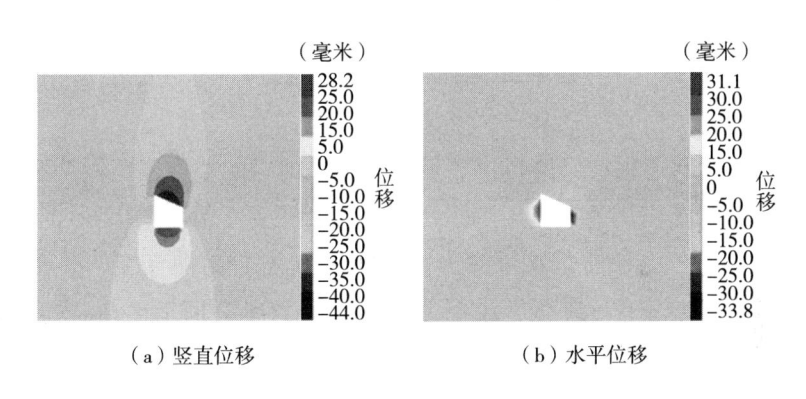

（a）竖直位移　　　　　　　（b）水平位移

图 6-20　巷道支护后竖直位移和水平位移云图

倾斜煤层巷道的支护措施成功地改善了巷道围岩的位移情况。位移量的减小和变形的改善都有助于提高巷道的稳定性和安全性。这一支护效果验证了非对称支护方案在减轻地应力影响下的有效性，为类似工程中的支护设计提供了有力的依据。

3. 巷道支护后塑性区分布特征

图 6-21 为倾斜煤层巷道支护后塑性区云图，与支护前塑性区对比分析

可知，巷道顶板、两帮、底板及尖角处围岩塑性区的范围明显减小，左右两侧塑性区范围大小差异程度降低，说明倾斜煤层巷道非对称支护方案的支护效果较好。

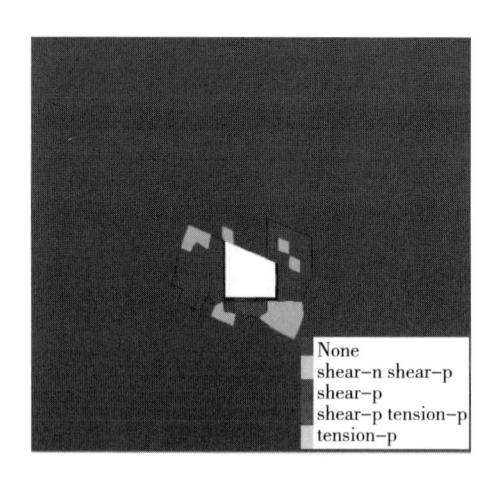

图 6-21　巷道支护后塑性区云图

支护后，巷道顶板、两帮、底板及尖角处围岩的塑性区范围明显减小。这表明支护措施成功地减轻了巷道围岩的塑性变形，围岩的变形范围得到了控制和减小。支护前，巷道围岩的塑性区在左右两侧存在明显的差异。支护后，这种差异程度降低，说明非对称支护方案有助于平衡巷道围岩的变形，减小了非对称变形的风险。倾斜煤层巷道的非对称支护方案在减轻地应力影响的条件下，成功地改善了围岩的塑性变形情况，减小了塑性区的范围。这一支护效果验证了非对称支护方案在实际工程中的可行性和有效性，为类似工程的支护设计提供了有力的依据。

第六节　支护效果工程验证

为了验证倾斜煤层巷道非对称支护方案的支护效果，本书选取石炭井二矿巷道进行工程验证，在巷道围岩典型断面布置监测站，监测点布置图 6-22 至图 6-24 所示，监测结果如图 6-25 至图 6-30 所示。顶板最大沉降量为75毫米，最大沉降速率为16.8毫米/天，13天后基本稳定，最终沉降速率不超过0.05毫米/天，平均沉降速率为1.34毫米/天。两帮的最大相对收敛为74毫米，最大变形速率为16毫米/天，15天后达到基本稳定，最终收敛速率不超过0.03毫米/天。顶板最大离层发生在1.2~1.6米。12天后，顶板离层趋于稳定，最大离层量为10毫米，最大离层发生在锚杆支护范围内。顶板锚杆的最大轴力为35千牛。巷道顶板松动圈范围为1.4~1.7米，两帮松动圈范围为1.2~1.5米，顶板下沉、两帮收敛、锚杆应力均小于设计要求，表明非对称支护方案有效控制了巷道围岩变形，提高了巷道稳定性，支护效果良好。

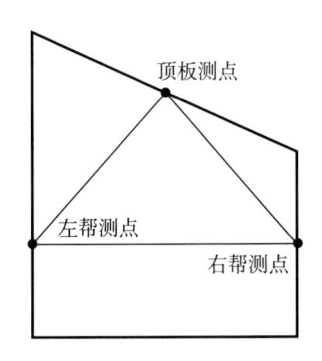

图6-22 巷道位移监测点布置

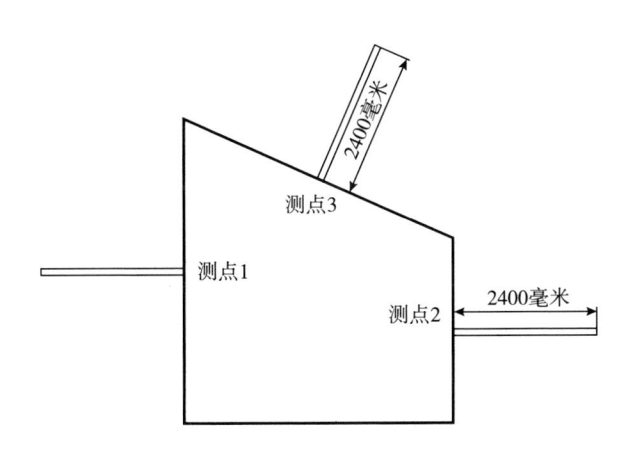

图6-23 巷道松动圈监测点布置

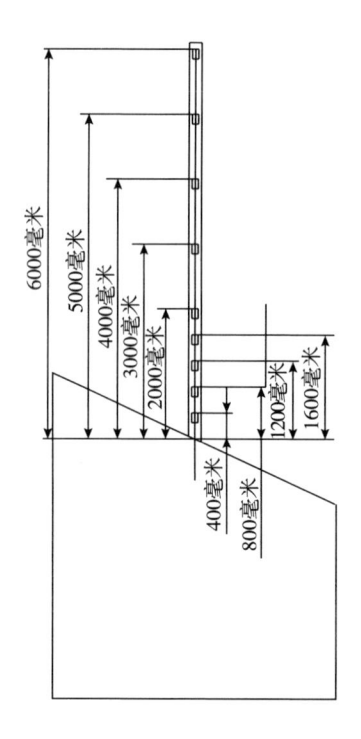

图 6-24　巷道顶板离层监测点布置

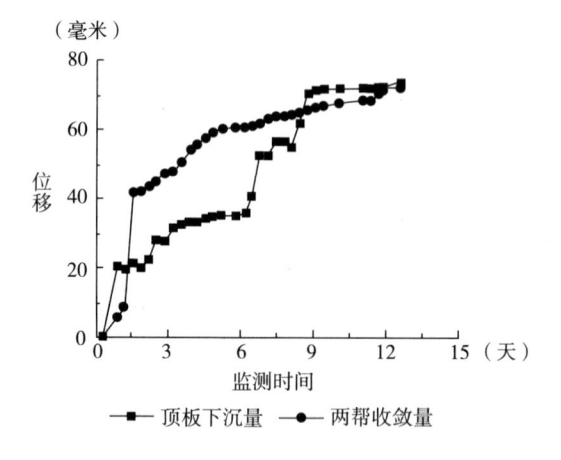

图 6-25　顶板的变形

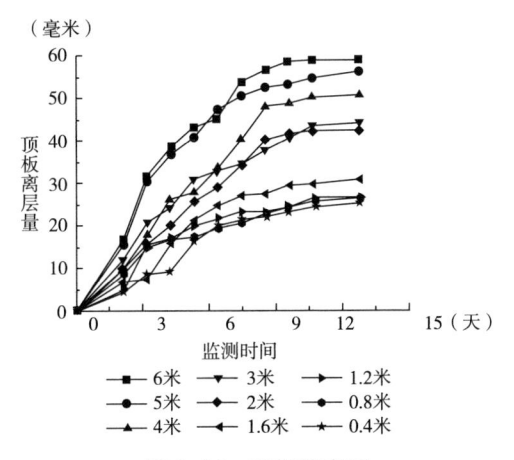

图 6-26 顶板的离层

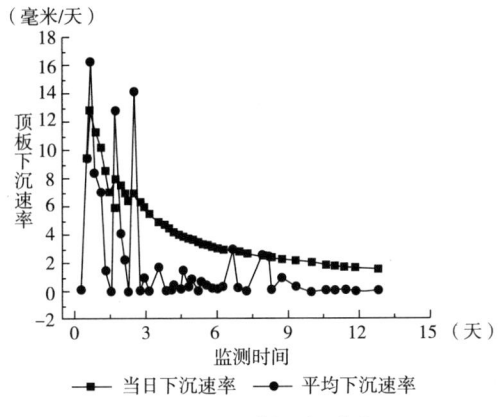

图 6-27 顶板下沉速率

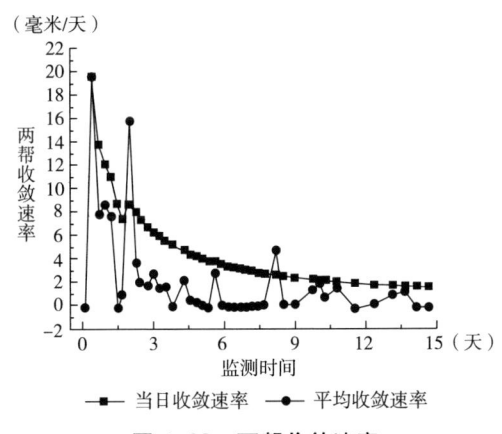

图 6-28 两帮收敛速率

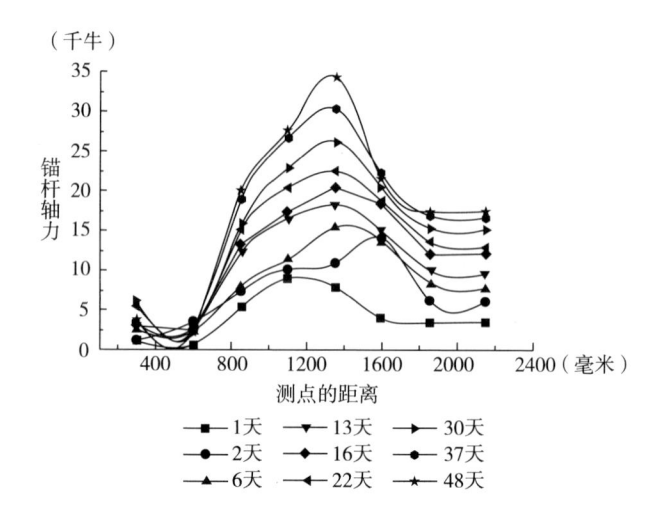

图 6-29　锚杆轴力

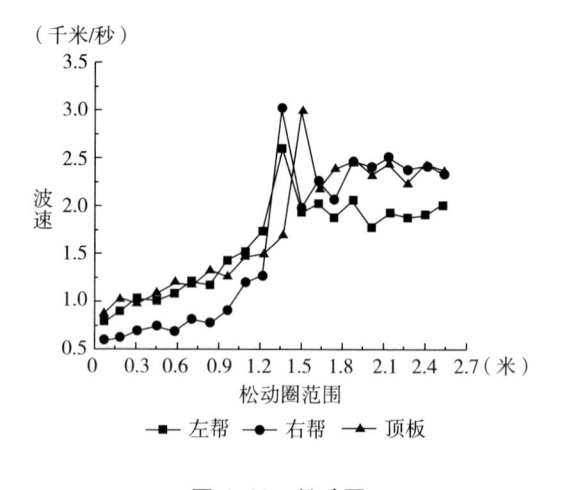

图 6-30　松动圈

在探讨煤矿安全和效率方面，对煤层巷道的稳定性进行细致分析显得尤为重要。研究表明，采用非对称支护方案对于控制煤层巷道的围岩变形具有显著效果。在实际的工程应用中，如石炭井二矿巷道的案例，通过在巷道的关键断面设置监测点，可以准确记录巷道顶板和两帮的变形情况。监测结果揭示，顶板沉降和两帮收敛的最大值均在安全范围内，并在短时间内达到基本稳定。特别是锚杆支护的应用，在控制顶板离层和确保结构稳定性方面发挥了关键作用。此外，监测数据显示，顶板和两帮的松动圈范围控制得相当好，表明非对称支护方案不仅在理论上合理，而且在实际工程中也得到了有效验证。这为未来的煤矿巷道设计提供了宝贵的参考。考虑到巷道稳定性对矿工安全和矿山生产效率的重要影响，这一发现具有重要的实际意义。

进一步的研究可以集中在优化支护方案的参数，如锚杆的布置和支护材料的选择，以进一步提高巷道的稳定性和安全性。此外，类似的监测方法可以应用于不同类型的地质条件和矿井深度，以更全面地理解非对称支护方案在各种挑战性环境下的表现。通过这样的综合研究，可以进一步提高煤矿巷道的设计和建造标准，为煤矿工业的安全和效率提供坚实的科学基础。

第七节 本章小结

本章主要对自稳平衡圈渐进成形演变特征及考虑主应力方向偏转对自稳平衡圈稳定性的影响进行了研究，分析了自稳平衡圈的边界应力状态，推导了自稳平衡圈失稳力学判据，改进了倾斜煤层巷道稳定性控制方法，优化了巷道非对称支护方案，并验证了支护方案的合理性、有效性。主要结论如下：

（1）基于普氏拱理论，建立倾斜煤层直角梯形巷道围岩自稳平衡圈力学模型，并通过数值模拟结合 fish 语言编程及改进的 DIC 监测技术，刻画出自稳平衡圈动态演化过程，揭示了自稳平衡圈渐进成形演变特征。随着巷道围岩的变形增大，巷道有效高度和宽度逐渐增大，最终形成向巷道左帮偏转的类椭圆形自稳平衡圈。

（2）基于平面弹性复变方法，建立了考虑主应力方向偏转的自稳平衡圈力学模型，推导出自稳平衡圈失稳力学判据，并分析得出自稳平衡圈渐进性演变特征。当 $|k-\lambda|/k$ 越小，自稳平衡圈边界应力越均匀，且压力值也越小，将其受力状态分为 4 个等级，理想受力状态为等应力状态（Ⅱ）。自稳平衡圈边界应力形态随着主应力偏转而偏转，其方向性导致巷道围岩变形破坏呈现非对称分布特征。

（3）提出了考虑主应力方向偏转的自稳平衡圈支护原理，即以自稳平衡圈内的岩体为巷道围岩变形的控制对象，促使巷道围岩的$|k-\lambda|/k$减小，降低受力状态等级，增强自身承载能力，并对边界应力极大值位置即易破坏区域进行加强支护。分析了支护前后巷道围岩自稳平衡圈受力状态，得出支护可以有效降低自稳平衡圈边界应力等级。

（4）基于倾斜煤层巷道围岩非对称应力分布、渐进性变形破坏及主应力偏转对围岩破坏的驱动效应，结合自稳平衡圈的支护原理，提出非对称支护原则：锚杆（索）、金属网非对称联合支护，提升巷道围岩的稳定性；加强巷道薄弱部位的支护，降低自稳平衡圈应力状态等级；根据主应力偏转角度进行差异化支护，改善非对称变形破坏；优化锚杆（索）安装角度，控制主应力偏转轨迹。

（5）设计了非对称支护方案，即"锚杆（索）向右帮倾斜布置，帮角弱化区加密支护"。对顶板尖角处进行了加强支护，顶板锚杆（索）向右帮倾斜安装，右帮加密锚杆支护，左帮的锚杆加长，四个尖角处增加锚杆支护。顶板锚杆长2.7米，排距0.8米，锚索长5.0米，排距1.8米。两帮锚杆分别长2.2米和2.0米，排距为0.8米。在左帮和右帮尖角处分别安装与裂隙面外法线法向成43°角和32°角的锚杆。

（6）煤层倾角23°直角梯形巷道支护后，其两帮、顶底板及尖角处非对称应力及变形分布状态得到明显改善，数值模拟得出顶板、底板、左帮和右帮的最大位移分别为44.0毫米、28.2毫米、31.18毫米、33.8毫米。现场监测得出顶板最大下沉量为75毫米，两帮最大收敛量为74毫米，顶板最大离层量为10毫米，顶板锚杆轴力为35千牛。顶板下沉、两帮收敛、锚杆应力均小于设计要求，支护效果良好。

第七章
结论与展望

第一节 结论

煤炭在我国能源生产和消费中占有主要地位，是国民经济可持续发展的重要支撑。根据我国煤层赋存条件，倾斜煤层煤炭储量约占煤炭资源总量的35%，其开发利用在能源战略中发挥重要作用。由于倾斜煤层巷道围岩应力环境复杂，其非对称变形破坏严重，支护困难。针对此类巷道围岩稳定性问题，国内外学者进行了一系列研究，但对倾斜煤层巷道围岩应力分布及变形破坏特征、主应力大小和方向的传递规律及围岩控制技术仍缺乏系统研究。因此，本书以石炭井二矿区倾斜煤层巷道为工程背景，通过理论分析、数值模拟、相似物理模型试验及现场工程试验等研究方法，对不同倾角、不同断面形状倾斜煤层巷道围岩应力分布及变形规律、渐进性非对称破坏机理、主应力偏转传递路径时空演化特征及其对巷道围岩破坏的驱动效应、考虑主应力方向偏转的自稳平衡圈渐变失稳机制及巷道围岩变形控制技术进行了系统研究，主要结论如下：

（1）利用复变函数及弹性力学理论，引入倾角系数，并改进了映射函数求解方法，建立了倾斜煤层巷道围岩力学模型，推导出任意煤层倾角及断面形状巷道围岩应力及位移的解析解，得出不同倾角、不同断面形状倾斜煤层巷道围岩非对称应力分布及变形破坏规律,即巷道围岩应力及变形均呈现右侧大于左侧的非对称分布形态。倾角越大,巷道围岩应力集中及变形非对称分布特征越明显,且呈现直角梯形>矩形>直墙拱形断面的变化趋势,对直角梯形巷道围岩变形破坏控制最为关键。从理论上揭示了倾斜煤层巷道围岩渐进破坏机理,即左帮(高帮)顶角位置首先破坏—两帮浅部围岩破坏—顶板有效长度增大—两帮破坏向深部延伸—进入破坏的恶性循环。基于巷道围岩位移解析解和计算几何的多边形布尔运算,建立了倾斜煤层巷道非对称变形度计算模型,实现了具有时序性和区域性的巷道非对称变形程度的定量化和可视化表征。荷载从 2.5 兆帕增加到 10 兆帕时,其非对称变形度从 2.1% 增加至 32.4%。

(2)采用数值模拟分析方法,考虑煤层倾角、断面形状的影响,分析了不同荷载作用下倾斜煤层巷道围岩应力分布及变形破坏规律,得出倾斜巷道围岩应力峰值及应力集中区呈现右帮(低帮)大于左帮(高帮)的非对称分布特征,倾角越大,非对称应力集中程度越明显,主应力差峰值越大,塑性区面积越大。直角梯形巷道变形最为严重,且非对称分布特征比矩形和直墙拱形巷道更明显。倾角为 18°~27° 直角梯形巷道左帮(高帮)应力峰值为 15.16~15.30 兆帕,右帮(低帮)应力峰值为 15.58~15.82 兆帕,两帮应力的差值增加了 23.8%。倾角为 23° 的矩形及直墙拱形左帮(高帮)应力峰值分别为 15.04 兆帕、14.83 兆帕,右帮(低帮)应力峰值分别为 15.08 兆帕、14.80 兆帕。随着地应力的增加,巷道两帮应力集中及变形程度越大,应力集中由浅部围岩转移到深部。倾斜煤层巷道围岩塑性区呈现渐进性扩展规律及非对称分布特征,验证了理论分析的正确性。

(3)以石炭井二矿区倾斜煤层巷道为工程背景,建立不同倾角(18°、23°、27°)、不同断面形状(直角梯形、矩形、直墙拱形)的 5 个倾斜煤层巷道相似物理模型,分析得出倾角及断面形状影响下巷道围岩非对称应力及变形破坏规律,随着倾角的增大,巷道围岩应力及变形非对称分布特征越明显,且不同断面形状巷道围岩变形大小依次呈现直角梯形>矩形>直墙拱形巷道,进一步揭示了倾斜煤层巷道围岩渐进性非对称破坏机理。当倾角为 18°~27° 时,直角梯形巷道左右两帮应力集中系数分别为 1.02~2.00、4.00~8.40,内部位移分别为 1.57~2.59 毫米、1.83~3.64 毫米。

基于 DIC 监测技术,发现顶板上方应变场呈现非对称贝雷帽形变形破坏。倾斜煤层直角梯形巷道高帮顶角位置首先出现沿煤层倾斜方向的裂隙发生破坏,其位置作为巷道围岩渐进性变形破坏的诱发点,是巷道围岩稳定性控制的关键。

(4) 采用理论分析、数值模拟和相似物理模型试验等研究方法,分析了倾斜煤层巷道围岩主应力偏转特征,发现其主要特点是主应力量值大幅度改变同时伴随主应力方向大角度偏转,主应力矢量场呈现非对称分布规律,各区域差异化显著,揭示了巷道围岩应力偏转传递路径演化特征及其对巷道围岩变形破坏的驱动效应,即随着主应力偏转角的增大,平均压应力先增大后减小,剪应力则相反。主应力偏转轨迹呈现最小主应力向巷道轴心方向倾斜,偏离初始水平方向,最终偏转至垂直于顶底板临空面方向。不同断面形状巷道应力偏转规律相似,但轨迹均不相同。煤层倾角越大,顶板两侧围岩的主应力偏转角越大,倾角 0°~27°,其最大增幅为 20°。并利用 Python 语言编程对 DIC 软件进行二次开发,监测发现了直角梯形巷道顶板岩层形成非对称拱形应变传递包络特征,主应变方向由应变拱顶朝两侧拱脚偏转,主应变拱内部应变释放,其方向发生变化。在此基础上提出了表征主应力偏转作用下的巷道围岩稳定度 F_s,当裂隙面外法线方向与主应力偏转角 α_f 为 37.4°~72.3°时,F_s 小于 0,则巷道两帮围岩裂隙发育,进入强度劣化状态。据此建立了巷道高帮尖角处裂隙发育控制方程,并划分了围岩主应力方向敏感区 [40.7°,75.6°],可通过在巷道左帮(高帮)尖角处布设锚杆来改变应力偏转轨迹,将主应力方向驱离方向敏感区,提高巷道围岩稳定度。

(5) 基于普氏拱理论,建立倾斜煤层直角梯形巷道围岩自稳平衡圈力学模型,揭示了自稳平衡圈渐进成形演变特征,最终形成向巷道左帮(高帮)偏转的类椭圆形。在此基础上利用平面弹性复变方法,建立了考虑主应力方向偏转的自稳平衡圈力学模型,推导出自稳平衡圈失稳的力学判据。当 $|k-\lambda|/k$ 越小,则自稳平衡圈边界应力越均匀,且压力值也越小,将其受力状态分为 4 个等级,理想受力状态为等应力状态(Ⅱ)。自稳平衡圈边界应力形态随着主应力偏转而偏转,其方向性导致巷道围岩变形破坏呈现非对称分布特征。据此提出了考虑主应力方向偏转的自稳平衡圈支护原理,

并通过了理论分析验证，得出支护可以有效降低自稳平衡圈边界应力等级的结果，并给出了非对称支护原则：锚杆（索）、金属网非对称联合支护，提高了巷道围岩的稳定性；加强巷道薄弱部位的支护，降低自稳平衡圈应力状态等级；根据主应力偏转角度进行差异化支护，改善非对称变形破坏；优化锚杆（索）安装角度，控制主应力偏转轨迹。

（6）在上述分析的基础上，提出了"锚杆（索）向右帮（低帮）倾斜布置，帮角弱化区加密加长支护"的非对称支护技术。对顶板尖角处进行了加强支护，顶板锚杆（索）向右帮（低帮）倾斜安装，右帮（低帮）加密锚杆支护，左帮（高帮）的锚杆加长，四个尖角处增加锚杆支护。煤层倾角23°直角梯形巷道支护后，其两帮、顶底板及尖角处非对称应力及变形分布状态得到明显改善，数值模拟得出顶板、底板、高帮和低帮的最大位移分别为44.0毫米、28.2毫米、31.18毫米、33.8毫米。现场监测得出顶板最大下沉量为75毫米，两帮最大收敛量74毫米，顶板最大离层量为10毫米，顶板锚杆轴力为35千牛。顶板下沉、两帮收敛、锚杆应力均小于设计要求，支护效果良好。

第二节　创新点

（1）利用复变函数及弹性力学理论，构建了倾斜煤层巷道围岩力学模型，改进了映射函数求解方法，引入倾角系数，推导出适用于任意倾角及断面形状巷道围岩应力及变形的解析解，揭示了倾斜煤层巷道围岩非对称应力分布规律及渐进破坏机理。基于计算几何建立了倾斜煤层巷道非对称变形度计算模型，实现了具有时序性和区域性的巷道非对称变形程度的定量化和可视化表征。

（2）建立倾斜煤层巷道相似物理模型，改进了DIC测量技术，实现了巷道围岩应力场及主应变偏转轨迹实时监测，进一步得出了非对称应力分布及应力方向偏转组合条件下倾斜煤层巷道围岩变形破坏规律，发现了直角梯形巷道顶板岩层形成非对称拱形主应变传递包络特征，且其自稳平衡圈呈现向左帮（高帮）偏转的半椭圆形。

（3）揭示了主应力偏转非对称演化特征及其对巷道围岩变形破坏的驱

动效应，阐明了考虑主应力方向偏转的自稳平衡圈稳定性调控机制，并提出了可通过改善非对称应力集中及主应力偏转轨迹来控制围岩稳定性，即"锚杆（索）向右帮（低帮）倾斜布置，帮角弱化区加密加长支护"的非对称支护技术。

第三节 展望

本书虽对倾斜煤层巷道围岩变形破坏机理及控制技术开展了系统研究，但仍存在较多可改进之处：

（1）弹性力学复变函数理论对于复杂孔口平面问题求解具有优势，但是三维空间尺度下倾斜煤层巷道围岩的变形及应力的研究更贴合实际，理论模型有待于进一步研究。

（2）相似模型试验虽然有诸多优点，但难以施加与原型相同的应力水平，致使试验结果与实际情况存在偏差，在进一步研究中应引入离心模型试验技术。

参考文献

［1］谢和平，吴立新，郑德志．2025年中国能源消费及煤炭需求预测［J］．煤炭学报，2019，44（7）：1949-1960．

［2］邹才能，何东博，贾成业，等．世界能源转型内涵、路径及其对碳中和的意义［J］．石油学报，2021，42（2）：233-247．

［3］王长建，汪菲，叶玉瑶，等．基于供需视角的中国煤炭消费演变特征及其驱动机制［J］．自然资源学报，2020，35（11）：2708-2723．

［4］屠洪盛，刘送永，黄昌文，等．急倾斜煤层走向长壁工作面底板破坏机理及稳定控制［J］．采矿与安全工程学报，2022，39（2）：248-254．

［5］伍永平，贠东风，解盘石，等．大倾角煤层长壁综采：进展、实践、科学问题［J］．煤炭学报，2020，45（1）：24-34．

［6］侯朝炯团队．巷道围岩控制［M］．徐州：中国矿业大学出版社，2013．

［7］Brady B，Brown E．Rock Mechanics for Underground Mining［M］．Springer，2004．

［8］单仁亮，彭杨皓，孔祥松，等．国内外煤巷支护技术研究进展［J］．岩石力学与工程学报，2019，38（12）：2377-2403．

［9］康红普．我国煤矿巷道围岩控制技术发70年及展望［J］．岩石力学与工程学报，2021，40（1）：1-30．

［10］孟庆彬，韩立军，乔卫国，等．深部高应力软岩巷道断面形状优化设计数值模拟研究［J］．采矿与安全工程学报，2012，29（5）：650-656．

［11］张进鹏，刘立民，刘传孝，等．深部大倾角煤岩层巷道断面形状

与耦合支护［J］．中南大学学报（自然科学版），2021，52（11）：4074-4087．

［12］王旭锋，汪洋，张东升．大倾角"三软"煤层巷道关键部位强化支护技术研究［J］．采矿与安全工程学报，2017，34（2）：208-213．

［13］Xue Y G，Ma X M，Qiu D H，et al. Analysis of the Factors Influencing the Nonuniform Deformation and a Deformation Prediction Model of Soft Rock Tunnels by Data Mining［J］. Tunnelling and Underground Space Technology，2021（109）：103769．

［14］Yang S Q，Chen M，Fang G，et al. Physical Experiment and Numerical Modelling of Tunnel Excavation in Slanted Upper-soft and Lower-hard Strata［J］. Tunnelling and Underground Space Technology，2018（82）：248-264．

［15］Ghorbani M，Shahriar K，Sharifzadeh M，et al. A Critical Review on the Developments of Rock Support Systems in High Stress Ground Conditions［J］. International Journal of Mining Science and Technology，2020，30（5）：555-572．

［16］Lisjak A，Grasselli G，Vietor T. Continuum-discontinuum Analysis of Failure Mechanisms around Unsupported Circular Excavations in Anisotropic Clay Shales［J］. International Journal of Rock Mechanics and Mining Sciences，2014（65）：96-115．

［17］Wu K，Shao Z S，Sharifzadeh M，et al. Analytical Computation of Support Characteristic Curve for Circumferential Yielding Lining in Tunnel Design［J］. Journal of Rock Mechanics and Geotechnical Engineering，2022，14（1）：144-152．

［18］李季，强旭博，马念杰，等．巷道围岩蝶形塑性区蝶叶方向性形成机制及工程应用［J］．煤炭学报，2021，46（9）：2838-2852．

［19］贾后省，王璐瑶，刘少伟，等．综放工作面煤柱巷道软岩底板非对称底臌机理与控制［J］．煤炭学报，2019，44（4）：1030-1040．

［20］袁亮，薛俊华，刘泉声，等．煤矿深部岩巷围岩控制理论与支护技术［J］．煤炭学报，2011，36（4）：535-543．

［21］侯朝炯，王襄禹，柏建彪，等．深部巷道围岩稳定性控制的基本

理论与技术研究［J］. 中国矿业大学学报, 2021, 50（1）：1-12.

［22］曹树刚, 王帅, 王寿全, 等. 大倾角煤层回采巷道断面适应性［J］. 东北大学学报（自然科学版）, 2017, 38（3）：436-441.

［23］辛亚军, 郝海春, 任金武, 等. 斜顶软煤回采巷道围岩再造承载层控制机理研究［J］. 采矿与安全工程学报, 2017, 34（4）：730-738.

［24］王沉, 屠世浩, 李召鑫, 等. 深部"三软"煤层回采巷道断面优化研究［J］. 中国矿业大学学报, 2015, 44（1）：9-15.

［25］马德鹏, 杨永杰, 曹吉胜, 等. 基于能量释放的深井巷道断面形状优化［J］. 中南大学学报（自然科学版）, 2015, 46（9）：3354-3360.

［26］Jiang L S, Wu Q S, Wu Q L, et al. Fracture Failure Analysis of Hard and Thick Key Layer and its Dynamic Response Characteristics［J］. Engineering Failure Analysis, 2019（98）：118-130.

［27］Zhao Y H, Wang S R, Zou Y F, et al. Pressure-arching Characteristics of Fractured Strata Structure during Shallow Horizontal Coal Mining［J］. Tehnicki Vjesnik-Technical Gazette, 2018, 25（5）：1457-1466.

［28］Wang Q, Xin Z X, Jiang B, et al. Comparative Experimental Study on Mechanical Mechanism of Combined Arches in Large Section Tunnels［J］. Tunnelling and Underground Space Technology, 2020（99）：103386.

［29］Shen W L, Bai J B, Wang X Y, et al. Response and Control Technology for Entry Loaded by Mining Abutment Stress of A Thick Hard Roof［J］. International Journal of Rock Mechanics and Mining Sciences, 2016（90）：26-34.

［30］Bai J B, Shen W L, Guo G L, et al. Roof Deformation, Failure Characteristics, and Preventive Techniques of Gob-side Entry Driving Heading Adjacent to the Advancing Working Face［J］. Rock Mechanics and Rock Engineering, 2015, 48（6）：2447-2458.

［31］董春亮, 赵光明, 李英明, 等. 深部圆形巷道开挖卸荷的围岩力学特征及破坏机理［J］. 采矿与安全工程学报, 2017, 34（3）：511-518+526.

［32］靖洪文, 孟庆彬, 朱俊福, 等. 深部巷道围岩松动圈稳定控制理

论与技术进展［J］. 采矿与安全工程学报, 2020, 37（3）: 429-442.

［33］王志强, 武超, 石磊, 等. 基于复变理论的双向不等压圆形巷道围岩应力及塑性区分析［J］. 煤炭学报, 2019, 44（S2）: 419-429.

［34］赵志强, 马念杰, 刘洪涛, 等. 巷道蝶形破坏理论及其应用前景［J］. 中国矿业大学学报, 2018, 47（5）: 969-978.

［35］郭晓菲, 郭林峰, 马念杰, 等. 巷道围岩蝶形破坏理论的适用性分析［J］. 中国矿业大学学报, 2020, 49（4）: 646-653+660.

［36］Gong W P, Luo Z, Juang C H, et al. Optimization of Site Exploration Program for Improved Prediction of Tunneling-induced Ground Settlement in Clays［J］. Computers and Geotechnics, 2014（56）: 69-79.

［37］Ukritchon B, Keawsawasvong S. Three-dimensional Lower Bound Finite Element Limit Analysis of Hoek-brown Material Using Semidefinite Programming［J］. Computers and Geotechnics, 2018（104）: 248-270.

［38］Luo W J, Yang X L. 3d Stability of Shallow Cavity Roof with Arbitrary Profile under Influence of Pore Water Pressure［J］. Geomechanics and Engineering, 2018, 16（6）: 569-575.

［39］Kargar A R, Rahmannejad R, Hajabasi M A. A Semi-analytical Elastic Solution for Stress Field of Lined Non-circular Tunnels at Great Depth Using Complex Variable Method［J］. International Journal of Solids and Structures, 2014, 51（6）: 1475-1482.

［40］Manh H T, Sulem J, Subrin D. A Closed-form Solution for Tunnels with Arbitrary Cross Section Excavated in Elastic Anisotropic Ground［J］. Rock Mechanics and Rock Engineering, 2015, 48（1）: 277-288.

［41］Pan Q J, Dias D. Upper-bound Analysis on the Face Stability of a Non-circular Tunnel［J］. Tunnelling and Underground Space Technology, 2017（62）: 96-102.

［42］陈子荫. 围岩力学分析中的解析方法［M］. 北京: 煤炭工业出版社, 1994.

［43］吕爱钟, 张路青. 地下隧洞力学分析的复变函数方法［M］. 北京: 科学出版社, 2007.

[44] Muskhelishvili N I. Some Basic Problems of the Mathematical Theory of Elasticity [M]. Groningen: Noordhoff, 1953.

[45] Verruijt A. A Complex Variable Solution for A Deforming Circular Tunnel in an Elastic Half-plane. International Journal for Numerical and Analytical Methods in Geomechanics [J]. 1997 (21): 77-89.

[46] Wang H N, Zeng G S, Jiang M J. Analytical Stress and Displacement Around Non-circular Tunnels in Semi-infinite Ground [J]. Applied Mathematical Modelling, 2018 (63): 303-328.

[47] Zeng G S, Wang H N, Jiang M J. Analytical Solutions of Non-circular Tunnels in Viscoelastic Semi-infinite Ground Subjected to Surcharge Loadings [J]. Applied Mathematical Modelling, 2022 (102): 492-510.

[48] Lu A Z, Zeng G S, Zhang N. A Complex Variable Solution for A Non-circular Tunnel in An Elastic Half-plane [J]. International Journal for Numerical and Analytical Methods in Geomechanics, 2021, 45 (12): 1833-1853.

[49] Zhou Y L, Lu A Z, Cai H, et al. Improvement of the Cauchy Integral Method for The Stresses and Displacements Around a Deeply-buried Non-circular Tunnel [J]. Journal of Theoretical and Applied Mechanics, 2022, 60 (1): 153-166.

[50] 赵凯，刘长武，张国良. 用弹性力学的复变函数法求解矩形硐室周边应力 [J]. 采矿与安全工程学报，2007，82 (3): 361-365.

[51] 李明，茅献彪. 基于复变函数的矩形巷道围岩应力与变形粘弹性分析 [J]. 力学季刊，2011，32 (2): 195-202.

[52] 施高萍，祝江鸿，李保海，等. 矩形巷道孔边应力的弹性分析 [J]. 岩土力学，2014，35 (9): 2587-2593+2601.

[53] 范广勤，汤澄波. 应用三个绝对收敛级数相乘法解非圆形洞室的外域映射函数 [J]. 岩石力学与工程学报，1993，12 (3): 255-264.

[54] 吕爱钟，王全为. 应用最优化技术求解任意截面形状巷道映射函数的新方法 [J]. 岩石力学与工程学报，1995，14 (3): 269-274.

[55] 朱大勇，钱七虎，周早生，等. 复杂形状洞室映射函数的新解法 [J]. 岩石力学与工程学报，1999，18 (3): 279-282.

[56] 陈梁. 采动影响下大倾角煤层巷道围岩破裂演化与失稳机理研究[D]. 中国矿业大学博士学位论文, 2020.

[57] 胡少轩. 大倾角煤层巷道围岩稳定性分析与控制技术研究[D]. 中国矿业大学博士学位论文, 2018.

[58] 郑志强. 单位圆到任意曲线保角变换的近似计算方法[J]. 应用数学和力学, 1992, 13 (5): 449-457.

[59] 贺凯, 常聚才, 李万峰, 等. 基于复变函数的斜顶巷道围岩应力分布解析解[J]. 煤炭工程, 2021, 53 (7): 97-101.

[60] 杨仁树, 王千星. 非均匀荷载下斜井井壁应力和位移场弹性分析[J]. 煤炭学报, 2020, 45 (11): 3726-3734.

[61] 王少杰, 曾祥太, 吕爱钟. 非圆形水工衬砌隧洞与横观各向同性岩体在光滑接触下的解析分析[J]. 应用数学和力学, 2021, 42 (4): 342-353.

[62] Zeng G S, Cai H, Lu A Z. An Analytical Solution for An Arbitrary Cavity in An Elastic half-plane [J]. Rock Mechanics and Rock Engineering, 2019, 52 (11): 4509-4526.

[63] Guo Y F, Wang H N, Jiang M J. Efficient Iterative Analytical Model for Underground Seepage Around Multiple Tunnels in Semi-infinite Saturated Media [J]. Journal of Engineering Mechanics, 2021, 147 (11): 04021101.

[64] Jiang Z Y, Zhou G Q, Jiang L. Symplectic Elasticity Analysis of Stress in Surrounding Rock of Elliptical Tunnel [J]. KSCE Journal of Civil Engineering, 2020, 24 (10): 3119-3130.

[65] 张农, 李宝玉, 李桂臣, 等. 薄层状煤岩体中巷道的不均匀破坏及封闭支护[J]. 采矿与安全工程学报, 2013, 30 (1): 1-6.

[66] 熊咸玉, 戴俊. 缓倾斜煤层直角梯形巷道支护技术[J]. 煤炭学报, 2020, 45 (S1): 110-118.

[67] 伍永平, 刘孔智, 贠东风, 等. 大倾角煤层安全高效开采技术研究进展[J]. 煤炭学报, 2014, 39 (8): 1611-1618.

[68] 任奋华, 来兴平, 蔡美峰, 等. 破碎岩体巷道非对称破坏与变形规律定量预计与评价[J]. 北京科技大学学报, 2008, 167 (3): 221-

226+232.

[69] 卢兴利,刘泉声,苏培芳,等. 潘二矿松软破碎巷道群大变形失稳机理及支护技术优化研究[J]. 岩土工程学报, 2013, 35 (S1): 97-102.

[70] 何满潮. 深部软岩工程的研究进展与挑战[J]. 煤炭学报, 2014, 39 (8): 1409-1417.

[71] 何满潮,王晓义,刘文涛,等. 孔庄矿深部软岩巷道非对称变形数值模拟与控制对策研究[J]. 岩石力学与工程学报, 2008, 197 (4): 673-678.

[72] Luo S H, Wang T, Wu Y P, et al. Internal Mechanism of Asymmetric Deformation and Failure Characteristics of the Roof for Longwall Mining of A Steeply Dipping Coal Seam [J]. Archives of Mining Sciences, 2021, 66 (1): 101-124.

[73] Huo Y M, Song X M, Sun Z D, et al. Evolution of Mining-induced Stress in Fully Mechanized Top-coal Caving under High Horizontal Stress [J]. Energy Science & Engineering, 2020, 8 (6): 2203-2215.

[74] 孙玉福. 水平应力对巷道围岩稳定性的影响[J]. 煤炭学报, 2010, 35 (6): 891-895.

[75] 陶文斌,陶杰,侯俊领,等. 深埋巷道地应力特征及优化支护设计[J]. 华南理工大学学报(自然科学版), 2020, 48 (4): 28-37.

[76] 高圣元,赵维生,赵铁林,等. 深埋背斜软层巷道围岩稳定性演化规律研究[J]. 采矿与安全工程学报, 2017, 34 (3): 495-503.

[77] 陈上元,宋常胜,郭志飚,等. 深部动压巷道非对称变形力学机制及控制对策[J]. 煤炭学报, 2016, 41 (1): 246-254.

[78] 周钢,王鹏举,邹长磊,等. 复杂构造应力采区沿空掘巷非对称支护研究[J]. 采矿与安全工程学报, 2014, 31 (6): 901-906.

[79] 马念杰,赵希栋,赵志强,等. 深部采动巷道顶板稳定性分析与控制[J]. 煤炭学报, 2015, 40 (10): 2287-2295.

[80] 赵志强,马念杰,郭晓菲,等. 大变形回采巷道蝶叶型冒顶机理与控制[J]. 煤炭学报, 2016, 41 (12): 2932-2939.

[81] 刘洪涛,吴祥业,镐振,等. 双巷布置工作面留巷塑性区演化规

律及稳定控制［J］．采矿与安全工程学报，2017，34（4）：689-697．

［82］李季，马念杰，丁自伟．基于主应力方向改变的深部沿空巷道非均匀大变形机理及稳定性控制［J］．采矿与安全工程学报，2018，35（4）：670-676．

［83］贾后省，李国盛，王路瑶，等．采动巷道应力场环境特征与冒顶机理研究［J］．采矿与安全工程学报，2017，34（4）：707-714．

［84］杨仁树，朱晔，李永亮，等．采动影响巷道弱胶结层状底板稳定性分析与控制对策［J］．煤炭学报，2020，45（7）：2667-2680．

［85］赵洪宝，程辉，李金雨，等．孤岛煤柱影响下巷道围岩非对称性变形机制研究［J］．岩石力学与工程学报，2020，39（S1）：2771-2784．

［86］吴祥业，刘洪涛，李建伟，等．重复采动巷道塑性区时空演化规律及稳定控制［J］．煤炭学报，2020，45（10）：3389-3400．

［87］赵维生，韩立军，赵周能，等．主应力对巷道交岔点围岩稳定性影响研究［J］．岩土力学，2015，36（6）：1752-1760．

［88］张文忠．地堑状断层组影响下采动主应力偏转规律研究［J］．安徽理工大学学报（自然科学版），2019，39（6）：44-49．

［89］赵毅鑫，卢志国，朱广沛，等．考虑主应力偏转的采动诱发断层活化机理研究［J］．中国矿业大学学报，2018，47（1）：73-80．

［90］卢志国，鞠文君，赵毅鑫，等．采动诱发应力主轴偏转对断层稳定性影响分析［J］．岩土力学，2019，40（11）：4459-4466．

［91］王家臣，王兆会．综放开采顶煤裂隙扩展的应力驱动机制［J］．煤炭学报，2018，43（9）：2376-2388．

［92］韩宇峰，王兆会，唐岳松．综放工作面临空开采顶煤主应力偏转特征［J］．煤炭学报，2020，45（S1）：12-22．

［93］王家臣，王兆会，杨杰，等．千米深井超长工作面采动应力偏转特征及应用［J］．煤炭学报，2020，45（3）：876-888．

［94］Wang J C，Wang Z H，Yang S L．Stress Analysis of Longwall Top-coal Caving Face Adjacent to the Gob［J］．International Journal of Mining Reclamation and Environment，2020，34（7）：476-497．

［95］Wang Z H，Wang J C，Yang S L．An Ultrasonic-based Method for

Longwall Top-coal Cavability Assessment [J]. International Journal of Rock Mechanics and Mining Sciences, 2018 (112): 209-225.

[96] 庞义辉, 王国法, 李冰冰. 深部采场覆岩应力路径效应与失稳过程分析 [J]. 岩石力学与工程学报, 2020, 39 (4): 682-694.

[97] 赵雁海, 俞缙, 周晨华, 等. 考虑主应力轴偏转影响的远场拱壳围岩压力拱效应表征 [J]. 岩土工程学报, 2021, 43 (10): 1842-1850+1958.

[98] Zhu Z Q, Sheng Q, Zhang Y M, et al. Numerical Modeling of Stress Disturbance Characteristics During Tunnel Excavation [J]. Advances in Materials Science and Engineering, 2020, 2020 (9): 1-9.

[99] 汪大海, 贺少辉, 刘夏冰, 等. 基于主应力偏转特征的浅埋隧道上覆土压力计算及不完全拱效应分析 [J]. 岩石力学与工程学报, 2019, 38 (6): 1284-1296.

[100] 陈若曦, 朱斌, 陈云敏, 等. 基于主应力轴偏转理论的修正 Terzaghi 松动土压力 [J]. 岩土力学, 2010, 31 (5): 1402-1406.

[101] 应宏伟, 李晶, 谢新宇, 等. 考虑主应力轴偏转的基坑开挖应力路径研究 [J]. 岩土力学, 2012, 33 (4): 1013-1017.

[102] 朱泽奇, 盛谦, 周永强, 等. 隧洞围岩应力开挖扰动特征与规律研究 [J]. 应用基础与工程科学学报, 2015, 23 (2): 349-358.

[103] 张社荣, 梁礼绘. 考虑三维应力偏转的隧洞衬砌支护时机研究 [J]. 水利学报, 2007, 369 (6): 704-709.

[104] 崔溦, 王宁. 开挖过程中隧洞围岩应力主轴偏转及其对围岩破坏模式的影响 [J]. 中南大学学报 (自然科学版), 2014, 45 (6): 2062-2070.

[105] 李建贺, 盛谦, 朱泽奇, 等. 地下洞室分期开挖应力扰动特征与规律研究 [J]. 岩土力学, 2017, 38 (2): 549-556.

[106] 王猛, 牛誉贺, 于永江, 等. 主应力演化影响下的深部巷道围岩变形破坏特征试验研究 [J]. 岩土工程学报, 2016, 38 (2): 237-244.

[107] 刘立鹏, 汪小刚, 贾志欣, 等. 掌子面推进过程围岩应力及裂隙发育规律 [J]. 中南大学学报 (自然科学版), 2013, 44 (2): 764-771.

[108] 熊良宵,杨林德. 深埋隧洞开挖造成的应力变化过程[J]. 中南大学学报(自然科学版),2009,40(1):236-242.

[109] 周辉,黄磊,姜玥,等. 岩石空心圆柱扭剪仪研制的重点问题及研究进展[J]. 岩土力学,2018,39(12):4295-4304.

[110] 孙常新,韩立新,高峰. 隧道开挖中的应力偏转和裂隙塑性变形问题研究[J]. 现代隧道技术,2011,48(1):6-11.

[111] 靳晓光,李晓红. 高地应力区深埋隧道三维应力场数值模拟[J]. 重庆大学学报(自然科学版),2007,30(6):97-101.

[112] Ruan H, Wang Y K, Wan Y S, et al. Three-dimensional Numerical Modeling of Ground Deformation During Shield Tunneling Considering Principal Stress Rotation[J]. International Journal of Geomechanics, 2021, 21(7): 04021095.

[113] Basarir H, Oge I F, Aydin O. Prediction of the Stresses around Main and Tail Gates during Top Coal Caving by 3d Numerical Analysis[J]. International Journal of Rock Mechanics and Mining Sciences, 2015(76): 88-97.

[114] Chen C N, Chang W C. Optimal Rock Bolt Installation Design based on 3d Rock Stress Distribution and Stereography Coupled Analysis[J]. Journal of Mechanics, 2018, 34(6): 749-758.

[115] 于学馥,郑颖人,刘怀恒. 地下工程围岩稳定分析[M]. 北京:煤炭工业出版社,1983.

[116] 黄戡,安永林,岳健,等. 渗透力对新奥法隧道掌子面稳定性的影响[J]. 中南大学学报(自然科学版),2019,50(5):1221-1228.

[117] 潘锐,王雷,蔡毅,等. 深部巷道平顶稳定性分析及返修控制研究[J]. 采矿与安全工程学报,2021,38(4):756-765.

[118] 靖洪文,吴疆宇,孟波,等. 深部矩形底煤巷围岩破坏失稳全过程宏细观演化特征研究[J]. 采矿与安全工程学报,2022,39(1):82-93.

[119] 左建平,孙运江,文金浩,等. 深部巷道全空间协同控制技术及应用[J]. 清华大学学报(自然科学版),2021,61(8):853-862.

[120] 单仁亮,仝潇,黄鹏程,等. 管索组合结构及其力学性能研究[J]. 岩土力学,2022,43(3):602-614.

[121] 赵兴东, 周鑫, 赵一凡, 等. 深部金属矿采动灾害防控研究现状与进展 [J]. 中南大学学报（自然科学版）, 2021, 52（8）: 2522-2538.

[122] 康红普. 巷道围岩的关键圈理论 [J]. 力学与实践, 1997, 19（1）: 35-37.

[123] 何满潮, 景海河, 孙晓明. 软岩工程力学 [M]. 北京: 科学出版社, 2002.

[124] 景海河, 何满潮, 孙晓明, 等. 软岩巷道支护荷载的确定方法 [J]. 中国矿业大学学报, 2002, 31（5）: 39-41.

[125] 李树清, 王卫军, 潘长良. 深部巷道围岩承载结构的数值分析 [J]. 岩土工程学报, 2006, 28（3）: 377-381.

[126] 朱建明, 徐秉业, 任天贵, 等. 巷道围岩主次承载区协调作用 [J]. 中国矿业, 2000, 9（2）: 46-49.

[127] 王卫军, 李树清, 欧阳广斌. 深井煤层巷道围岩控制技术及试验研究 [J]. 岩石力学与工程学报, 2006, 25（10）: 2102-2107.

[128] 田永山. 软泥岩巷道矿压机理的相似模拟探讨 [J]. 阜新矿业学院学报, 1987, 8（4）: 15-25.

[129] 谢广祥, 李家卓, 王磊, 等. 采场底板围岩应力壳力学特征及时空演化 [J]. 煤炭学报, 2018, 43（1）: 52-61.

[130] 黄运飞. 围岩自承岩环作用原理的边界元分析 [J]. 工程力学, 1989（2）: 138-144.

[131] 黄庆享, 郑超. 巷道支护的自稳平衡圈理论 [J]. 岩土力学, 2016, 37（5）: 1231-1236.

[132] 陈学华, 沈海鸿, 王善勇. 巷道围岩自稳结构原理及其影响因素研究 [J]. 辽宁工程技术大学学报（自然科学版）, 2002, 21（3）: 261-263.

[133] 郑建伟, 鞠文君, 张镇, 等. 等效断面支护原理与其应用 [J]. 煤炭学报, 2020, 45（3）: 1036-1043.

[134] 董方庭. 巷道围岩松动圈支护理论及应用技术 [M]. 北京: 煤炭工业出版社, 2001.

[135] 王斌, 王卫军, 赵伏军, 等. 基于巷道围岩自承特性的锚杆锚固

效果研究［J］.岩土力学,2014,35(7):1965-1972.

［136］杨本生,贾永丰,孙利辉,等.高水平应力巷道连续"双壳"治理底臌实验研究［J］.煤炭学报,2014,39(8):1504-1510.

［137］杨本生,王仲永,贾永丰,等.深部高应力工程软岩巷道非连续"双壳"围岩控制机理研究［J］.采矿与安全工程学报,2015,32(5):721-727.

［138］韩立军,孟庆彬,魏忠民,等.煤巷锚网支护系统安全评价方法研究［J］.采矿与安全工程学报,2013,30(6):791-798.

［139］赵光明,张小波,王超,等.软弱破碎巷道围岩深浅承载结构力学分析及数值模拟［J］.煤炭学报,2016,41(7):1632-1642.

［140］马全礼,代进,李洪.锚杆支护对围岩碎裂区的作用分析［J］.矿山压力与顶板管理,2005,22(1):42-43+46.

［141］彭瑞,赵启峰,朱建明,等.软岩巷道开挖面承载结构研究及分层支护设计［J］.地下空间与工程学报,2019,15(2):489-504.

［142］宋桂军,张彬,付兴玉,等.浅埋煤层"主控层—软弱层"组合结构的形成机理及应用［J］.采矿与安全工程学报,2021,38(2):286-294.

［143］焦建康,鞠文君.动载扰动下巷道锚固承载结构冲击破坏机制［J］.煤炭学报,2021,46(S1):94-105.

［144］李英明,赵呈星,刘增辉,等.围岩承载层分层演化规律及"层—双拱"承载结构强度分析［J］.岩石力学与工程学报,2020,39(2):217-227.

［145］宁建国,邱鹏奇,杨书浩,等.深部大断面硐室动静载作用下锚固承载结构稳定机理研究［J］.采矿与安全工程学报,2020,37(1):50-61.

［146］卜庆为,辛亚军,王超,等.交错巷道巷间围岩承载结构稳定性分析［J］.煤炭学报,2018,43(7):1866-1877.

［147］谭云亮,范德源,刘学生,等.煤矿深部超大断面硐室群围岩连锁失稳控制研究进展［J］.煤炭学报,2022,47(1):180-199.

［148］侯公羽,梁金平,李小瑞.常规条件下巷道支护设计的原理与方法研究［J］.岩石力学与工程学报,2022,41(4):691-711.

［149］彭赐灯．矿山压力与岩层控制研究热点最新进展评述［J］．中国矿业大学学报，2015，44（1）：1-8.

［150］Chen Y, Ma S Q, Yu Y. Stability Control of Underground Roadways Subjected to Stresses Caused by Extraction of A 10-m-thick Coal Seam：A Case Study［J］. Rock Mechanics and Rock Engineering, 2017, 50（9）：2511-2520.

［151］Xie Z Z, Zhang N, Feng X W, et al. Investigation on the Evolution and Control of Surrounding Rock Fracture under Different Supporting Conditions in Deep Roadway During Excavation Period［J］. International Journal of Rock Mechanics and Mining Sciences, 2019（123）：104122.

［152］Hu X Y, Fang Y, Walton G, et al. Analysis of the Behaviour of A Novel Support System in an Anisotropically Jointed Rock Mass［J］. Tunnelling and Underground Space Technology, 2019（83）：113-134.

［153］Huang W P, Yuan Q, Tan Y L, et al. An Innovative Support Technology Employing A Concrete-filled Steel Tubular Structure for A 1000-m-deep Roadway in a High in Situ Stress Field［J］. Tunnelling and Underground Space Technology, 2018（73）：26-36.

［154］Liu W W, Feng Q, Fu S G, et al. Elasto-plastic Solution for Cold-regional Tunnels considering the Compound Effect of Non-uniform Frost Heave, Supporting Strength and Supporting Time［J］. Tunnelling and Underground Space Technology, 2018（82）：293-302.

［155］Wang H, Jiang C, Zheng P Q, et al. A Combined Supporting System based on Filled-wall Method for Semi Coal-rock Roadways with Large Deformations［J］. Tunnelling and Underground Space Technology, 2020（99）：103382.

［156］何满潮，齐干，程骋，等．深部复合顶板煤巷变形破坏机制及耦合支护设计［J］．岩石力学与工程学报，2007，184（5）：987-993.

［157］张勇，申付新，孙晓明，等．三软煤层切顶成巷二次复用围岩应力及变形演化规律［J］．中国矿业大学学报，2020，49（2）：247-254.

［158］王俊峰，王恩，陈冬冬，等．窄柔模墙体沿空留巷围岩偏应力演化与控制［J］．煤炭学报，2021，46（4）：1220-1231.

[159] 武精科,阚甲广,谢生荣,等．深井沿空留巷非对称破坏机制与控制技术研究［J］．采矿与安全工程学报,2017,34（4）：739-747.

[160] 苏学贵,宋选民,李浩春,等．特厚倾斜复合顶板巷道破坏特征与稳定性控制［J］．采矿与安全工程学报,2016,33（2）：244-252.

[161] 张进鹏,刘立民,刘传孝,等．松软厚煤层异型开切眼新型预应力锚注支护研究与应用［J］．煤炭学报,2021,46（10）：3127-3138.

[162] 郑铮,杨增强,朱恒忠,等．倾斜煤层沿空异形巷道煤柱宽度与围岩控制研究［J］．采矿与安全工程学报,2019,36（2）：223-231.

[163] 于洋,柏建彪,王襄禹,等．软岩巷道非对称变形破坏特征及稳定性控制［J］．采矿与安全工程学报,2014,31（3）：340-346.

[164] 吴祥业,王婧雅,陈世江,等．重复采动巷道塑性区调控原理与稳定控制［J］．岩土力学,2022,43（1）：205-217.

[165] 杨括宇,陈从新,夏开宗,等．崩落法开采金属矿巷道围岩破坏机制的断层效应［J］．岩土力学,2020,41（S1）：279-289.

[166] 杨仁树,李永亮,郭东明,等．深部高应力软岩巷道变形破坏原因及支护技术［J］．采矿与安全工程学报,2017,34（6）：1035-1041.

[167] 洛锋,曹树刚,李国栋,等．煤层巷道围岩破断失稳演化特征和分区支护研究［J］．采矿与安全工程学报,2017,34（3）：479-487.

[168] 李臣,郭晓菲,霍天宏,等．预掘双回撤通道煤柱留设及其围岩稳定性控制［J］．华中科技大学学报（自然科学版）,2021,49（4）：20-25,31.

[169] 刘帅,杨科,唐春安．深井软岩下山巷道群非对称破坏机理与控制研究［J］．采矿与安全工程学报,2019,36（3）：455-464.

[170] 王立平,李学华,程建龙,等．巷道受断层端部应力集中失稳机理及控制研究［J］．采矿与安全工程学报,2017,34（3）：472-478.

[171] 陈正拜,李永亮,杨仁树,等．窄煤柱巷道非均匀变形机理及支护技术［J］．煤炭学报,2018,43（7）：1847-1857.

[172] 张广超,何富连,来永辉,等．高强度开采综放工作面区段煤柱合理宽度与控制技术［J］．煤炭学报,2016,41（9）：2188-2194.

[173] 范磊,王卫军,袁超．基于可拓学倾斜软岩巷道支护效果评价

方法［J］. 采矿与安全工程学报，2020，37（3）：498-504.

［174］谭云亮，范德源，刘学生，等. 煤矿超大断面硐室判别方法及其工程特征［J］. 采矿与安全工程学报，2020，37（1）：23-31.

［175］李术才，王德超，王琦，等. 深部厚顶煤巷道大型地质力学模型试验系统研制与应用［J］. 煤炭学报，2013，38（9）：1522-1530.

［176］蒋金泉，曲华，刘传孝. 巷道围岩弱结构灾变失稳与破坏区域形态的奇异性［J］. 岩石力学与工程学报，2005，24（18）：3373-3379.

［177］Peng R, Meng X R, Zhao G M, et al. Multi-echelon Support Method to Limit Asymmetry Instability in Different Lithology Roadways under High Ground Stress［J］. Tunnelling and Underground Space Technology, 2021（108）: 103681.

［178］Wu G J, Chen W Z, Jia S P, et al. Deformation Characteristics of A Roadway in Steeply Inclined Formations and Its Improved Support［J］. International Journal of Rock Mechanics and Mining Sciences, 2020（130）: 104324.

［179］李冲，何思锋，陈梁. 大跨度穿断层软岩巷道顶板非对称破裂机制与控制对策研究［J］. 采矿与安全工程学报，2021，38（6）：1081-1090.

［180］谢生荣，岳帅帅，陈冬冬，等. 深部充填开采留巷围岩偏应力演化规律与控制［J］. 煤炭学报，2018，43（7）：1837-1846.

［181］Ma Q, Tan Y L, Zhao Z H, et al. Roadside Support Schemes Numerical Simulation and Field Monitoring of Gob-side Entry Retaining in Soft Floor and Hard Roof［J］. Arabian Journal of Geosciences, 2018, 11（18）: 563.

［182］Ma W Q, Wang T X. Instability Mechanism and Control Countermeasure of A Cataclastic Roadway Regenerated Roof in the Extraction of the Remaining Mineral Resources: A Case Study［J］. Rock Mechanics and Rock Engineering, 2019, 52（7）: 2437-2457.

［183］Yang H Y, Cao S G, Li Y, et al. Soft Roof Failure Mechanism and Supporting Method for Gob-side Entry Retaining［J］. Minerals, 2015, 5（4）: 707-722.

［184］Fan D Y, Liu X S, Tan Y L, et al. An Innovative Approach for Gob-side entry Retaining in Deep Coal Mines: A case study［J］. Energy Science & Engineering, 2019, 7 (6): 2321-2335.

［185］ Meng F B, Wen Z J, Shen B T, et al. Applicability of Yielding-resisting Sand Column and Three-dimensional Coordination Support in Stopes［J］. Materials, 2019, 12 (16): 2635.

［186］ Huang W P, Wang X W, Shen Y S, et al. Application of Concrete-filled Steel Tubular Columns in Gob-side Entry Retaining under Thick and Hard Roof Stratum: A Case Study［J］. Energy Science & Engineering, 2019, 7 (6): 2540-2553.

［187］ 马振乾, 姜耀东, 杨英明, 等. 急倾斜松软煤层巷道变形特征与控制技术［J］. 采矿与安全工程学报, 2016, 33 (2): 253-259.

［188］ 刘垚鑫, 高明仕, 贺永亮, 等. 倾斜特厚煤层综放沿空掘巷围岩稳定性研究［J］. 中国矿业大学学报, 2021, 50 (6): 1051-1059.

［189］ 李岩松, 陈寿根. 基于复变函数理论的非圆形隧道解析解［J］. 西南交通大学学报, 2020, 55 (2): 265-272.

［190］ 杨公标, 张成平, 闫博, 等. 浅埋含空洞地层圆形隧道开挖引起的位移复变函数弹性解［J］. 岩土力学, 2018, 39 (S2): 25-36.

［191］ 武强, 李学渊. 基于计算几何和信息图谱的矿山地质环境遥感动态监测［J］. 煤炭学报, 2015, 40 (1): 160-166.

［192］ 崔广心. 相似理论与模型试验［M］. 江苏: 中国矿业大学出版社, 1990.

［193］ Qiu J D, Li X B, Li D Y, et al. Physical Model Test on the Deformation Behavior of an Underground Tunnel under Blasting Disturbance［J］. Rock Mechanics and Rock Engineering, 2021, 54 (1): 91-108.

［194］ Ghabraie B, Ren G, Smith J, et al. Application of 3d Laser Scanner, Optical Transducers and Digital Image Processing Techniques in Physical Modelling of Mining-related Strata Movement［J］. International Journal of Rock Mechanics and Mining Sciences, 2015 (80): 219-230.

［195］ Lv A, Masoumi H, Walsh S D C, et al. Elastic-softening-plasticity around a Borehole: An Analytical and Experimental Study［J］. Rock Mechanics and Rock Engineering, 2019, 52 (4): 1149-1164.

[196] 杨济铭, 张红日, 陈林, 等. 基于数字图像相关技术的膨胀土边坡裂隙形态演化规律分析［J］. 中南大学学报（自然科学版），2022，53（1）：225-238.

[197] Wang W Q, Ye Y C, Wang Q H, et al. Experimental Study on Anisotropy of Strength, Deformation and Damage Evolution of Contact Zone Composite Rock with Dic and Ae techniques［J］. Rock Mechanics and Rock Engineering, 2022, 55 (2): 837-853.

[198] Sun J Z, Liu J Y. Visualization of Tunnelling-induced Ground Movement in Transparent Sand［J］. Tunnelling and Underground Space Technology, 2014 (40): 236-240.

[199] 罗生虎, 王同, 田程阳, 等. 大倾角煤层长壁开采顶板应力传递路径倾角效应［J］. 煤炭学报，2022，47（2）：623-633.

[200] 杨爱武, 杨少坤, 于月鹏. 考虑不同波形影响的主应力轴连续旋转下吹填土动力特性研究［J］. 工程地质学报，2021，29（1）：1-11.

[201] 董彤, 郑颖人, 孔亮, 等. 空心圆柱扭剪试验中广义应力路径的控制与实现［J］. 岩土工程学报，2017，39（S1）：106-110.

[202] 王杰, 贡京伟, 赵泽印. 单轴压类岩石试件应变局部化位置、方向及预警应用研究［J］. 岩土力学，2018，39（S2）：186-194.

[203] 顾路, 王学滨, 杜亚志, 等. 单轴压缩湿砂土试样主应变轴偏转规律试验研究［J］. 岩土力学，2016，37（4）：1013-1022+1041.

[204] Jaeger J C. Shear Failure of Anistropic Rocks［J］. Geological Magazine, 1960, 97 (1): 65-72.